ITAT 教育部实用型信息技术人才培养系列教材

Photoshop CS6
创新图像设计

实践教程

郭开鹤 王 媛 等编著

清华大学出版社
北京

内容简介

本书分为"软件基础"与"创新图像设计"两篇，共14章。前9章介绍了Photoshop CS6的软件功能和图像处理技术，第10章～第14章尝试以图像设计中的创新风格（如混合媒介、光的创造、新材质的生成、戏剧化色彩、写实效果等）为主线，在每章进入设计案例之前，应用一定篇幅讲解了Photoshop图像设计的特定风格及设计思维，希望读者在学习软件的同时能够体会到一种全新的创作思路。为了方便读者进行自学，本书第10～第14章案例的制作步骤都进行了录频，以供读者详细了解制作过程。另外，由于本书部分案例中结合了Illustrator软件的功能，因此也选取了一些Illustrator软件的基础与设计案例进行录频，尽量为读者提供更多的学习资源。本书适合作为普通高校和高职高专院校教材，也可作为计算机用户自学Photoshop的参考资料。

本书封面贴有清华大学出版社防伪标签，无标签者不得销售。

版权所有，侵权必究。侵权举报电话：010-62782989　13701121933

图书在版编目(CIP)数据

Photoshop CS6创新图像设计实践教程 / 郭开鹤等编著. —北京：清华大学出版社，2014

IT&AT教育部实用型信息技术人才培养系列教材

ISBN 978-7-302-34287-8

Ⅰ.①P… Ⅱ.①郭… Ⅲ.①图像处理软件—教材 Ⅳ.①TP391.41

中国版本图书馆CIP数据核字（2013）第251608号

责任编辑：冯志强
封面设计：徐　源
责任校对：徐俊伟
责任印制：王静怡

出版发行：清华大学出版社
　　　　网　　址：http://www.tup.com.cn，http://www.wqbook.com
　　　　地　　址：北京清华大学学研大厦 A 座　　　邮　　编：100084
　　　　社 总 机：010-62770175　　　　　　　　邮　　购：010-62786544
　　　　投稿与读者服务：010-62776969，c-service@tup.tsinghua.edu.cn
　　　　质 量 反 馈：010-62772015，zhiliang@tup.tsinghua.edu.cn
印 装 者：北京国马印刷厂
经　　销：全国新华书店
开　　本：185mm×260mm　　　印　　张：24.25　　　字　　数：531千字
版　　次：2014 年 5 月第 1 版　　　　　　　　　印　　次：2014 年 5 月第 1 次印刷
印　　数：1～3000
定　　价：49.80 元

产品编号：054769-01

在学习Photoshop之前，我们先来读一段话："所谓科学教育和技术训练的基本差别，在于技术训练是告知一个学科已有的知识，是为了知识的应用，相反地，科学教育不仅教授已有的知识，还（更为重要）教授如何去发现未知的东西。"这是美国心理学家大卫·C·范德针对心理学研究来说的，其实对于Photoshop的教学来说，也不无启发。

软件公司不断在全球进行一轮又一轮的新品推介，大家也不断在追逐着频繁升级软件新版本的脚步，很容易令人迷失于层出不穷的特技与功能之中，而实际上，在数字图像这种由技术推动的艺术形式之中，技术本身并不能解决所有的问题，当众多的教程对人们进行强化的技术训练的同时，是否也应该尝试以一种科学教育的态度，鼓励学生通过软件去发现一些未知的东西？

例如英国的Nik Ainley，是非常有名的年轻数码艺术家，他自学软件进行创作，他自称在创作时95%的情况下都会用到Photoshop，"我通常在Photoshop里进行极速地构思和创作"，他认为数码图像作品，重要的是有数码艺术元素，而不是仅仅是借助数码软件进行创作——许多年轻的数码艺术家都有此共识，然而我的一个学生在看了国外大量数字图像设计作品后疑惑地问：为什么他们能以这样的思路应用软件来创作？这些作品让我感觉到一种距离感。

距离感，并不是简单的一个问题，也许我们应该换个角度来看待和学习软件，因此本书在"软件基础"（前九章）之后，后半部分尝试以图像设计中的创新风格（如混合媒介、光的创造、新材质的生成、戏剧化色彩、写实效果等）为主线，在每章进入设计案例之前，应用一定篇幅讲解Photoshop图像设计的特定风格及设计思维，追溯其源，希望能以此缩减令大家感到困惑的"距离感"，期望将一种"技术美学"和强烈的时代设计观念渗透到软件教学之中，引导读者在学习软件的同时体会到全新创作思路的诞生，尝试在一本软件讲解的书籍中体现出一些图像视觉艺术领域的时代精神。

同时，本书也是全国信息技术应用培训教育工程（简称ITAT教育工程）的系列教材之一，ITAT教育工程以提高信息素养、培养实用技能和提高就业能力为宗旨。这是软件教育的一种总体趋势。实际上，如果我们不单纯地把软件看作一种工具，一种类型的软件其实是一种新的视觉表现语言，Photoshop是个创造潜力无限的软件，利用它创造出真实世界中不存在但却值得欣赏的概念空间，不断为这样一个庸庸碌碌、司空见惯的世界提供不同凡响的视觉经验，从而将人们从习惯的现实中惊醒——这才是我们应用软件的根本原因。

由于篇幅、时间和作者水平等方面的限制，本书在讲解软件基础之外，只对数字图像创新设计进行了粗略的探讨，涉及数码艺术方面更多的内容还有待于今后不断的探索与完善，在此也敬请各位读者不吝赐教！

参与本书编写的人员还有：黄露、刘鑫、康清、赵鹏菲、刘桐、李亿凡、尹棣楠、赵津、袁晓婷、马虹、卢惠，马莎、王靖雯等人，在此向他们为本书提供的帮助与支持表示感谢！

目 录

第1篇　Photoshop CS6软件基础

第1章　数字图像处理基本概念 ············ 2

1.1　图像概念 ·············· 3
1.2　位图与矢量图 ·············· 3
1.3　分辨率 ············· 5
1.4　常用文件存储格式 ············· 6
1.5　小结 ············· 8
1.6　课后习题 ············· 8

第2章　图像的选取、移动与变形 ·········· 9

2.1　选区的概念 ············· 10
2.2　创建选区的基本方法 ········· 10
　　2.2.1　规则选框工具 ············ 10
　　2.2.2　魔棒、快速选择和套索工具 ···· 12
　　2.2.3　色彩范围命令的使用 ······· 15
2.3　选区的编辑操作 ············ 16
2.4　图像移动操作 ············ 21
2.5　图像变形操作 ············ 21
2.6　小结 ············· 24
2.7　课后习题 ············ 24

第3章　图像绘制与修复 ·········· 25

3.1　图像的绘制 ············· 26
　　3.1.1　基本绘图工具 ············ 26
　　3.1.2　【画笔】面板 ············ 29
3.2　图像的修复与修饰工具 ········· 36
　　3.2.1　图像修复工具 ············ 36
　　3.2.2　图像修饰工具 ············ 43
3.3　图像的填充与描边 ·········· 45
　　3.3.1　图像的填充 ············ 45
　　3.3.2　图像的描边 ············ 48
3.4　小结 ············· 49

3.5　课后习题 ············· 49

第4章　矢量图形的绘制与编辑 ·········· 51

4.1　路径的概念及组成 ·········· 52
4.2　路径的创建与编辑 ·········· 52
　　4.2.1　路径的创建 ············ 52
　　4.2.2　路径形状的修改 ··········· 55
4.3　路径面板 ············· 57
4.4　矢量图形工具 ············ 62
4.5　文字的输入与编辑 ·········· 63
　　4.5.1　文字的输入 ············ 64
　　4.5.2　文本与段落的编辑 ········· 66
4.6　小结 ············· 69
4.7　课后习题 ············· 69

第5章　图层 ·········· 70

5.1　图层的基本概念 ············ 71
5.2　图层的创建及基本操作 ········· 71
5.3　图层蒙版 ············· 76
　　5.3.1　图层蒙版的创建与编辑 ······· 76
　　5.3.2　蒙版面板的使用 ··········· 78
5.4　图层的剪贴蒙版 ············ 80
5.5　填充图层与调整图层 ········· 82
　　5.5.1　填充图层 ············ 82
　　5.5.2　调整图层与调整面板 ······· 84
5.6　智能对象图层 ············ 85
5.7　图层样式 ············· 87
5.8　图层的混合模式 ············ 97
5.9　小结 ············· 99
5.10　课后练习 ············ 99

第6章　通道与蒙版 ·········· 101

6.1　通道的概念与类型 ·········· 102

6.2 通道面板 ·············· 103

6.3 通道的编辑与应用 ············ 103

6.4 蒙版的编辑与应用 ············ 112

6.5 小结 ·············· 116

6.6 课后习题 ············· 117

第7章 图像阶调与色彩的调整 ········· 118

7.1 色彩与图像 ············ 119

7.2 图像的色彩模式 ·········· 120

7.3 图像明暗阶调的调整 ········· 123

　　7.3.1 阶调的概念 ·········· 123

　　7.3.2 层次的校正与调整方法 ····· 123

7.4 图像色彩的调整 ·········· 129

　　7.4.1 如何判断图像的色彩效果 ··· 129

　　7.4.2 常用的色相及饱和度的调节方法 · 130

　　7.4.3 特殊色彩效果的制作 ····· 139

7.5 小结 ·············· 144

7.6 课后习题 ············· 144

第8章 滤镜特效 ············ 145

8.1 滤镜功能的使用常识 ········ 146

8.2 常用的滤镜效果分析 ········ 146

　　8.2.1 自适应广角滤镜 ······· 146

　　8.2.2 镜头校正滤镜 ········ 147

　　8.2.3 变形性滤镜 ········· 148

　　8.2.4 模拟绘画及自然效果滤镜 ··· 156

　　8.2.5 校正性滤镜 ········· 159

　　8.2.6 纹理化与光效滤镜 ······ 162

　　8.2.7 其他滤镜组 ········· 165

　　8.2.8 Digimarc滤镜组 ······· 165

　　8.2.9 滤镜库与智能滤镜 ······ 166

8.3 小结 ·············· 167

8.4 课后习题 ············· 168

第9章 自动功能 ············ 169

9.1 常用自动恢复命令 ········· 170

9.2 历史记录面板的恢复功能 ······ 170

9.3 动作的基本操作 ·········· 172

9.4 图像的自动批处理 ········· 175

9.5 小结 ·············· 176

9.6 课后习题 ············· 176

第2篇 Photoshop创新图像设计

第10章 混合媒介图像设计 ········ 178

10.1 "混合媒介"风格的界定 ······ 179

　　10.1.1 "混合媒介"风格的影响来源 ··· 179

　　10.1.2 早期数字图像的混合手法——

　　　　　摄影蒙太奇 ········· 180

　　10.1.3 现代图像混合手法 ······ 182

　　10.1.4 混沌美学 ·········· 186

10.2 Photoshop "混合媒介" 案例讲解 ··· 188

　　10.2.1 混合风格插画与海报设计 ······· 188

　　10.2.2 "混合"作品中涉及的

　　　　　复杂退底 ········· 204

10.3 小结 ·············· 214

10.4 课后习题 ············· 214

第11章 现代"光"元素的运用 ········215

11.1 数码"光"元素在设计中的拓展 ··· 216

　　11.1.1 20世纪的早期光艺术 ······216

　　11.1.2 现代计算机图像设计中的

　　　　　光艺术 ··········· 220

11.2 光效果制作实例 ·········· 224

　　11.2.1 光盘光效果制作 ······· 224

　　11.2.2 CD包装设计中抽象线条

　　　　　所形成的光感 ······· 232

　　11.2.3 运动宣传海报中繁复的

　　　　　后期光效 ·········· 247

11.3 小结 ·············· 259

11.4 课后习题 ············· 259

第12章 材质的创造与现代肌理运用 ···261

12.1 设计中材质与肌理的运用 ········· 262

　　12.1.1 肌理的概念与形态 ······ 262

　　12.1.2 早期计算机艺术中的

　　　　　材质创造 ·········· 264

　　12.1.3 计算机拓宽的新肌理范畴 ··· 266

12.2 Photoshop创新肌理案例讲解 ····· 272

　　12.2.1 文字设计中的特殊肌理效果 ··· 272

　　12.2.2 饼干包装的肌理设计 ····· 279

12.2.3 公益广告中的肌理生成 ………… 284

12.3 小结 ………… 292

12.4 课后习题 ………… 292

第13章 戏剧化色彩 ………… **293**

13.1 数字图像色彩风格概述 ………… 294

    13.1.1 科学的色彩与主观的色彩 ………… 294

    13.1.2 非彩色影像处理 ………… 294

    13.1.3 去写实的彩色风格 ………… 297

13.2 Photoshop色彩特效案例讲解 ………… 302

    13.2.1 艺术摄影的后期颜色加工 ………… 302

    13.2.2 去写实颜色特效 ………… 311

    13.2.3 现代插画中的戏剧化色彩 ………… 317

13.3 小结 ………… 327

13.4 课后习题 ………… 327

第14章 数字写实与立体感的形成 ……**329**

14.1 二维数字写实风格 ………… 330

    14.1.1 2D平面中形成空间感的要素 ……… 330

    14.1.2 2D平面中的立体展示 ………… 332

14.2 广告中的立体结构绘画 ………… 337

14.3 Photoshop模拟商品立体展示

    案例讲解 ………… 351

    14.3.1 CD盒立体展示效果制作 ………… 352

    14.3.2 礼品包装盒立体效果 ………… 360

14.4 小结 ………… 377

14.5 课后习题 ………… 377

第1篇／Photoshop CS6软件基础

第1章

数字图像处理
基本概念

本章重点：

- 理解位图与矢量图的概念、特点及应用
- 理解图像分辨率的概念
- 能够根据后端输出的需要正确地设置图像分辨率
- 了解Photoshop中常用的图像存储格式

1.1　图像概念

"图像"一词主要来自西方艺术史译著，通常指image、icon、picture和它们的衍生词，也指人对视觉感知的物质再现。图像可以由光学设备获取，如照相机、镜子、望远镜、显微镜等；也可以人为创作，如手工绘画。图像可以记录与保存在纸质媒介、胶片等对光信号敏感的介质上。随着数字采集技术和信号处理理论的发展，越来越多的图像以数字形式存储。因而，有些情况下"图像"一词实际上是指数字图像，我们在本书中主要探讨的也是数字图像的处理。

数字图像，或称数码图像，是指以数字方式存储的图像。将图像在空间上离散，量化存储每一个离散位置的信息，这样就可以得到最简单的数字图像。这种数字图像一般数据量很大，需要采用图像压缩技术以便能更有效地存储在数字介质上。而所谓"数字图像艺术"是指艺术与高科技结合，以数字化方式和概念所创作出的图像艺术。它可分为两种类型：一种是运用计算机技术及科技概念进行设计创作，以表达属于数字时代价值观的图像艺术；另一种则是将传统形式的图像艺术作品以数字化的手法或工具表现出来。Photoshop软件出现之后，数字图像艺术所特有的视觉表现语言的逐步形成，在我们学习应用Photoshop软件创建种种超越现实的、不可思议的新概念空间与视觉效果之前，必须先掌握Photoshop图像处理必备的一些基础概念。

3

1.2　位图与矢量图

在计算机中，图像是以数字方式来记录、处理和保存的，所以图像也可以称为数字化图像。计算机图像分为位图（又称点阵图或栅格图像）和矢量图两大类，数字化图像类型分为向量式图像与点阵式图像。

1. 位图

一般来说，经过扫描输入和图像软件处理的图像文件都属于位图，与矢量图形相比，位图的图像更容易模拟照片的真实效果。位图的工作是基于方形像素点的，这些像素点像是"马赛克"，如果将这类图像放大到一定的程度时，就会看见构成整个图像的无数单个方块（如图1-1所示），这些小方块就是图形中最小的构成元素——像素点，因此，位图的大小和质量取决于图像中像素点的多少。基于位图的软件有Photoshop、Painter等。

图1-1　将位图放大到一定的程度，就会看见构成整个图像的无数单个方块

（1）位图图像的特点

■ 能够记录每一个点的数据信息，因而可以精确地记录丰富的亮度变化，表现出色彩和层次变化非常丰富的图像，图像清晰细腻，具有生动的细节和极其逼真的效果。

■ 可以直接存储为标准的图像文件格式，所以很容易在不同的软件之间进行文件交换。

■ 改变图像尺寸时，像素点的总数并没有发生改变而只是像素点之间的距离增大了。也就是说，位图涉及重新取样并重新计算整幅画面各个像素的复杂过程，这样导致尺寸增大后的图像清晰度降低、色彩饱和度也有所损失。

■ 由于位图在保存文件时，需要记录下每一个像素的位置和色彩，这样就造成文件所占空间大，处理速度慢，并且图像在缩放和旋转时会产生失真现象。

（2）位图图像主要应用的领域

■ 扫描照片，包括与摄影有关的图片和通过扫描仪得到的图片。

■ 依赖自然光的高亮区、中亮区和阴影区来表现的具有真实感的图画。

■ 印象派作品和其他按照纯个人风格或美学意义创作的图画。

■ 具有柔和边缘、反光或细小阴影的显示图像。

■ 利用绘图软件较难实现的、需要使用滤镜等特技效果的图像。

2. 矢量图

矢量图也称为面向对象的图像或绘图图像，是用数学方式的曲线及曲线围成的色块制作的图形，它们在计算机内部表示成一系列的数值而不是像素点，图像各个部分是由对应的一组数学公式所描述的。矢量文件中的图形元素称为对象。每个对象都是一个自成一体的实体，它具有颜色、形状、轮廓、大小和屏幕位置等属性。既然每个对象都是一个自成一体的实体，就可以在维持它原有清晰度和弯曲度的同时，多次移动和改变它的属性，而不会影响图例中的其他对象。这些特征使基于矢量的程序特别适用于图例和三维建模，因为它们通常要求能创建和操作单个对象。像Adobe Illustrator、CorelDRAW、CAD等软件都是以矢量图形为基础进行创作的。

（1）矢量图的特点

■ 由于图像各个部分是由对应的数学公式所描述，因此只须改变参数就能调整所对应的图像内容，丝毫不会影响图像品质，精确度较高。换句话说用矢量图方式绘画的图形无论输出时放大多少倍，都对画面清晰度、层次及颜色饱和度等因素丝毫无损（如图1-2所示），放大的矢量图边缘与原图一样光滑（而位图放缩后会变虚或出现锯齿）。因此，矢量图形是文字（尤其是小字）和线条图形（比如徽标）的最佳选择。

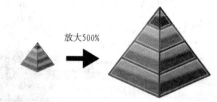

放大500%

图1-2　矢量图形无论放大多少倍，对画面清晰度都没有影响

■ 矢量图的内容主要以线条和色块为主，因此文件所占的容量相对较小。

■ 通过软件，矢量图可以轻松地转化为点阵图，而点阵图转化为矢量图就需要经过复杂而庞大的数据处理，而且生成的矢量图的质量绝对不能和原来的图形比拟。

（2）矢量图主要应用的领域

■ 广告艺术和其他对比鲜明、外观质量要求高、真实感强的图形。

■ 建筑设计图、产品设计或其他精密线条绘图。

■ 商业图形、图表和反映数据、演示工作方式的信息图。

■ 传统的需要非常平滑边缘的标志和文字效果，尤其适用于美术字体的创作。

■ 小册子、小传单和其他包含插图、标志和标准大小文字的单页文档。

■ 网页设计上用到的图形以及网页动画的基本素材。

下面选取了两张例图，它们都不是摄影作品，而是分别由Photoshop和Illustrator软件绘制的写实作品。计算机图形图像软件常用来探索一种类似写实的观念，计算机极力用自己的语言来仿造"真实"，它创造的是一种虚拟的真实。如图1-3所示的图像为Photoshop绘制的位图作品，其工作方式就像是用画笔在画布上作画一样，放大显示后可看出它的位图特征；而如图1-4所示的图像为Illustrator软件绘制的写实作品，左侧显示的是未上色时的线框图。可以看出，无论多么写实与逼真的矢量图形，其绘图原理都是简单的点、线、形状的拼接、数学公式的运算以及纯粹再造的想象能力。

图1-3　放大位图作品，其工作方式就像是用画笔在画布上作画一样

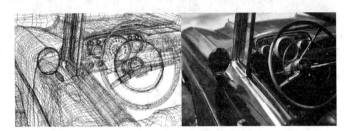

图1-4　矢量图形绘图原理都是简单的点、线、形状的拼接以及数学公式的运算等

1.3　分辨率

处理位图时，输出图像的质量取决于处理过程开始时设置的分辨率高低，那么，什么是分辨率？分辨率是一个笼统的术语，这里我们主要讲解图像分辨率的概念。图像分辨率指位图图像中的细节精细度，即每英寸图像内含有多少个像素点。分辨率单位为"像素/英寸"（简称ppi），400ppi意味着该图像每英寸含有400个像素点，即每平方英寸含有400×400个像素。每英寸的像素越多，分辨率越高。在Photoshop中还可以采用"像素/厘米"为单位。

在数字化的图像中，图像分辨率的大小直接影响图像的品质，所以在对图像进行处理时，应根据不同的用途而设置不同的分辨率，并经济有效地进行工作。

图像分辨率设置多大为最合理？

■ 图像仅用于屏幕显示时，可将分辨率设置为72像素/英寸或96像素/英寸（与显示器分辨率相同）。

■ 图像用于印刷输出时，分辨率必须与印刷的挂网目数相对应。挂网目数是指每英寸的挂网线数（所谓网线是指由网点组成的线），挂网目数的单位是lpi，例如150lpi指每英寸上有150条网线，挂网目数越大，网线越多，网点越密集，层次体现力就越丰富。

挂网目数主要与印刷纸张有关，纸张质量越好挂网目数就应该定得越高：

- ◆ 80～100　全张宣传画、招贴画、海报、报纸（新闻纸、招贴纸）；
- ◆ 100～133　对开年画、教育挂图（胶版纸）；
- ◆ 150～175　日历、明信片、画册、书刊封面（铜版纸、画报纸）；
- ◆ 175～200　精细画册（高级铜版纸）。

许多对分辨率概念不明晰或对印刷一无所知的人往往随心所欲地设置分辨率，实际上最合理的图像分辨率大小与印刷网目数之间科学的比率算法在1.5：1～2：1之间，若高于2，则多余，若低于1.5，则往往印刷品质不好。举例来说：对于一个印刷在铜版纸上的普通杂志广告来说，印刷网目数为150目，图像分辨率设置为300dpi左右为最合适，如果高于300则会徒然增加图像信息量。若低于225dpi，则效果会受到影响。

> 当您在Photoshop里面改变了（比如缩小）图像分辨率的时候，图片的信息量和清晰度却没有变化，可能的原因是在【图像大小】对话框中改变分辨率时，没有勾选【重定图像像素】选项。

1.4　常用文件存储格式

文件格式（File Formats）就是储存图像数据的方式，它决定了图像的压缩方法、支持何种Photoshop功能以及文件是否与一些文件相兼容等，为不同的工作任务选择不同的文件格式非常重要。在Photoshop中，它主要包括固有格式（PSD）、应用软件交换格式（EPS、DCS、Filmstrip）、专有格式（GIF、BMP、Amiga IFF、PCX、PDF、PICT、PNG、Scitex CT、TGA）、主流格式（JPEG、TIFF）、其他格式（Photo CD YCC、FlshPix），下面我们选择一些在Photoshop中常用的重要格式进行讲解。

1．固有格式

Photoshop的固有格式（PSD）体现了Photoshop独特的功能和对功能的优化，能够保存图层、蒙版、通道、路径、未栅格化的文字、图层样式等。可以比其他格式更快速地打开和保存图像，方便随时修改。但是，只有Illustrator、InDesign和Premiere等少数软件支持PSD，大多数软件不能够支持Photoshop这种固有格式。

PSB格式属于大型文件格式，除了具有PSD的所有属性外，最大的特点就是支持宽度或高度最大为30万像素的文件。

2．交换格式

■ EPS格式

EPS绝对是保存任何种类图像的最好的文件格式（Encapsulated PostScript），它在Mac和PC环境下的图形和版面设计中广泛使用，几乎每个绘画程序及大多数页面布局程序都允许保存EPS文档。EPS格式的文件由一个PostScript文本文件和一个低分辨率的由PICT或TIFF格式描述的代表像组成，因此它可以包含图像和文本信息，在图像、图形与排版软件间方便地实现互换，而且还可以进行编辑与修改。

EPS采用矢量方式描述，但它亦可容纳点阵图像，而且它并非将点阵图像转换为矢量描述，而只是将所有像素数据整体经原描述保存，因此文件的信息量较大，如果仅仅是保存图像，建议您不要使用EPS格式。

■ DCS格式

DCS是Quark开发的EPS格式的变种，称为Desk Color Separation（DCS）。在支持这种格式的QuarkXPress、PageMaker和其他应用软件上工作。DCS便于分色打印，而Photoshop在使用DCS格式时，必须转换成CMYK四色模式。

■ Filmstrip格式

Filmstrip是Adobe Premiere（Adobe公司的影片编辑应用软件）和Photoshop专有的文件转换格式。应当注意的是，Photoshop可以任意通过Filmstrip格式修改Premiere每一帧图像，但是不能改变Filmstrip文档的尺寸，否则，将不能存回Premiere中。同样，也不能把Photoshop创建的文件转换为Filmstrip格式。

3. 专有格式

■ GIF格式

GIF是输出图像到网页最常采用的格式，它支持透明背景和动画，被广泛应用在网络中。但它并不适宜印刷的任何类型的高分辨率彩色输出，因为GIF格式的颜色保真度太差，而且显示的图像几乎总是出现色调分离的效果。

GIF采用LZW压缩，目的在于最小化文件大小和电子传输时间，它将图像色彩限定在256色以内，这些颜色被保存在作为GIF文件自身一部分的调色板上，被称为索引调色板。GIF使用无损失压缩方法来充分减少文件的大小，压缩量完全取决于图像内容：如果图像几乎是单色调的，则图像文件大小可缩小到十分之一到百分之一，而对自然图像压缩量通常非常小，因此，通过减少文件中的颜色数量可以减小GIF图像的大小。

另外，GIF格式保留索引颜色图像中的透明度，但不支持Alpha通道。

■ PNG格式

PNG格式是一种将图像压缩到Web上的文件格式，与GIF格式一样，在保留清晰细节的同时，也高效地压缩实色区域。但不同的是它可以保存24位的真彩色图像，并且支持透明背景和消除锯齿边缘的功能，可以在不失真的情况下压缩保存图像。

■ BMP格式

BMP（Windows Bitmap）是微软开发的Microsoft Pain的固有格式，是一种标准的点阵图像文件格式，被大多数软件所支持。它可以处理24位颜色图像，支持RGB、索引颜色、灰度和位图颜色模式，但不支持Alpha通道。BMP格式采用了一种叫RLE的无损压缩方式，对图像质量不会产生什么影响。

■ PICT格式

PICT是Mac上常见的数据文件格式之一。如果您要将图像保存为能够在Mac上打开的格式，那么选择PICT格式要比JPEG要好，因为它打开的速度相当快。另外，您如果要在PC机上用Photoshop打开一幅Mac上的PICT文件，那么建议您在PC机上安装QuickTime，否则，将不能打开PICT图像。

■ PDF格式

PDF（Portable Document Format）是由Adobe Systems创建的一种文件格式，允许在屏幕上查看电子文档。PDF文件还可被嵌入到Web的HTML文档中。

4．主流格式

■ TIFF格式

TIFF格式是应用最为广泛的标准图像文件格式（Tagged Image File Format），在理论上它具有无限的位深，TIFF位图可具有任何大小的尺寸和任何大小的分辨率，它是跨越Mac与PC平台最广泛的图像打印格式，几乎所有的图像处理软件都能接受并编辑TIFF文件格式。该格式支持具有Alpha通道的CMYK、RGB、Lab、索引颜色和灰度图像，以及没有Alpha通道的位图模式。

TIFF格式可以保存通道、图层和路径、但是，如果在其他应用程序中打开此格式的图像，所有图层将被拼合。只有在Photoshop中打开时，才能够修改其中的图层。

■ JPEG格式

目前JPEG（Jount Photographic Experts Group）格式为印刷和网络媒体上应用最广的压缩文件格式，该格式的最大优点是能够大幅度降低文件容量，图像经过高倍率的压缩，可以使图像变得较小，能够节约存储空间，尤其适宜图像在网络上的快速传输和网页设计中的运用。但在印刷时不宜使用此格式。

JPEG格式每次保存时都会丢失一些数据，这是由于文件格式的有损压缩方法引起的，将图像存储为JPEG格式时，【品质】参数可以设置从0～12之间的数值，当数值设置越大，图像在压缩时压缩倍率越小，图像损失越小。

1.5　小结

"图像"是人对视觉感知的物质再现，而数字图像则分为位图和矢量图两大类，是指以数字化方式创作与存储的图像。本章着重讲解位图与矢量图的特点及应用，如何通过输出的需求来正确设置图像的分辨率，以及Photoshop中常用的图像存储格式等知识点。

1.6　课后习题

1．如何将Illustrator软件中绘制的矢量图导入Photoshop软件中？
2．怎样在尽量保护图像品质的前提下压缩图像的大小？

图像的选取、移动与变形

第2章

本章重点：

- 掌握创建选区的基本方法
- 熟悉选区加减、移动、修改、变换等选区的编辑操作
- 移动选区与移动图像
- 如何对图层、图像、路径、选区及Alpha通道等进行缩放、旋转、斜切和透视操作

2.1 选区的概念

选区是为图像指定一个闭合的有效编辑区域来处理图像局部效果，是Photoshop中一个很重要的概念。对图像进行处理，如移动、缩放、旋转、调整色彩和滤镜变换等，首先都需要用选区工具选择要处理的图像，可以说所有的Photoshop设计工具工作都要依赖于选取工具的支持。获得选区的方法很多，有规则选框工具、套索工具、魔棒工具、色彩选择等，在本章中我们来学习有关选取工具的使用方法，以及被选取的图像的移动与变形操作。

2.2 创建选区的基本方法

在Photoshop中，要对图像的局部进行编辑，首先要通过各种途径将其选中，也就是所说的创建选区，Photoshop中提供的选取工具主要包括规则选框工具、魔棒工具、快速选择工具和套索工具等，可以根据具体情况的需要使用最方便的方法来创建选区。

2.2.1 规则选框工具

规则选框工具主要用来创建一些比较规则的选区（如矩形、椭圆、正方形和正圆），任意选择一种选框工具在画面中拖曳鼠标即可得到相应形状的选区。

- ■ 【矩形选框工具】　使用该工具可以创建矩形或正方形选区。
- ■ 【椭圆选框工具】　使用该工具可以创建椭圆或正圆选区。
- ■ 【单行选框工具】　使用该工具可以创建高度只有"1"像素的单行选区，常用来制作网格。
- ■ 【单列选框工具】　使用该工具可以创建宽度只有"1"像素的单列选区，常用来制作网格。

下面以【矩形选框工具】为例来讲解规则选区工具的操作方法与选项栏参数，【矩形选框工具】的选项栏如图2-1所示。

图2-1　【矩形选框工具】属性栏

01 单击工具箱中的■【矩形选框工具】，在画面中按住鼠标左键的同时按住Shift键，从左上至右下拖曳鼠标即可创建一个正方形的选区，如图2-2所示。

图2-2　绘制正方形选区

02 在属性栏中，紧邻工具图标的右侧有4个图标，它们分别是■【创建新选区】、■【添加到选区】、■【从选区中减去】、■【选区相交】（这一部分将在本章第2.3节"选区的编辑操作"中会有详细讲解）。

当使用■【矩形选框工具】画出一个矩形选区后，在属性栏内单击■【添加到选区】按钮图标，接着再画第二个矩形，两个矩形选区呈现出如图2-3所示的选区相加效果。

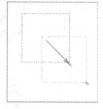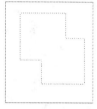

画出一个矩形　　　再画出第二个矩形　　　矩形相加后的效果

图2-3　矩形选区相加的效果

03 属性栏中的【羽化】选项可柔化选区边缘，可在数据框中输入数字来定义边缘晕开的程度。例如，可以先在属性栏中设定【羽化】的数值为20px，然后用■【矩形选框工具】在图像中单击的同时按住鼠标左键拖曳，得到的选区呈圆角矩形的效果，如图2-4所示。

04 然后将其进行填色处理。方法：首先单击工具箱中的前景色图标，在出现的【拾色器】对话框中直接选择一种颜色，然后执行菜单栏中的【编辑】|【填充】命令，在弹出的【填充】对话框（如图2-5所示）中将【不透明度】设为60%，单击【确定】按钮，得到了边缘柔化的矩形，不同羽化数值得到的边缘柔化效果如图2-6所示。

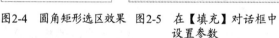

羽化值20px　　　羽化值70px

图2-4　圆角矩形选区效果　图2-5　在【填充】对话框中设置参数　图2-6　不同羽化数值得到的边缘柔化效果

　　【羽化】是指选区边缘的虚化程度，其取值范围为0~250像素，数值越大，选区边缘虚化的程度就越明显。当设置较大的羽化数值时，创建的选区要足够大，至少为选区最小宽度的2倍以上。否则创建的选区将不可见，并会弹出警示对话框提示"任何像素都不大于50%选择，选区边将不可见"。此时的选区可能会变得非常模糊，以至在画面中观察不到，但是选区仍然存在。

05 属性栏中的【样式】菜单中有3个选项：

- **正常**　可确定任意矩形或椭圆的选择范围。
- **固定长宽比**　以输入数字的形式设定选择范围的长宽比。
- **固定大小**　精确设定选择范围的长宽数值（要输入整数值）。

06 属性栏中的【消除锯齿】是非常重要的一个选项，通常都要选中。它的作用是使用选区的边缘平滑，图2-7所示为没有选择【消除锯齿】选项所制作的椭圆选

区的填充效果，图2-8所示为选中【消除锯齿】选项后制作的椭圆选区的填充结果。

图2-7　没有选择【消除锯齿】　图2-8　选择了【消除锯齿】
　　　　选项的填充效果　　　　　　　　选项的填充效果

当使用矩形选框工具时，【消除锯齿】选项是不可选的。

使用选框工具的技巧小结：

■ 按住Alt(Windows) 或Option(Mac OS)键的同时单击工具箱中的选框工具，即可在各种选框工具之间切换。在使用工具箱中的其他工具时，按键盘上的M键（在英文输入状态下），也可切换到选框工具。

■ 按住Shift键的同时拖曳鼠标来创建选区，可得到正方形或正圆的选区。

■ 在创建椭圆或矩形选区时，鼠标由左上角开始拖曳，若想使选择区域以鼠标的落点为中心向四周扩散，在按住Alt(Windows)键或Option (Mac OS)键的同时拖曳鼠标即可。

■ 同时按住Alt(Windows)或Option(Mac OS)键和Shift键，可形成以鼠标的落点为中心的正方形或正圆的选区。

2.2.2　魔棒、快速选择和套索工具

1．魔棒工具 ()

【魔棒工具】是基于图像中相邻像素颜色的近似程度来进行选择的，下面我们来看一看【魔棒工具】如何创建选区范围。

01 选中工具箱中的【魔棒工具】，其属性栏（如图2-9所示）中有一个非常重要的选项即【容差】，其取值范围为0～255，数值越大，选取时允许的相邻像素间的近似程度越大，选择范围也越大；数值越小，所选的范围就越小，但选择的精确度会大大提高。图2-10所示的是【容差】数值分别为30和60时，用魔棒工具单击图像相同位置所得到的不同选择范围。

02 勾选【连续】选项时，只能在图像中选择与鼠标落点处像素颜色相近并且相连的部分；若不勾选此项，则可以在图像中选择所有与鼠标落点处像素颜色相近的部分。

03 勾选【对所有图层取样】选项时，如果文件中包含多个图层，魔棒工具将选择所有可见图层上颜色相近的区域；取消勾选时，则只选择当前图层上颜色相近的区域。

取样大小：取样点　　容差：32　　消除锯齿　　连续　　对所有图层取样　　调整边缘

图2-9　【魔棒工具】属性栏

注意

按住Shift键可以扩大
选区；按住Alt键可以从
当前选区中减去所选颜色
区域。

【容差】设置为30　　　　【容差】设置为60

图2-10　不同容差数值的选择范围比较示意图

2. 快速选择工具（✐）

✐【快速选择工具】的使用方法是基于画笔模式的，拖动时选区会向外扩展，自动查找并沿着图像的边缘来描绘边界。也就是说，你可以用笔刷"画"出所需的选区。如果是选取离边缘比较远的较大区域，则要使用大一些的笔刷；如果是要选取精细的边缘，则换成小尺寸的笔刷，这样才能尽量避免选取背景像素。

- **对所有图层取样**　如果勾选该选项，Photoshop会根据所有的图层建立选取范围，而不仅是只针对当前图层。
- **自动增强**　一般勾选此复选框，可以降低选取范围边界的粗糙度和块效应，即使得选区向主体边缘进一步流动并做一些边缘调整。

01 打开一张图像文件，我们现在要将鱼从背景中选出来，这种情况应用传统工具"魔棒"很难实现。选取【快速选择工具】，沿头部边缘开始涂画，自动形成如图2-11所示的选区，在"画"选区的过程中，可以在属性栏中【画笔】一侧的下拉列表中调节【直径】参数来增大或减小画笔大小，如图2-12所示；快速选择工具具有一定智能化的功能，它比魔棒工具更加直观和准确。

图2-11　用【快速选择工具】　图2-12　在【重定边缘】对话
　　　　在小鱼上随意绘制　　　　　框中设置参数

注意

在画选区的过程中，按键盘上的"["和"]"键可以减小或增加笔刷大小。

02 如果多选了或者是少选了局部区域，可以用属性栏中的✐【添加到选区】和✐【从选区中减去】两个小按钮来进行局部的修整，如图2-13所示。

03 制作完成选区后，更换背景的效果如图2-14所示。

图2-13　调整选区细节　　　图2-14　选出的小鱼效果

3. 套索工具组

套索工具用于创建不规则选区，包含3种不同类型的套索工具：【自由套索工具】、【多边形套索工具】和【磁性套索工具】。

（1）【自由套索工具】

【自由套索工具】的用法是按住鼠标进行拖曳，随着鼠标的移动可形成任意形状的选择范围，松开鼠标后就会自动形成封闭的浮动选区，如图2-15所示是松开鼠标后形成的选区。

（2）【多边形套索工具】

【多边形套索工具】可产生直线型的多边形选择区域。方法是：将鼠标在要选择的图像边缘区域的拐点单击，确定第一个选取点，然后移动鼠标到下一个拐点处再次单击，确定第二个选取点，同样的方法，依次单击鼠标左键，如图2-16所示。当终点和起点重合时，工具图标的右下角有圆圈出现，此时单击鼠标就可形成完整的选区，如图2-17所示。

图2-15　【自由套索工具】所　　　图2-16　用【多边形套索工具】　　图2-17　选区完成效果
　　　　　形成的选区　　　　　　　　　　绘制选区

注意

按住Shift键拖动鼠标左键，可以得到水平、垂直或呈45°方向的线；按住Alt键拖动鼠标左键，可以切换为套索工具；同理，使用套索工具时，按住Alt键可以切换为多边形套索工具。

（3）【磁性套索工具】

【磁性套索工具】可在拖移鼠标的过程中自动捕捉图像中物体的边缘以形成选区，用于在背景复杂但对象边缘清晰的图像中创建选区。下面应用【磁性套索工具】来制作选区。

01 单击【磁性套索工具】，在工具属性栏（图2-18）中设置各项参数。

羽化: 0 像素　　消除锯齿　　宽度: 24 像素　　对比度: 10%　　频率: 51　　　调整边缘...

图2-18　【磁性套索工具】属性栏

■ 羽化　用来设定晕开的程度，与其他的选框工具的用法相同。

■ 消除锯齿　用以保证选区边缘的平滑。

■ 宽度　取值范围是1~40像素，用来定义磁性套索工具检索的距离范围。

■ 对比度　取值范围是1%~100%，用来定义磁性套索工具对边缘的敏感程度。

■ **频率** 取值范围是0~100，用来控制磁性套索工具生成固定点的多少。频率越高，越能更快地固定选择边缘。

注意

> 对于图像中边缘不明显的物体，可设定较小的套索宽度和边缘对比度，这样，跟踪的选择范围会比较准确。通常来讲，设定较小的【宽度】和较高的【对比度】会得到比较准确的选择范围，反之亦然。

02 然后将鼠标移动到要选取图像边缘的某一位置，单击鼠标确定起始点，然后沿着图像边缘拖动鼠标，光标经过的地方会形成锚点来创建选区，如图2-19所示。

03 如果要删除刚画的固定锚点和路径片段，可直接单击键盘上的Delete键。若要结束当前的路径，可双击鼠标，或按键盘上的Enter键，终点和起点会自动连接起来形成封闭的选择区域，如图2-20所示。

图2-19　应用【磁性套索工具】进行选取　　　图2-20　选区完成效果

注意

> 在使用磁性套索工具的过程中，若要改变套索宽度，可按键盘上的"["和"]"键，每按一次"["键，可将宽度减少1个像素，每按一次"]"键，可将宽度增加1个像素。按住Alt键单击，可以切换为多边形套索工具；按住Alt键拖动鼠标，可以切换为套索工具。

2.2.3　色彩范围命令的使用

　　菜单栏中的【选择】|【色彩范围】命令是一个根据图形中的颜色范围来创建选区的命令，下面应用【色彩范围】命令进行图像的选取：

01 打开一幅图像，执行菜单栏中的【选择】|【色彩范围】命令，在弹出的【色彩范围】对话框中看到一个黑白效果的图像预视区，如图2-21所示，当鼠标移进这个预视区时光标便会变为 吸管形式，用这个吸管在预视区内需要选取的位置单击鼠标，这一部分便会变为白色，而其余的颜色部分仍然保持黑色不变。

■ **选择** 用于设置选区的创建方式。

■ **检测人脸** 勾选此选项后，可以更准确地进行肤色选择。

■ **本地化颜色簇** 拖曳滑块可以控制要包含在蒙版中的颜色与取样点的范围。

■ **颜色容差** 用来控制颜色的选择范围，数值越高，包含的颜色越广，数值越低，包含的颜色越窄。

02 在对话框中，拖动【颜色容差】下方的三角滑钮（或者在对话框中直接输入数值）调整选择的颜色范围，【颜色容差】含义类似于前面介绍魔棒工具时提到的【容差】选项，数值越高，可选的颜色范围也就越大，它的取值范围为0～200，此时的容差值为94，选区效果如图2-22所示。

03 一般来说，我们一次很难将大范围的选区准确定义，因此还需要进行选取范围的补充，对话框右部有3个小按钮，选中 🖋（带加号的吸管）在图中多处单击，直到要选择的区域全部包含进去为止；🖋（带减号的吸管）可减去多余的像素；而 🖋吸管只能进行一次选择。

04 单击【确定】按钮，得到如图2-23所示的选区。

图2-21 【色彩范围】对话框 　图2-22 【容差】值为94时的 　　图2-23 最后的选区效果
　　　　　　　　　　　　　　　　选区效果

> 在【色彩范围】对话框预视图的下方有两个选项：【选择范围】和【图像】。当选中【选择范围】选项时，预视图中就以256灰阶表示选中和非选中的区域，白色表示全部选中的区域，黑色表示没有选中的区域；当选中【图像】选项时，在预视图中就可看到彩色的原图。

2.3　选区的编辑操作

选区的编辑操作包括选区加减、移动、修改、变换等，首先介绍几项最基本的选区编辑操作：

- 执行菜单栏中的【选择】|【取消选择】命令可将选中的区域取消选择。
- 执行菜单栏中的【选择】|【全选】命令可选择图像的全部。
- 执行菜单栏中的【选择】|【反选】命令可将选中的区域取消选择，将未选中的区域选中。
- 制作完成的选区范围可通过菜单栏中的【选择】|【存储选区】命令储存在【通道】面板中，下次使用的时候执行菜单栏中的【选择】|【载入选区】命令即可重新显示选区（关于此部分将在第6章"通道与蒙版"中还会详细讲解）。

1．选区相加、相减与相交

（1）选区相加

如果要在已经建立的选区之外，再加上其他的选择范围，例如，先应用 ■【矩形选框工具】创建一个矩形选区，然后在矩形选框工具的属性栏中单击 ■【添加到

选区】图标（或按住Shift
键的同时）拖曳鼠标，如
图2-24所示，此时工具图
标的右下角出现"+"符
号，松开鼠标后所得到的
结果是两个选择范围的并
集如图2-25所示。

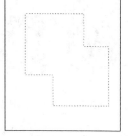

图2-24　添加另一个矩形选框　　图2-25　两个选区相加的效果

（2）选区相减

对已经存在的选区，可以利用选框工具将原有选区减去一部分。例如先选择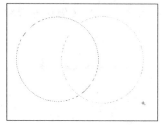
【椭圆选框工具】创建一个椭圆选区，然后在椭圆选框工具的属性栏中单击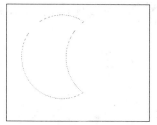【从
选区中减去】图标（或按住Alt键的同时拖曳鼠标），如图2-26所示，此时工具图标
的右下角出现"－"符
号，松开鼠标后所得到的
结果如图2-27所示，第二
个椭圆类似于剪刀，将第
一个椭圆剪掉一个缺口。

图2-26　添加另一个圆形选区　　图2-27　两个选区相减的效果

（3）选区相交

交集运算结果将会保留两个选择范围重叠的部分。例如先创建一个矩形选区，
然后选择【椭圆选框工具】，在工具属性栏中单击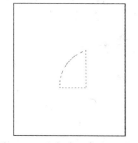【选区相交】图标（或同时
按住Alt键和Shift键），
拖曳鼠标画出一个椭圆形
选区，如图2-28所示，此
时工具图标的右下角出现
"×"符号，松开鼠标后
得到的结果为两个选区的
交集，如图2-29所示。

图2-28　添加另一个圆形选区　　图2-29　两个选区相交的效果

2．【扩大选取】和【选取相似】

【选择】菜单栏中有两个命令：【扩大选取】和【选取相似】，它们的工作原
理和魔棒工具一样，都是根据像素的颜色近似程度来增加选择范围，这两个命令的
选择范围同样都是由【容差】值来控制的，但【扩大选取】是扩大与现有选取范围
相邻且颜色相近的颜色区域；而【选取相似】则是扩大整个图像中与现有选取范围
颜色相同的区域。

例如在图2-30所示中的第一个圆形内先创建一个矩形选区，然后执行菜单栏中
的【选择】|【扩大选取】命令，矩形选区相邻的橙色区域被选中，得到如图2-31所
示效果；如果执行菜单栏中的【选择】|【选取相似】命令，则全图中橙色调的区域
都会被选中，效果如图2-32所示。

图2-30　创建矩形选区　　　图2-31　【扩大选取】命令　　图2-32　【选取相似】命令
　　　　　　　　　　　　　　　　　得到的选取效果　　　　　　得到的选取效果

3. 选区的修改操作

【选择】|【修改】菜单下有一系列经常被用到的命令，这些命令主要用于对已经生成的选区进行修正，其中包括选区边界、平滑、扩展、收缩、羽化五个功能。

■ 边界　　可让您选择在现有选区边界的内部和外部的像素的宽度，扩展后的选区边界将与原来的选区边界形成新的选区，如图2-33所示。当要选择选区周围的边界或像素带，而不是该区域本身时（例如清除粘贴的对象周围的光晕效果），此命令将很有用。

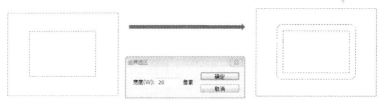

图2-33　【边界】命令执行示意图

■ 平滑　　对于那些根据像素的颜色近似程度来确定的选区（例如通过【魔棒】或【颜色范围】命令产生的选区），选择此命令进行处理，选择区域就会变得平滑得多（如图2-34所示）。

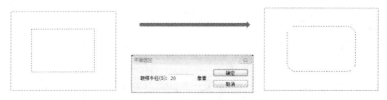

图2-34　【平滑】命令执行示意图

■ 扩展　　此命令可将既有选区的范围向外扩大（以像素为单位）。
■ 收缩　　此命令可将既有选区的范围向内缩小（以像素为单位）。

例如图2-35所示是对图中原有选区分别执行【扩展】和【收缩】命令后选择区域的改变。

　　　原选区　　　　　　　　执行【扩展】命令　　　　　　执行【收缩】命令
图2-35　对图中原有选区分别执行【扩展】和【收缩】命令的效果

18

■ **羽化** 此命令通过建立选区和选区周围像素之间的转换边界来模糊边缘,该模糊边缘将丢失选区边缘的一些细节。例如图2-36所示为原始的椭圆选区,执行菜单栏中的【选择】|【修改】|【羽化】命令后,在弹出的对话框中设定【羽化半径】为15像素,如图2-37所示,单击【确定】按钮,此时选区看上去似乎没有明显变化。接下来,在移动、剪切、复制或填充选区后,羽化效果才会呈现。图2-38是将羽化后的选区内容复制到其他图像文件中的效果。

图2-36 原选区　　　　图2-37【羽化选区】对话框　　　　图2-38 羽化后效果

4.【变换选区】命令

在Photoshop中可对任意选区进行变形操作。当图像中有浮动选区时,执行菜单栏中的【选择】|【变换选区】命令,在选区四周会显示出带有8个控制手柄的变形框,如图2-39所示,拖动鼠标可对变形框进行缩放(图2-40)及旋转操作(图2-41),按键盘上的Enter键就可确认变形,若想取消变形操作,可按键盘上的Esc键。

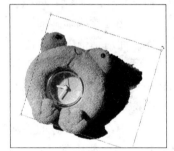

图2-39 创建变换选区变形框　　　图2-40 选区缩小效果　　　图2-41 旋转选区效果

5.【调整边缘】命令

【调整边缘】选项可以提高选区边缘的品质,并允许对照不同的背景查看选区以便轻松编辑,用一句简单的话来说,就是可以将非专业的选区快速转换为专业的选区。

下面我们选取一张图像来对选区进行边缘调整处理。

01 打开一张人物图像,先通过工具箱中的 【快速选择工具】对人物进行选取,调整【快速选择工具】的画笔大小精确地绘制出人物选区(图2-42),然后单击工具属性栏中的【调整边缘】按钮(或执行菜单栏中的【选择】|【调整边缘】命令),弹出如图2-43所示的对话框。

02 依次单击对话框中的7个小图,在预览的图像中,我们将看到7种不同的选区形式:第一个模式为闪烁虚线模式,可以查看具有闪烁虚线的标准选区。第二个模式为叠加模式,可以在快速蒙版模式下查看选区效果。第三个模式为黑底,可以在黑色背景下查看选区。第四个模式为白底，可以在白色背景下查看选区。第五个模式为黑白，可以以黑白模式查看选区。第六个模式为背景图层，可以查看被选区蒙版的图层。第七个模式为显示图层，可以在未使用蒙版的状态下查看整个图层，如图2-44所示。

图2-42　人物选区效果　　图2-43　【调整边缘】对话框

图2-44　【调整边缘】对话框中的7种不同的预览状态

03 对话框中【半径】选项决定选区边界周围区域的大小，设置【半径】值可以在包含柔化过渡或细节的区域中创建更加精确的选区边界，如头发中的边界或模糊边界；而对话框中【对比度】选项锐化选区边缘并去除模糊的不自然感，增加对比度可以移去由于【半径】设置过高而导致在选区边缘附近产生的多种杂色。

04 在对话框中还集中了另外3个选项：【平滑】、【羽化】和【收缩/扩展】，这3个选项与菜单栏中的【选择】|【修改】下的相应命令效果相同。在该例的人物选区中，最后设置的参数如图2-45所示，得到如图2-46所示的选区效果。

05 执行菜单栏中的【编辑】|【复制】命令，然后在另一幅图像中执行【编辑】|【粘贴】命令，合成效果如图2-47所示。

图2-45　调节完成的参数　　图2-46　最后得到的选区效果　　图2-47　与其他背景图合成

2.4　图像移动操作

图像的移动基本都用工具箱中的 ⌖【移动工具】完成，在没有建立任何选区的情况下，使用 ⌖【移动工具】拖曳画面会移动整个光标所在层。

- 当应用任意一种选取工具移入图像现有选区内时，光标会变为 ⌖ 形状，此时按住并拖曳鼠标，可以移动浮动选区，而选区以内的图像不会被移动。
- 当应用 ⌖【移动工具】移入图像现有选区内时，光标立刻变为 ⌖ 形状，此时按住并拖曳鼠标，移动的将是浮动选区内的图像。

2.5　图像变形操作

利用菜单栏中的【编辑】|【变换】命令和【自由变换】命令可以对整个图层、图层中选中的部分区域、多个图层、图层蒙版，以及路径、矢量图形、选择范围和Alpha通道等进行缩放、旋转、斜切和透视操作。

1．变换对象

针对不同的操作对象执行【编辑】|【变换】命令，需要进行相应的选择：

- 对于背景层，不可以直接执行变换操作，需要双击背景图层将其先转换为普通图层。
- 如果是针对图层中的部分区域，在【图层】面板中选中此图层，然后用选框工具选中要变换的区域。
- 如果是针对多个图层，在【图层】面板中按Shift键将多个图层链接起来。
- 如果是针对图层蒙版或矢量蒙版，在【图层】面板中单击蒙版和图层之间的【链接】 ⊙ 按钮将链接取消。
- 如果是针对路径或矢量图形，使用 ⌖【路径选择工具】将整个路径选中，或用 ⌖【直接选择工具】选择路径片段。如果只选择了路径上的一个或几个节点，则只有和选中的节点相连接的路径片段被变换。
- 如果是针对选区进行变换，需执行菜单栏中的【选择】|【变换选区】命令。
- 如果是针对Alpha通道执行变换，则在【通道】面板中选择相应的Alpha通道即可。

2．设定变换的参考点

执行所有变换操作时都要以一个固定点位作为参考，根据内定情况，这个参考点是选择物体的中心点。图2-48所示是一个有透明区域的图层，在【图层】面板中选中此图层，然后执行【编辑】|【变换】|【缩放】命令，可看到图像四周出现一个矩形变形框，即定界框，四周有8个控制手柄来控制变形，矩形框的中心有一个标识用来表示缩放或旋转的中心参考点。

在属性栏中用鼠标单击██【变形】图标上不同的点，可以改变参考点的位置。██图标上的各个点和矩形变形框上的各个点一一对应，也可用鼠标直接拖曳中心参考点到任意位置。

图2-48　变形框示意图

3. 变换操作

在菜单【编辑】|【变换】命令的子菜单中，有一系列变换命令，可根据需要选择其中一种或多种变换命令。

■ **缩放**　执行【编辑】|【变换】|【缩放】命令后，可通过拖动矩形框边角的四个手柄来进行图像的放大或缩小变换，如图2-49所示。

■ **旋转**　执行【编辑】|【变换】|【旋转】命令后，当鼠标移到边角手柄位置时会变成弯曲的双箭头形状，此时移动鼠标便可进行图像的自由旋转，如图2-50所示。

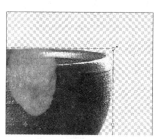

图2-49　【缩放】命令效果

图2-50　【旋转】命令效果

■ **斜切**　执行【编辑】|【变换】|【斜切】命令后，应用鼠标拖动控制框边角的控制手柄，便可将图像的一角沿着边线水平缩放；而如果应用鼠标拖动控制框中间的控制手柄，可以使图像形成平行四边形变换，如图2-51所示。

■ **扭曲**　执行【编辑】|【变换】|【扭曲】命令后，可对图像的任意一角进行随意的扭曲变形，如图2-52所示。

■ **透视**　执行【编辑】|【变换】|【透视】，可以使图像形成透视的效果，如图2-53所示。

图2-51　【斜切】命令效果

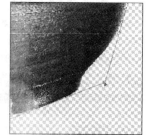

图2-52　【扭曲】命令效果

图2-53　【透视】命令效果

■ 执行【编辑】|【变换】|【水平翻转】命令，可以编辑图像水平镜像的效果。

■ 执行【编辑】|【变换】|【垂直翻转】命令，可以编辑图像垂直镜像的效果。

另外，执行【编辑】|【自由变换】命令可一次完成【变换】子菜单中的所有操作，在实际操作过程中，有以下一些操作技巧。

■ **按住Shift键**　拖曳角控制点,可以等比例放大或缩小图像。

■ **按住Ctrl键**　拖曳四个边角控制点,可以进行【自由扭曲】操作;拖曳中间的控制点,可以形成自由平行四边形变换。

■ **按住Ctrl+Shift键**　拖曳四个边角控制点,可以形成直角梯形变换;拖曳中间的控制点,可以形成以对边不变的等高或等宽的自由平行四边形方式变换。

■ **按住Ctrl+Shift+Alt键**　拖曳四个边角控制点,可以形成以等腰梯形、三角形或相对等腰三角形方式变换。拖曳中间的控制点,可以形成以中心对称等高或等宽的自由平行四边形方式变换。

■ 在自由变换的属性栏中的W和H后面的数据框中输入数值,W和H之间的链接符号表示锁定比例,可以按数值进行缩放。

■ 执行【编辑】|【变换】|【再次】命令,可重复执行上一次变形操作。

■ 按Enter键完成变换操作,按Esc键取消变换操作。

4．图像变形操作

对于图层中的图像或路径可以通过【变形】命令进行不同形状的变形,如波浪、弧形等,可以对整个图层进行变形,也可以只是对选区内的内容进行变形。在对图层进行变形时,执行菜单栏中的【编辑】|【变换】|【变形】命令即可;对形状图层或路径变形时,执行菜单栏中的【编辑】|【变换路径】|【变形】命令。

执行【变形】命令的具体步骤如下:

01 打开如图2-54所示原稿,执行菜单栏中的【图层】|【背景图层】命令,将背景图层转换为普通图层,执行菜单栏中的【编辑】|【变换】|【变形】命令,在图层上将出现"九宫格"的形状,如图2-55所示。

02 使用鼠标拖曳移动"九宫格"变形框中的网格,可以随意编辑图像的扭曲效果,如图2-56所示,按Enter键完成变换操作,完成效果如图2-57所示。

03 若是在变形的工具属性栏中单击【变形】选项,可弹出如图2-58所示的下拉菜单,在下拉菜单中可选择规则变形的种类,如选择"鱼眼"选项,得到如图2-59所示效果,也可以在变形工具属性栏中使用数值进行设定。

04 Photoshop提供了15种变形样式,读者可以一一尝试。

图2-54　原图效果

图2-55　九宫格效果

图2-56　调节网格变形

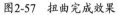

图2-57　扭曲完成效果　　　图2-58　【变形】选项下拉菜单　　　图2-59　【鱼眼】扭曲效果

2.6　小结

图像的编辑是图像处理的基础，本章我们学习了Photoshop各种选取工具的使用方法，通过对选区进行加减、移动、修改、变换等操作，可以方便地对选区内图像进行各种编辑，以及对图层、图层蒙版、路径、矢量图形和Alpha通道等进行缩放、旋转、斜切、透视等变形操作。

2.7　课后习题

1. 请在Photoshop中运用提供的素材制作一幅简单的拼贴海报，素材需要退底，参考效果如图2-60所示。文件尺寸为225mm×225mm，分辨率为72像素/英寸。

2. 请将如图2-61所示的模特人物素材进行退底，利用所学的选区知识将人物尤其是头发细腻准确地抠出来，并尝试放置到不同的背景颜色上。

图2-60　拼贴海报参考效果图　　　　　图2-61　模特人物素材

图像绘制与修复

第3章

本章重点：

- 熟练掌握各种基本绘图工具的用法以及属性栏内的参数设置
- 在【画笔】面板中进行画笔设置
- 应用图像修复工具来修复图像中的污点、划痕、破损以及多余的部分
- 应用图像修饰工具来调整图像局部的亮度、暗度、色彩饱和度及清晰模糊程度等
- 颜色的填充与描边

3.1 图像的绘制

Photoshop提供了多个用于绘制和编辑图像颜色的工具，主要有以下几种：画笔工具、铅笔工具、橡皮擦工具、渐变工具、油漆桶工具等，利用这些工具可以绘制出各种图像。

3.1.1 基本绘图工具

1. 铅笔工具

使用工具箱中的 ✐【铅笔工具】可绘出硬边的线条，如果绘制斜线，则会带有明显的锯齿，绘制的线条颜色为工具箱中的前景色。在铅笔工具属性栏的弹出式面板中可看到硬边的画笔，如图3-1所示，如图3-2所示是用不同大小的硬边铅笔绘制出的几条粗细不等的线条。

图3-1 硬边【画笔】面板

在铅笔工具的属性栏中有一个【自动涂抹】选项，可自动判断铅笔工具绘画的起始点。选中此项后，如果铅笔的起始点是工具箱中的前景色，则铅笔以背景色进行绘画；如果铅笔的起始点是工具箱中的背景色，则以前景色来绘画。

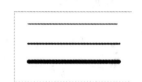

图3-2 不同大小的画笔所绘制出的硬边线条

2. 画笔工具

使用 ✐【画笔工具】可绘制出边缘柔软的画笔效果，是使用频率最高的工具之一。画笔颜色为工具箱中的前景色，可根据自己需要设定前景色。单击工具属性栏中画笔后面的预视图的小三角，在弹出式面板中可选择预设的各种画笔，如图3-3所示。在画笔工具属性栏中（图3-4）还有以下重要的选项：

图3-4 【画笔工具】属性栏

图3-3 【画笔】弹出式面板

- **模式** 可选择画笔颜色与底图的各种混合方法。
- **不透明度** 用来定义画笔笔墨覆盖的最大程度，也就是绘画笔触的透明程度，取值范围为0%～1000%，可通过下面的滑动条进行调节，也可直接输入数值。
- **流量** 定义绘制图像时笔墨扩散的量，即当光标移到某个区域上方应用颜色的速率，取值范围为0%～100%，可通过下面的滑动条进行调节，也可直接输入数值，如图3-5所示为画笔【大小】为

图3-5 不同【流量】值所绘制出的线条

300px时，设置流量分别为20%、50%和100%时绘制出的3道线条效果。

- **喷枪模式**　属性栏中的图标表示喷枪效果工具，激活后会根据鼠标左键单击程度来确定画笔笔迹的填充数量。当选中喷枪效果时，即使在绘制的过程中有所停顿，喷笔中的颜料仍会不断喷射出来，在停顿处出现一个颜色堆积的色点。停顿的时间越长，色点的颜色也就越深，所占的面积也越大，如图3-6所示为利用喷枪工具绘制出的大小不一的圆点。

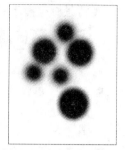

图3-6　利用喷枪绘制的圆点

注意

如果想使绘制的画笔保持直线效果，可在画面上单击鼠标键，确定起始点，然后按住Shift键的同时将鼠标移到另一边，再次单击鼠标，两个击点之间就会自动连接起来并形成一条直线。

3. 橡皮擦工具组

（1）橡皮擦工具

【橡皮擦工具】可将图像擦除至工具箱中的背景色或透明色，并可将图像还原到【历史记录】面板中图像的任何一个状态。

单击工具箱中的【橡皮擦工具】，它的属性栏如图3-7所示。

图3-7　【橡皮擦工具】属性栏

- **模式**　在其弹出的菜单中可选择不同橡皮擦类型：【画笔】、【铅笔】和【块】，当选择【画笔】和【铅笔】时，橡皮工具光标与画笔和铅笔的相似；而选择【块】时，橡皮工具光标是一个正方形。
- **不透明度**　用来设置擦除强度。当模式设置为块时，该选项将不可用。
- **流量**　用来设置涂抹速度。
- **抹到历史记录**　勾选此选项时，橡皮擦工具相当于历史记录画笔工具，可将修改过的图像恢复到【历史记录】面板中的任一状态。

（2）背景橡皮擦工具

【背景橡皮擦工具】可将图层上的颜色擦除成透明，当您的图像前景与需要被擦去的背景存在颜色上的明显差异时，您就可以考虑使用背景橡皮擦，如图3-8所示。设置好背景色后，可以在抹除背景的同时保留前景对象的边缘。当工具移动到图像上时可看到圆形中心有十字符号，表示取样的中心。

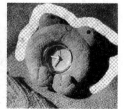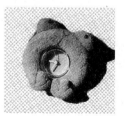

图3-8　使用【背景橡皮擦工具】擦除背景示意图

【背景橡皮擦工具】属性栏参数如图3-9所示。

图3-9　【背景橡皮擦工具】属性栏

■ **限制**　用来设置橡皮擦除的方式。选择【不连续】选项可以删除所有取样颜色；选择【连续】选项时，只擦除与样本颜色相互连接的区域；选择【查找边缘】选项时则擦除包含样本颜色的相关区域，并保留形状边缘的锐化程度。

■ **容差**　用来控制橡皮擦除颜色的范围，数值越大则范围越大，反之亦然。

■ 【取样：连续】　随着鼠标的移动而不断地取样颜色，凡是出现在光标中心十字线以内的图像都是被擦除的部分。

■ 【取样：一次】　以鼠标第一次单击位置作为取样颜色，随后将只以该颜色为基准擦去容差范围内的颜色。

■ 【取样：背景色板】　以背景作为取样颜色，可以擦除与背景色相近或相同的颜色。

（3）魔术橡皮擦工具

【魔术橡皮擦工具】可根据颜色近似程度来确定将图像擦成透明的程度，它的去背景效果非常好，当使用魔术橡皮擦工具在图层上单击时，会自动将图层中所有相似的像素变为透明。

【魔术橡皮擦工具】属性栏参数如图3-10所示。

图3-10　【魔术橡皮擦工具】属性栏

■ **容差**　用来设置可擦除的颜色范围，数值越小擦除的相似颜色范围就越小；反之亦然，如图3-11所示为【容差】数值分别为20%和80%时的擦除效果。

原图

【容差】数值为20%

【容差】数值为80%

图3-11　【容差】数值对擦除效果的影响

■ **消除锯齿**　可以使擦除区域的边缘变得平滑。

■ **连续**　勾选此选项，只会去除图像中和鼠标单击点相似并连续的部分。关闭选项时，可以擦除图像中所有相似的像素。例如图3-12中填充的黄红多色渐变，勾选【连续】选项，在黄色区域中单击鼠标，只擦除局部黄色，如图3-13所示；不勾选【连续】选项，在同样的位置上单击，可将渐变色中黄色区域都擦除至透明，如图3-14所示。

 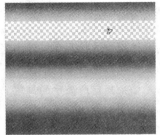 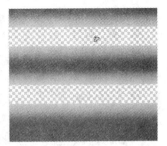

图3-12　原图　　图3-13　选择【连续】时的　　图3-14　不选择【连续】时的
　　　　　　　　　　　　擦除效果　　　　　　　　　　　擦除效果

3.1.2　【画笔】面板

对于绘图编辑而言，选择和使用画笔是非常重要的一部分，Photoshop中的【画笔】面板提供了强大的笔触变换效果，用户可以直接运用画笔工具创作出星光、云彩等各种不可思议的纹理与图案。

1．【画笔】面板组成

执行菜单栏中的【窗口】|【画笔】命令，便可弹出如图3-15所示的画笔面板。

A—预设画笔动态效果

B—画笔预览效果

C—调整画笔间距

D—调整画笔硬度

E—调整画笔角度

F—调整画笔的笔触大小

G—显示画笔类型

H—弹出式菜单

I—选中的画笔笔尖

J—未锁定

K—已锁定

在画笔预设面板右上角的弹出式菜单中可选择画笔显示方式，如图3-16所示。

■ **仅文本**　只列出画笔的名字。
■ **小或大缩览图**　可以看到画笔缩览图显示，两个选项的区别在于显示缩览图的大小。
■ **小或大列表**　可以看到画笔缩览图连同名称的列表。

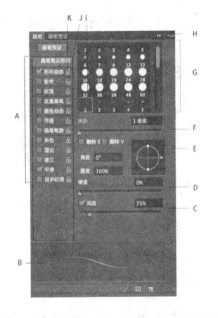

图3-15　画笔面板中的【画笔笔尖形状】设置界面

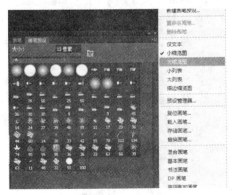

图3-16　【画笔预设】面板弹出式菜单

■ **描边缩览图** 可以看到用画笔绘制线条的效果显示。
■ **复位画笔** 可恢复到软件的初始设置。
■ **载入画笔** 可在弹出的对话框中选择要加入的画笔。
■ **存储画笔** 可将当前面板中的画笔存储起来。
■ **替换画笔** 可用其他画笔替换当前所显示的画笔。

2. 画笔的选项设定

（1）【设定画笔笔尖形状】选项

如图3-17所示，在【画笔】面板中单击左侧的【画笔笔尖形状】选项，可弹出相应的控制项，这些选项主要用于设置画笔的大小、形状、画笔边缘的虚实程度和画笔的间距等。

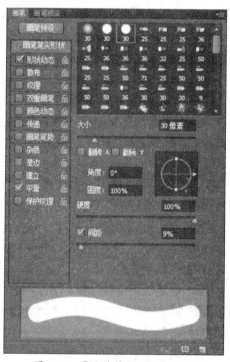

■ **大小** 用来控制画笔的大小，可通过输入数字或拖动滑钮来改变画笔大小。

■ **角度** 用于定义画笔长轴的倾斜度，也就是在水平方向旋转的角度。可直接输入角度，也可拖动滑钮来改变角度。图3-18所示为角度发生变化的几种画笔显示。

■ **圆度** 表示画笔短轴与长轴的比例关系，取值范围为0%～100%，100%表示的是圆形的画笔，0%表示的是一个线形的画笔，中间的数值表示椭圆形的画笔。

■ **硬度** 控制画笔硬度中心的大小，

图3-17 【画笔笔尖形状】面板

相当于所画线条边缘柔化的程度。硬度越小，画笔边缘越虚，硬度越大，画笔边缘越实（不能改变样本画笔的硬度）。

■ **间距** 用于控制两个画笔笔触之间的距离，取值范围为0～1000%，数值越大，

笔触之间的距离就越大，如图3-19所示的【间距】取值25%和125%时画笔的不同效果。

图3-18 【角度】数值变化
画笔效果

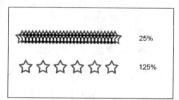

25%

125%

图3-19 【间距】数值变化
画笔效果

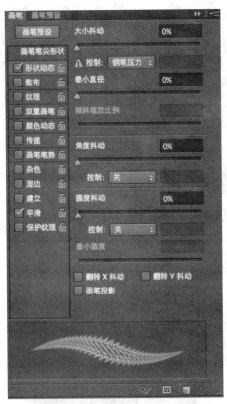

图3-20　【形状动态】面板

（2）【形状动态】选项

【形状动态】面板中的选项（图3-20）使用户在已经指定了画笔大小等参数值的状态下，通过改变画笔大小、角度及扭曲画笔等各种方式得到动态画笔的效果。

■ **大小抖动**　指定画笔在绘制线条的过程中标记点大小的动态变化状况。图3-21中绘制出的是【大小抖动】为0%以及100%时的不同效果对比。

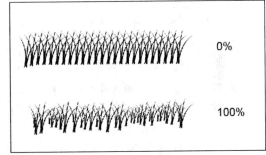

图3-21　【大小抖动】不同数值效果对比

■ **控制**　包括关、渐隐、钢笔压力、钢笔斜度、光轮笔等选项，下面逐项讲解：

◆ **渐隐**　在指定的步数内实现初始直径和最小直径之间的过渡，使笔迹产生逐渐淡出的效果，每一步相当于画笔的一个标记点。其取值范围为1～9999。如图3-22所示的是选择【关】、【渐隐=10】、【渐隐=30】时的不同画笔效果。

【关】　　　　　　【渐隐】值为10　　　　　　

【渐隐】值为30

图3-22　画笔控制中选择【关】与【渐隐】的效果对比

◆ 钢笔压力、钢笔斜度和光轮笔这3个选项只有在安装了数字化板以后才有效。

■ **最小直径**　当设置了【大小抖动】与【控制】参数之后，【最小直径】参数用来指定画笔笔迹缩放的最小缩放百分比，其取值范围为1%～100%，数值越高，笔尖的直径变化越小。

■ **角度抖动** 指定画笔在绘制线条的过程中标记点角度的动态变化状况。图3-23所示为【角度抖动】取值为0%与100%时的绘制效果对比。

◆ 在【角度抖动】项下也有一项【控制】选项，在这个选项中，除了渐隐、初始方向、方向功能，其他功能都是必须在安装了数字化板后才有效。其中【渐隐】用来定义在指定步数内画笔标记点在0°～360°间的变换，如图3-24所示为【渐隐】取值为1和50时的绘制效果对比。

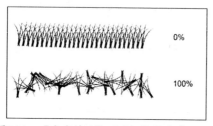

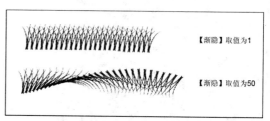

图3-23 【角度抖动】不同数值效果对比　　图3-24 【角度抖动】下的【渐隐】不同数值效果对比

■ **圆度抖动** 指定画笔在绘制线条的过程中标记点圆度的动态变化状况。图3-25所示为【圆度抖动】取值为0%和100%时的绘制效果对比。

■ **最小圆度** 当选择【最小圆度】，并设置了【控制】选项后，【最小圆度】用来指定画笔标记点的最小圆度。

（3）【散布】选项

画笔的【散布】选项面板（图3-26）可以使画笔在一定范围内自由散布，因为散布效果是随机的，所以得到的效果通常比较自然。

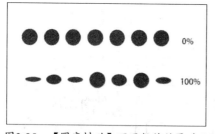

图3-25 【圆度抖动】不同数值效果对比

图3-26 【散布】选项面板

■ **散布** 用来指定线条中画笔标记点的分散程度。数值越高，散布的位置和范围就越随机。当勾选【两轴】时，画笔标记点是以中心点为准呈放射状分布的；当不勾选时，画笔标记点的分布和画笔绘制线条的方向垂直。图3-27为【散布】值为100时，勾选与不勾选【两轴】选项的效果对比。勾选【两轴】时，散布在横竖方向上都有效果，呈现不规则状态。不勾选【两轴】时，散布只局限于竖方向上的效果，但在横方向上的间距还是固定的。

■ **数量** 用来指定每个空间间隔中画笔标记点的数量。数值越高，笔迹重复的数量越大。

■ **数量抖动** 用来定义每个空间间隔中画笔标记点的数量变化。同样可在【控制】后面的弹出菜单中选中不同的选项。

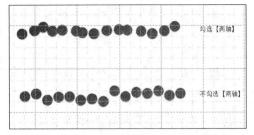

图3-27 勾选与不勾选【两轴】选项效果对比

（4）【纹理】选项

使用一个纹理化的画笔就好像使用画笔在有各种纹理的布上作画一样。在【纹理】选项面板（如图3-28所示）最左上方有纹理的预视图，单击右侧的小三角，在弹出的面板中可选择不同的图案纹理。勾选【反相】可基于图案中的色调来反转纹理中的亮点和暗点。

■ **缩放** 用来指定图案的缩放比例。数值越小，纹理越多。

■ **为每个笔尖设置纹理** 用来定义是否每个画笔标记点都分别渲染。将选定的纹理单独应用于画笔描边中的每个画笔笔迹，而不是作为整体应用于画笔描边。若不勾选此项，则【最小深度】和【深度抖动】两个选项将不可用。

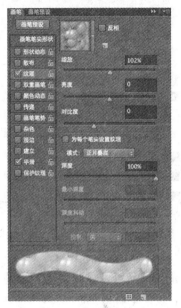

图3-28 【纹理】选项

■ **模式** 用来定义画笔和图案之间的混合模式。

■ **深度** 用来定义画笔渗透图案的深度。100%时只有图案显示；0%时，只有画笔的颜色，图案不显示。

■ **最小深度** 定义画笔渗透图案的最小深度。

■ **深度抖动** 定义绘画渗透图案的深度变化。

图3-29为将气泡的图案融入画笔中的纹理效果。

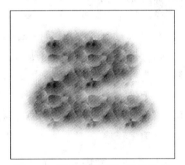

图3-29 气泡图案融入画笔效果

（5）【双重画笔】选项

【双重画笔】即使用两种笔尖效果创建画笔。首先在画笔笔尖形状选项中设置主画笔，然后在【模式】菜单中选择主画笔和双重画笔的混合方式，接着在下面的画笔预视框中选择一种笔尖作为第二个画笔。

【双重画笔】中的各个选项的设置都是针对第二个画笔的。

■ **大小** 用来控制第二个画笔笔尖的大小。

■ **间距** 用来控制第二个画笔在所画线条中标记点之间的距离。

■ **散布** 用来控制第二个画笔所画线条中的分布情况。当勾选两轴选项时，双重画笔笔迹会按径向分布；当关闭两轴选项时，双重画笔笔迹将垂直于描边路径分布。

■ **数量** 用来指定每个间距间隔中第二个画笔标记点的数量。

从图3-30可以看出，应用双重画笔绘制的笔触效果更为丰富多变一些。

普通画笔效果

双重画笔效果

图3-30 普通画笔与双重画笔的画笔效果对比

（6）【颜色动态】选项

【颜色动态】中的设定项用来决定在绘制线条过程中颜色的动态变化。

■ **前景/背景抖动** 用来控制前景色和背景色之间的混合程度与动态变化。数值越小，变化后的颜色越接近前景色；数值越大，变化后的颜色越接近背景色。

■ **色相抖动** 用来指定画笔绘制线条的色相的动态变化范围。

■ **饱和度抖动** 用来指定画笔绘制线条的饱和度的动态变化范围。

■ **亮度抖动** 用来指定画笔绘制线条的亮度的动态变化范围。

■ **纯度** 用来控制混合后颜色的纯度。当【亮度抖动】为"0"且【纯度】为"-100"时，绘出的线呈白色；当【纯度】为"-100"时，改变【亮度抖动】的数值，可得到灰阶效果的动态变化效果。

（7）【传递】选项

【传递】可以控制画笔随机的不透明度和颜色流量等设置，从而绘制出自然的若隐若现的笔触效果。

■ **不透明度抖动** 设置画笔中不透明度的变化方式。

■ **流量抖动** 设置画笔中油彩流量的变化程度，如图3-31所示。

■ **湿度抖动** 设置画笔中油彩湿度的变化程度。

■ **混合抖动** 设置画笔中油彩混合的变化程度。

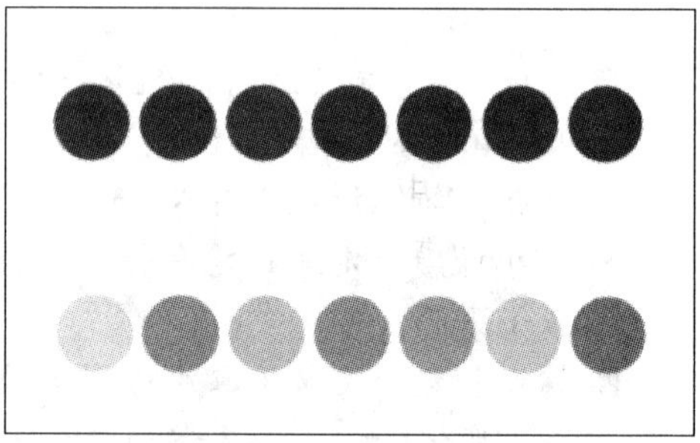

图3-31 普通画笔和设置不透明度、流量抖动后的画笔笔迹对比

（8）【画笔笔势】选项

【画笔笔势】选项可以获得类似光笔的效果，并可严格控制画笔的角度和位置。

■ **倾斜X** 确定画笔从左向右倾斜的角度。

■ **倾斜Y** 确定画笔从前向后倾斜的角度。

■ **旋转** 确定硬毛刷的旋转角度。

■ **压力** 确定应用于画布上画笔的压力。

（9）其他选项设置

在【画笔】控制面板中还有一些选项没有相应的数据控制，它们设置的意义和作用如下：

- **杂色** 勾选此项，可以增加画笔自由随机的效果，对于软边的画笔效果尤其明显。
- **湿边** 勾选此项，可以给画笔增加水彩画笔的效果，如图3-32所示。
- **建立** 勾选此项，可以使画笔模拟传统的喷枪，使图像有渐变色调的效果。
- **平滑** 勾选此项，可以使绘制的线条产生更顺畅的曲线。
- **保护纹理** 勾选此项，可以对所有的画笔执行相同的纹理图案和缩放比例。选择此项后，当使用多个画笔时，可模拟一致的画布纹理效果。

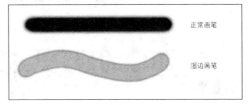

图3-32 勾选【湿边】选项，可以给画笔增加水彩画笔的效果

3. 自定义画笔

自定义画笔的制作非常简单：将需要定义为画笔的内容以一个选择区域圈选起来，然后执行菜单栏中的【编辑】|【定义画笔预设】命令，即可在【画笔】面板中出现一个新的画笔。

定义的画笔形状的大小可高达2500×2500像素，为了使画笔效果更好，最好对画笔设定一个纯白的背景，因为白色的背景在定义画笔后，用此画笔绘制图像时，白色的部分可自动转为透明。

提示

> 自定义画笔时最好使用灰度颜色，因为对于画笔来说，颜色是由当前使用的前景色来确定的，自定义画笔只能定义画笔的形状和虚晕的变化。

具体操作方法如下：

01 如图3-33所示，先采用设有羽化值的选取工具对图中的图像进行圈选。

02 执行菜单栏中的【编辑】|【定义画笔预设】命令，在弹出的【画笔名称】对话框中设置新画笔名称，如图3-34所示。

03 单击【确定】按钮，就会在【画笔】面板中看到一个新定义的画笔，如图3-35所示。

图3-34 设置画笔名称的图像

04 使用此新画笔绘制出的图像效果如图3-36所示。

图3-35 【画笔】面板中出现新定义的画笔

图3-33 选择需要定义

图3-36 新画笔绘制的效果

05 如果要删除新建的画笔，可按住Alt键，将鼠标移到【画笔预设】面板中的预览图上时，鼠标会变成剪刀的形状，单击鼠标即可将画笔删除。另外，还可以在【画笔预设】面板右上角的弹出菜单中选择【删除画笔】命令，或是直接将画笔预览图拖到【画笔预设】面板右下角的垃圾桶图标上，都可以将画笔删除。

3.2　图像的修复与修饰工具

Photoshop CS6具有很强大的图像修复与修饰功能，可用到的工具包括：仿制图章、图案图章、污点修复画笔、修复画笔、修补、红眼、内容感知移动工具、颜色替换、模糊、锐化、涂抹、减淡、加深及海绵工具等，可以使用它们来修复和修饰图像细节。

3.2.1　图像修复工具

图像修复工具主要用来修复图像中的污点、划痕、破损以及多余的部分等。

1. 仿制图章工具

使用 【仿制图章工具】可准确复制图像的一部分从而产生某部分或全部的拷贝，它是修补图像时常用的工具。例如，若有图像有折痕，可用此工具选择折痕附近颜色相近的像素点来进行修复。仿制图章工具的属性栏如图3-37所示。

| 图3-37　【仿制图章工具】属性栏 |

图3-37　【仿制图章工具】属性栏

下面介绍【仿制图章工具】的具体使用方法：

01 打开一幅图像，选中工具箱中的 【仿制图章工具】，在工具属性栏中设置画笔大小为65像素，刚好把贝壳覆盖住。然后设置硬度值为80%，按住Alt键的同时单击鼠标键确定取样的源点。

图3-38　进行图像取样

02 松开Alt键，将鼠标移到图像中另外的位置，当按下鼠标键时，会有一个十字形符号表明取样复制的位置，如图3-38所示，拖曳鼠标就会将取样位置的图像复制到新的位置，如图3-39所示。

图3-39　在图像左上角空白处复制取样的图像

03 【仿制图章工具】不仅可以在一幅图像上操作，还可以从任何一幅打开的图像上取样后复制到另一幅图像上。

注意

两张图像的颜色模式必须一样才可以执行此项操作。

04 在仿制图章属性栏中有一个【对齐】选项,这一选项在修复图像时非常有用。因为在复制过程中可能需要经常停下来,以更改仿制图章工具的大小和软硬程度,然后继续操作,因而复制会终止很多次,但如果勾选【对齐】项,下一次的复制位置会和上次的完全相同,图像的复制不会发生错位。

2. 仿制源面板

配合仿制图章工具的运用设置了一个【仿制源】面板,它允许定义多个仿制源(采样点),可以在使用仿制工具和修复画笔修饰图像时得到更加全面的控制。

下面来应用【仿制源】面板和【仿制图章工具】进行图像修整:

01 执行菜单栏中的【窗口】|【仿制源】命令,打开如图3-40所示的【仿制源】面板,最上方5个按钮可以让您设置多个克隆源。选中工具箱中的 【仿制图章工具】,设置一个大小适当的笔刷,然后按住Alt键在图像左上角位置单击,将其设为第一个克隆源,如图3-41所示。

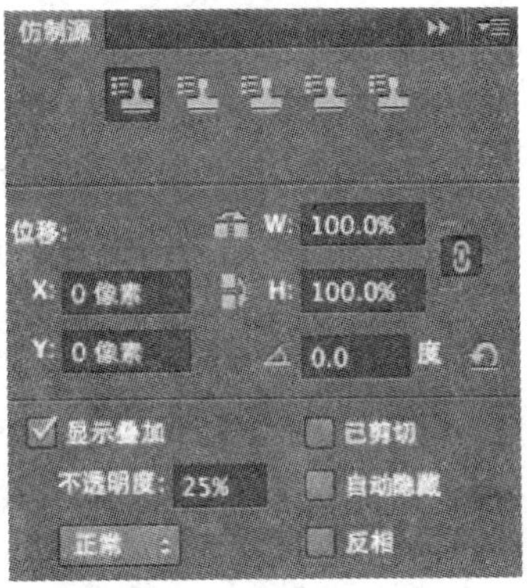

图3-40 【仿制源】面板

02 接着,单击【仿制源】面板上方第2个小按钮,然后按住Alt键在图像左上角另一位置单击,将其设为第二个克隆源。同样的方法,再点中面板上方第3个小按钮,按住Alt键在图像右上角位置单击,将其设为第三个克隆源,如图3-42所示。在面板上您可以直接查看工具或画笔下的源像素以获得更加精确的定位,提供具体的采样坐标。

提示

克隆源可以是针对一个图层,也可以针对多个甚至所有图层。

图3-41 设置第一个克隆源

03 现在开始进行复制,其原理是不断将三个克隆源位置的像素复制到最右侧人物的位置,将其覆盖。方法:在面板上点中第一个克隆源,然后将光标移至最右侧人物位置拖动,第一个克隆源所定义的像素被不断复制到该位置,将最右侧

图3-42 设置第三个克隆源

人物图像覆盖，如图
3-43所示。不断更换
克隆源和笔刷大小，
将最右侧人物全部用
白云图像覆盖，如图
3-44所示。

图3-43　点中第一个克隆源，将　图3-44　不断更换克隆源，将
光标移至最右侧人物位置拖动　　最右侧人物全部覆盖

提示

在"仿制（克隆）源"面板中，还可以对克隆源进行移位缩放、旋转、混合等编辑操作，并且可以实时预览源内容的变化。选中"显示叠加"项可以让克隆源进行重叠预览。读者可根据具体图像需要进行调节。

3．图案图章工具

使用 【图案图章工具】可以使用预设图案或载入的图案进行绘画。图案图章工具和前面所讲的仿制图章工具的设定项相似。不同的是图案图章工具直接以图案进行填充，不需要按住Alt键进行取样。

属性栏如图3-45所示，各选项详细介绍如下。

［属性栏图像］

图3-45　【图案图章工具】属性栏

- **对齐**　勾选该选项后，可以保持图案与原始起点的连续性。关闭选项后，每次单击鼠标都要重新应用图案。
- **印象派效果**　勾选该选项后，可以模拟出印象派效果的图案。

下面来制作一种典型的黑白格图案，先来制作黑白格图案单元，具体操作步骤如下。

01 将工具箱中的前景色设置为"黑色"，然后选择工具箱中的【矩形工具】，在其属性栏左侧第一项弹出列表中选择【像素】模式。接着按住Shift键拖动鼠标，绘制出一个黑色正方形。再将这个正方形复制一份，摆放到如图3-46所示位置。

提示

黑色正方形不要绘制得太大，图形单元的大小会影响填充图案的效果。

02 选择工具箱中的 【矩形选框工具】拖动鼠标，得到一个如图3-47所示的正方形选区，这就是形成黑白格图案的一个基本图形单元。

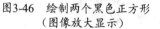
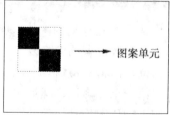

图3-46　绘制两个黑色正方形　　图3-47　制作黑白格图案单元
　　　（图像放大显示）

提示

　　Photoshop中定义图案单元时必须应用　【矩形选框工具】，并且选区的羽化值一定要设为0。

03 下面来定义和填充黑白格图案。方法：执行菜单栏中的【编辑】|【定义图案】命令打开如图3-48所示的【图案名称】对话框，在名称栏内输入"黑白格"，单击【确定】按钮，使其存储为一个新的图案单元。

04 应用　【图案图章工具】直接涂画，可以将自定义的图案应用到另一幅图像中，如图3-49所示。

图3-48　将黑白格存储为一个图案单元

图3-49　将新定义的图案应用到另一图像中

05 另一种填充图案的方法：按快捷键Ctrl+A选中全图，然后执行菜单中的【编辑】|【填充】命令，在弹出的对话框中设置如图3-50所示，在【自定图案】弹出式列表中选择刚才定义的"黑白格"图案单元，单击【确定】按钮，填充后图像中出现连续排列的黑白格图案，如图3-51所示。

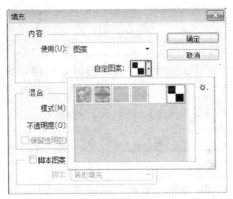

图3-50　在【填充】对话框中点中刚才定义的图案单元

4．污点修复画笔工具

　　　【污点修复画笔工具】可以快速消除图像中的污点和其他不理想的部分。【污点修复画笔工具】使用图像或图案中的样本进行复制，并将样本的纹理、光照、透明度和阴影与所修复的像素相匹配。污点修复画笔不需要指定样本点，将鼠标放置在图像上单击，它会在需要修复区域外的图像周围自动取样。

图3-51　填充连续排列的黑白格图案

　　属性栏如图3-52所示，各选项详细介绍如下。

图3-52　【污点修复画笔工具】属性栏

■ **模式**　用来设置修复的像素和底图的混合方式。除正常、正片叠底等常用模式外，还有一个替换模式，该模式可以保留画笔描边的边缘处的杂色、胶片颗粒和纹理。

■ **类型** 用来设置修复的方法。选择【近似匹配】选项时，自动修复的像素可以获得较平滑的修复结果；选择【创建纹理】选项时，自动修复的像素将会以修复区域周围的纹理填充修复结果。选择【内容识别】选项时，可以使用选区周围的像素进行修复。

如图3-53所示，利用【污点修复画笔工具】可快速将图中人像上的脏点或斑点修复，修复完成的效果如图3-54所示。

图3-53　用【污点修复画笔工具】在斑点处单击　　图3-54　修复完成效果

5. 修复画笔工具

【修复画笔工具】用于修复图像中的缺陷，并能使修复的结果自然融入周围的图像。与 【仿制图章工具】类似，【修复画笔工具】也从图像中取样然后复制到其他部位，或直接用图案进行填充，但不同的是，【修复画笔工具】在复制或填充图案的时候，会将取样点的像素信息自然融入到复制的图像位置，并保持其纹理、亮度和层次，被修复的像素和周围的图像完美结合。

【修复画笔工具】的属性栏如图3-55所示，各选项详细介绍如下。

图3-55　【修复画笔工具】属性栏

■ **画笔** 在此选项的弹出面板中只能选择圆形画笔，只能调节画笔的粗细、硬度、间距、角度和圆度的数值。
■ **模式** 在弹出菜单中选择复制或填充的像素与底图的混合模式。
■ **源** 在其后有两个选项，当选择【取样】时，与仿制图章工具相似，先按住Alt键确定取样，然后松开Alt键，将鼠标移到要复制的位置，按鼠标左键或拖曳鼠标；当选择【图案】时，与图案图章工具相似，可在弹出的面板中选择不同的图案或自定义图案进行图像填充。

下面我们用【修复画笔工具】来去除人物脸部的斑点，具体操作步骤如下。

01 首先打开一幅人物图像，如图3-56所示，选择 【修复画笔工具】，按住Alt键的同时在人物额头单击取样，如图3-57所示。

应用Photoshop中的各种修复工具进行人物皮肤的修复之后，可以执行【滤镜】|【杂色】|【添加杂色】命令，在图中增加少量的杂色点，这样做的目的是为图片增加真实的胶片颗粒效果，同时利用杂色掩饰修复痕迹。

02 接下来移动鼠标在人物面部斑点处单击，如图3-58所示，取样的图像就自动被复制到斑点处，达到修复图像的效果。

03 反复取样与复制，完成的效果如图3-59所示。

图3-56　需要去斑的　　图3-57　按住Alt键　　图3-58　单击斑点处　　图3-59　修复完成效果
　　　　人物头像　　　　　　　取样

6. 修补工具

使用 ▦【修补工具】可以从图像的其他区域或使用图案来修补当前选中的区域，它与【修复画笔工具】的相同之处是修复的同时也保留原来的纹理、亮度及层次等信息。属性栏如图3-60所示，各选项详细介绍如下。

图3-60　【修补工具】属性栏

■ **源**　使用当前选区中的图像修补原来选中的内容。

■ **目标**　使用选中的图像复制到目标区域。

■ **透明**　可以使修补的图像与原始图像产生透明的叠加效果。

下面我们应用【修补工具】来将图中的小船简单地去除，具体操作步骤如下。

01 首先要确定修补的选区，可以直接使用修补工具在图像上拖曳形成任意形状的选区，也可采用其他的选择工具进行选区的创建，尽量选择较小的区域，这样修补效果会好一些。将图3-61右上角的帆船用修补工具圈选起来。

02 在属性栏中选择【源】选项，然后按住鼠标键将其拖曳到如图3-62所示的区域，松开鼠标，原来圈选的区域内容就被移动到的区域内容取代了，结果如图3-63所示。

图3-61　用【修补工具】　　图3-62　应用【修补工具】　　图3-63　图像修复完成效果
　　　　选中帆船　　　　　　　　移动选区

03 如果选择修补工具选项栏中的【目标】选项时，修补的操作和选择【源】不同。图3-64中同样先为修补工具确定选区，然后用鼠标将此区域拖曳到要修复的区域，如图3-65所示，结果如图3-66所示。

图3-64　用【修补工具】　　　图3-65　应用【修补工具】　　　图3-66　图像修复完成效果
　　　　选中帆船　　　　　　　　　　　移动选区

7．内容感知移动工具

　　【内容感知移动工具】是Photoshop CS6中新增的一个功能，可以将图像移动或复制到另外一个位置。该工具与修复画笔工具位于同一工作组中。该工具的具体用法如下。

01 打开需要修改的图像，如图3-67所示。

02 选择内容感知移动工具，拖动鼠标绘制选区将女孩选中，注意气球和影子也要包含在选区范围内。

03 在选项栏中进行模式设置，选择【移动】即可将选区内容移动到新的位置，移动后软件会根据周围环境填充空出来的选项区域，如图3-68所示。

04 选择【扩展】即可将选区内容复制到另外的地方，复制的内容将在新的环境中进行自动匹配，如图3-69所示。

图3-67　原图中女孩在画面右侧　　　图3-68　使用【移动】模式　　　图3-69　使用【扩展】模式
　　　　　　　　　　　　　　　　　　　　将女孩移动到左侧　　　　　　　复制女孩到左侧

8．红眼工具

　　【红眼工具】可以移去闪光灯拍摄的人物照片中的红眼，也可以移去用闪光灯拍摄的动物照片中的白色或绿色反光。属性栏如图3-70所示，各选项详细介绍如下。

■ **瞳孔大小**　用来设置眼睛暗色中
　　心的大小。

图3-70　【红眼工具】属性栏

■ **变暗量**　用来设置瞳孔的暗度。

　　具体使用方法是：

01 打开需要修改的图像，在工具箱中选择 【红眼工具】，在需要修复红眼的图像处拖曳鼠标左键（如果不满意可以使用快捷键Ctrl+Z进行撤销），即可去除红眼。

02 调整工具属性栏中的【瞳孔大小】和【变暗量】的数值大小，再次使用红眼工具修复红眼，直到效果满意为止。

3.2.2 图像修饰工具

图像修饰工具主要用来调整图像局部的亮度、暗度、色彩饱和度及清晰模糊程度等。

1．模糊／锐化工具

【模糊工具】和【锐化工具】可使图像的一部分边缘模糊或者清晰，常用于对图像细节的修饰。两者的工具属性栏是相同的，如图3-71所示，主要的参数【强度】数值越大，工具产生的效果就越明显。

图3-71 【模糊工具】属性栏

【模糊工具】通过降低图像中某些区域之间的色彩反差，使原来色彩边界僵硬的区域变柔和，颜色过渡平缓，达到一种模糊的效果。如图3-72所示的原稿经过模糊工具处理后得到右边的虚化效果。

【锐化工具】通过增强图像中某些区域间的色彩反差，使原来色彩边界柔和的区域变得清晰，使图像聚焦。【锐化工具】属性栏只比模糊工具多一个保护细节选项，该选项可以在锐化处理时对图像的细节进行保护。【锐化工具】属性栏如图3-73所示。

原稿 模糊处理

图3-72 原稿经过【模糊工具】处理后达到一种虚化的效果

图3-73 【锐化工具】属性栏

这个工具并不适合过度使用（使用时一般要将工具属性栏中的【强度】数值设置得小一些），否则图像会出现杂点效果，破坏了原图像的像素显示，导致图像严重失真。如图3-74所示的图像就是由于过度使用【锐化工具】出现杂点的效果。

原稿 过度锐化处理

图3-74 原稿过度使用【锐化工具】出现杂点的效果对比

2. 涂抹工具

【涂抹工具】模拟在未干的绘画颜料上拖移手指的动作。该工具挑选笔触开始位置的颜色，然后沿鼠标拖移的方向扩张，也就是说笔触周围的颜色将随着笔触一起移动。

【涂抹工具】属性栏（图3-75）中的主要参数如下。

图3-75 【涂抹工具】属性栏

- **强度** 用来控制手指作用在画面上的工作力度。默认的【强度】数值为50%，数值越大，手指拖出的线条就越长，反之亦然。
- **手指绘画** 当勾选此选项时，每次拖曳鼠标绘制的开始就会使用工具箱中的前景色，如果将【强度】设为100%时，则绘图的效果与画笔完全相同。

如图3-76所示是在图像中使用涂抹工具的效果。

注意

涂抹工具不能在【位图】和【索引颜色】模式的图像上使用。

3. 减淡 / 加深 / 海绵工具

原稿

涂抹后效果

图3-76 在图像中使用涂抹工具的效果

【减淡工具】、【加深工具】和【海绵工具】主要用来调整图像的细节部分，可使图像的局部变淡、变深或使颜色饱和度发生变化。

（1）减淡工具 /加深工具

【减淡工具】可以使图像细节部分变亮，色彩饱和度降低，图像整体变得发白；而【加深工具】可使图像细节部分变暗，色彩饱和度提高，更为浓烈，厚重感加深。这两种工具的属性栏完全相同，主要参数如下。

- 在【范围】后面的弹出菜单中可分别选择【暗调】、【中间调】和【高光】，分别对图像暗调、中间调、亮调进行调节。
- **曝光度** 用于设置曝光强度的百分比，建议使用时先把曝光值设置得小一些，以免对图像的层次造成生硬的损害。
- **保护色调** 勾选该选项，可以最小化阴影和高光中的修剪，还可以防止颜色发生色相偏移。

对原始图像中的天空部分进行减淡和加深的操作，得到如图3-77所示的效果。

减淡效果

原图

加深效果

图3-77 对原始图像天空部分进行减淡和加深操作所得到的效果

（2）海绵工具

【海绵工具】主要用来增加或降低图像中局部颜色的饱和度。

属性栏如图3-78所示，各选项详细介绍如下。

图3-78　【海绵工具】属性栏

- **模式**　选择【饱和】选项时，可以增加色彩的饱和度；选择【降低饱和度】选项时，可以降低色彩的饱和度。
- **流量**　用来控制加色或去色的程度，另外也可以选择喷枪的效果。
- **自然饱和度**　勾选该选项，可以在增加饱和度的同时防止颜色过度饱和而产生溢色的现象。

例如图3-79所示的原始图像经过海绵工具的处理后的效果，最右侧图勾选了【自然饱和度】选项。

原稿　　　　　　　　使用【加色】　　　　　　勾选【自然饱和度】选项
　　　　　　　　　　　　　　　　　　　　　　　并使用【加色】

图3-79　原始图像经过【海绵工具】局部增加色彩饱和度的效果

注意

如果在画面上反复使用海绵的去色效果，则可能使图像的局部变为灰度；而使用加色方式修饰人像面部变化时，可起到绝好的上色效果。

3.3　图像的填充与描边

3.3.1　图像的填充

1. 利用菜单命令进行填充

图像的填充主要作用于某个特定选区或整个图层，主要方法是：执行菜单栏中的【编辑】|【填充】命令，便会弹出【填充】对话框，如图3-80所示，可在【内容】区域选择所需的填充内容。

- **前景色**　即当前前景色的默认颜色，可根据需要自行设定。

■ **背景色** 即当前背景色的默认颜色，可根据需要自行设定。

■ **颜色** 选择此选项时会自动弹出拾色器，可根据需要设定颜色。

■ **图案** 选择此选项时，【自定图案】选项便可编辑，可根据自己需要选择现成的图案，也可自行绘制图案。

图3-81显示的是几种不同的填充效果，从左至右分别为100%红色、50%红色及图案的填充效果。

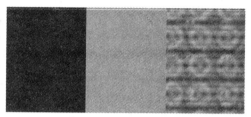

图3-80 【填充】对话框 　　　　　图3-81 三种不同的填充效果

2. 渐变工具

【渐变工具】用来填充渐变颜色，如果不创建选区，渐变工具将作用于整个图像。下面我们来制作不同类型的两色渐变与多色渐变。其属性栏如图3-82所示。

图3-82 【渐变工具】属性栏

01 选中工具箱中的 ■【渐变工具】，在其工具属性栏内有5个渐变类型小图标，它们分别代表：

■ ■【线性渐变】 以直线从起点渐变到终点。

■ ■【径向渐变】 以圆形图案从起点渐变到终点。

■ ■【角度渐变】 围绕起点以逆时针扫描方式渐变。

■ ■【对称渐变】 使用均衡的线性渐变在起点的任一侧渐变。

■ ■【菱形渐变】 以菱形方式从起点向外渐变，终点定义菱形的一个角。

02 然后按住鼠标键拖曳，形成一条直线，直线的长度和方向决定了渐变填充的区域和方向，拖曳鼠标的同时按住Shift键可保证鼠标的方向是水平、竖直或45°，松开鼠标后，图中被填充上了渐变颜色，如图3-83所示为依次使用五种渐变模式所得到的渐变效果对比图。

图3-83 五种渐变模式的渐变效果对比图

03 再来看一看属性栏内其他的选项，可以在填充渐变颜色前更加细微地进行调节。

■ **模式** 可在其下拉列表中选择渐变色和底图的混合模式。

■ **不透明度** 通过调节其数值可改变整个渐变色的透明度。

■ **反向** 可使现有的渐变色逆转方向。

■ **仿色** 用来控制色彩的显示，选中它可以使色彩过渡得更加平滑。

■ **透明区域** 这个选项可对渐变填充使用透明蒙版。

04 下面来看一看如何制作多色渐变。单击【点按可编辑渐变】按钮，会弹出【渐变编辑器】对话框，如图3-84所示，在【预设】部分任意单击一个渐变图标，以此作为编辑基础。对话框下部有一个条状的渐变轴，单击渐变轴左侧下方的小方块，如图3-85所示，决定开始的渐变颜色，这时【颜色】项变为可选，小方块上面的三角也变黑，表示它正处于编辑中。

我们可以通过以下方式选取色彩：

■ 单击【颜色】处的方块色样打开拾色器，在其中挑选需要的颜色。

■ 单击【颜色】选框右侧的小三角，如图3-86所示，在其弹出菜单中可以选择用前景色、背景色、或者用滴管在图像上取色。

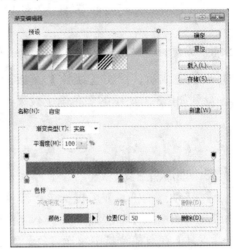

图3-84 【渐变编辑器】对话框

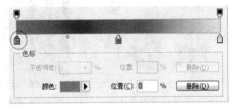

图3-85 选中需要调整的颜色方块

05 单击渐变轴下方右侧的小方块，设定渐变结束时的颜色，用鼠标按住小方块在渐变轴上拖动，可改变色彩在渐变中的相对位置，另外，选中小方块，在【位置】栏中输入0%～100%的数字，也可调整色彩位置。要调整中间点即相邻两种颜色的色彩平衡混合处，只需拖动菱形点，如图3-87所示，或在【位置】栏中输入数字。

06 要想在渐变中填入中间色彩，只需在渐变轴下方单击，即自动生成一个小方块，这样可以方便地制作多色渐变，如图3-88所示，向下拖动小方块离开渐变轴即可删除这个颜色点。

图3-86 【颜色】编辑

图3-87 可拖动菱形点进行位置的调整

图3-88 新增黄色小方块以制作多色渐变

07 另外，位于渐变轴上面的小方块用于调节渐变颜色的不透明度，当点中这些小方块时，对话框中的【不透明度】变为可选，在栏内输入0%～100%的数值，数值越小颜色的透明程度越大，如图3-89、图3-90所示。

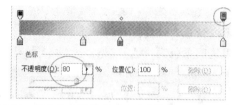
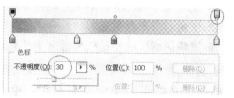

图3-89　渐变终止颜色【不透明度】为80%时效果　　图3-90　渐变终止颜色【不透明度】为30%时效果

08 设置完成后，单击【确定】按钮，得到如图3-91所示的多色渐变效果。

图3-91　完成的多色渐变效果

3．油漆桶工具

【油漆桶工具】可根据像素颜色的近似程度来填充颜色，填充的颜色为前景色或连续图案（【油漆桶工具】不能作用于位图模式）。如图3-92所示为应用【油漆桶工具】在原稿背景中填充红色和气泡图案的效果。

原稿　　　　　　　　　填充红色效果　　　　　　　　填充气泡图案效果

图3-92　应用【油漆桶工具】在原稿背景中填充红色和气泡图案的效果

【油漆桶工具】属性栏参数如图3-93所示。

图3-93　【油漆桶工具】属性栏

- **填充**　包括两个选项，【前景】表示在图中填充的是工具箱中的前景色；【图案】表示在图中填充的是连续的图案，当选中【图案】选项时，在其后的图案弹出式面板中可选择不同的填充图案。
- **模式**　用来设置填充内容的混合模式。
- **容差**　用来定义填充的像素颜色的相似程度。设置较低的容差值会填充与鼠标单击处像素颜色非常相似的像素；设置较高的容差值会填充更大颜色范围内的像素。
- **连续的**　勾选此选项，填充的区域是和鼠标单击点颜色相似并且连续的部分，如果不勾选此选项，填充的区域是所有和鼠标单击点相似的像素，不管是否和鼠标单击点连续。

3.3.2　图像的描边

图像的描边主要作用于某个特定选区，在选区周围添加一圈边线的效果。

01 执行菜单栏中的【编辑】|【描边】命令，会弹出如图3-94所示的【描边】对话框，在【描边】区域可设定描边的【宽度】和【颜色】，边线的宽度是以像素为单位的。

02 在【位置】区域可设定描边的扩展范围，是在选区的内部、外部还是居中的位置，如图3-95所示分别为选择【内部】、【居中】和【居外】选项所进行描边的对比效果。

03 【混合】区域可设定描边内容的混合模式以及透明度。

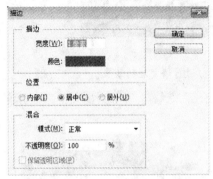

图3-94 【描边】对话框

图3-95 分别选择【内部】、【居中】和【居外】
选项的描边效果

3.4 小结

　　铅笔、画笔、橡皮擦等是非常重要的绘图工具，通过在属性栏和笔刷面板中设置适当的参数，就可以很方便地绘制出完美的图像。同时，Photoshop具有很强大的图像修复和修饰功能，应用修复、修饰工具可以修复图像上的污点、划痕、瑕庇，以改变图像的亮暗度、饱和度及清晰模糊程度等。

3.5 课后习题

　　1．请利用多种图像修复工具，对图像中的划痕与撕破的部分进行修复处理，得到如图3-96所示的效果。

修复前　　　　　　　　　　　　　修复后

图3-96　对图像中的划痕和撕破的部分进行修复后的效果

2．请利用多种图像修复工具，将人物面部的瑕疵修掉，得到如图3-97所示的效果。

修复前　　　　　　　　　　　　　修复后

图3-97　将人物面部的瑕疵修掉

矢量图形的绘制
与编辑

第4章

本章重点：

- ■ 能够灵活地运用钢笔工具创建各种路径形状
- ■ 在路径面板中进行路径的各种编辑
- ■ 文字的输入与编辑
- ■ 掌握字符面板与段落面板的用法

4.1 路径的概念及组成

1．路径的概念

路径是使用贝赛尔曲线所构成的一段闭合或者开放的曲线段，Photoshop中的路径主要由钢笔工具创建，采用的是矢量数据方式，所以由路径绘制的图形，无论放大还是缩小，都不会影响图像的清晰度和分辨率。对于复杂的图像，我们还可以使用路径工具将其精确地选取，然后转换为选区或将其存储起来，总的来说，路径的主要作用有以下几点。

- 绘制矢量图形，如标志、卡通图形等；
- 制作边缘较为复杂的图像的选区；
- 作为矢量蒙版来隐藏图形部分区域。

2．路径的组成

路径分为包含起点和终点的开放路径与没有起点和终点的闭合路径，但无论是哪种路径，基本组成部分都是：锚点（或节点）、方向线、方向点和路径线段。锚点是定义路径中每条线段开始和结束的点，可以通过它们来固定路径。移动节点，可以修改路径段以及改变路径的形状。

锚点分为直线点和曲线点，曲线点的两端有把手，可以控制曲线的弯曲程度。所有选中的锚点都是以实心正方形表示的，如图4-1左图所示，曲线点两端显示出把手；而没有选中的锚点显示为空心的正方形，如图4-1右图所示。通过编辑路径的锚点，可以很方便地改变路径的形状。

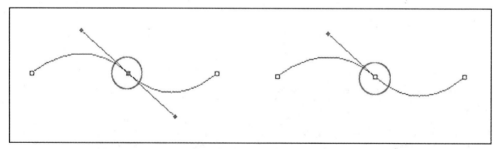

图4-1 选中的锚点以实心正方形表示，而没有选中的锚点显示为空心正方形

4.2 路径的创建与编辑

4.2.1 路径的创建

通常情况下，路径主要是由钢笔工具创建，在Photoshop的工具箱中，有一组专门用于绘制和编辑路径形态的工具组，如图4-2所示。

■ 【钢笔工具】　是最常用的路径创建工具，它为绘制图形提供了最佳的控制和最大的准确度。

■ 【自由钢笔工具】　用于创建随意路径或沿图像轮廓创建路径，鼠标拖动的轨迹就是路径的形状。

图4-2　编辑路径形态工具组

　　如果选中【自由钢笔】工具属性栏中的【磁性的】选项，【自由钢笔工具】就变成了【磁性钢笔工具】，它的用法或前面讲到的 【磁性套索】工具的用法相似，可自动跟踪图像中物体的边缘以形成路径。

■ 【添加锚点工具】　用于添加路径锚点。

■ 【删除锚点工具】　用于删除路径锚点。

■ 【转换点工具】　用于转换路径的平滑点和角点状态。

1．绘制直线路径

　　使用钢笔工具绘制最简单的线条是直线，它是通过单击钢笔工具创建锚点来完成的，具体操作方法如下。

01 选中工具箱中的 【钢笔工具】，其属性栏如图4-3所示，单击最左侧的下拉列表有3个选项，如图4-4所示，它们很重要，这是每一个矢量绘图工具都具有的选项，初学者往往会忽略此处。

图4-3　【钢笔工具】属性栏

图4-4　选择工具模式

■ **形状**　绘制的路径自动位于一个新生成的形状图层上。

■ **路径**　绘制出普通的路径。

■ **像素**　绘制出直接填充颜色的图形。

02 在属性栏内先选择【路径】模式，它表示绘制普通路径（而不是创建形状图层或填充图形）。将鼠标光标放在要绘制直线的起始位置，通过单击鼠标确定第一个锚点。

03 移动钢笔工具到另一位置，再次单击鼠标，两个锚点之间会自动以直线连接，单击第二个锚点的同时按下Shift键可保证生成的直线是水平线、垂直线或为45°倍数角度的直线。

04 继续单击鼠标可创建连续的直线段，最后添加的锚点总是一个实心的正方形，表示该锚点被自动选中，当继续添加更多的锚点时，先前确定的锚点全部变成空心的正方形，如图4-5所示。

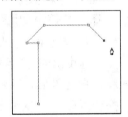

图4-5　创建连续的直线段

05 要结束绘制一条开放的路径，可按住Ctrl键并单击路径以外的任意处。要封闭一条开放的路径，可将钢笔工具放在第一个锚点上，此时钢笔图标的右下角会出现一个小的圆圈，单击鼠标即可封闭路径如图4-6所示。

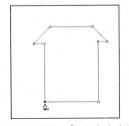

图4-6　封闭一条开放的路径

2．绘制曲线路径

使用钢笔工具绘制曲线，在曲线段上，每一个选定的锚点都显示一条或两条指向方向的方向线，方向线和方向点的位置决定了曲线段的形状，如图4-7所示；方向线总是和曲线相切，每一条方向线的长度决定了曲线的高度和深度，如图4-8所示。

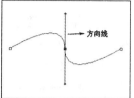 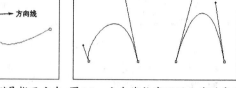

图4-7 锚点两侧是指示方向 图4-8 方向线长度不同曲线的高度
的方向线 和深度便不相同

连续弯曲的路径即一条连续的波浪形状线，它是通过被称为平滑点的锚点来连接的，非连续弯曲的路径是通过角点连接的，如图4-9所示，左图中圈选出的实心正方形表示的锚点是平滑点，右图中圈选出的实心正方形表示的锚点是角点。当移动平滑点上的方向线时，该点两边的曲线将同时被调整；相反，如果移动角点上的方向线时，只有方向线一边的曲线才会被调整，如图4-10所示。

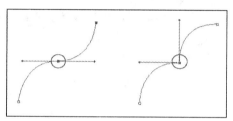

图4-9 平滑点与角点的区别

图4-10 调整平滑点与角点两侧的方向线

下面我们来绘制一个闭合的曲线路径，具体操作方法如下。

01 选择工具箱中的 【钢笔工具】，将笔尖放在要绘制曲线的起始点，按住鼠标进行拖曳操作，此时钢笔工具变成箭头的图标，鼠标的落点称为曲线的起始点，拖曳出的方向线随鼠标的移动而移动，如图4-11所示。

02 释放鼠标键后，移动位置再次单击鼠标并按住鼠标进行拖曳操作（沿相反方向拖动鼠标），得到第二个曲线锚点，如图4-12所示。继续单击锚点，点与点之间形成弧线，如图4-13所示。

 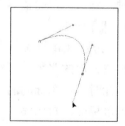 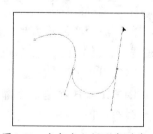

图4-11 绘制第一个曲线点 图4-12 绘制第二个曲线锚点 图4-13 点与点之间形成弧线

03 若要调整一条方向线的方向，可将鼠标放在该方向线的方向点上，在按住Alt键的同时按住鼠标拖曳，此时工具光标暂时变为 【转换锚点工具】，如图4-14所示，调整完成后松开鼠标，可继续绘制下面连续的曲线路径（如图4-15、图4-16和图4-17所示）。

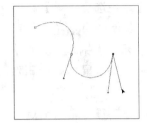
图4-14　调整方向线

图4-15　绘制下一个曲线锚点

图4-16　通过方向线控制形状

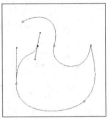
图4-17　使曲线路径和走向逐渐绕回第一个锚点

提示

　在绘制路径时，当曲线要转弯时，原来的方向线如果干扰了下一条曲线的转折方向，可以按住Alt键在锚点上单击鼠标，这样可以将一侧方向线去除。

04 最后，将钢笔工具放在第一个锚点上，当放置正确时，在笔工具笔尖的右下角会出现一个小的圆圈，单击鼠标就可使路径封闭，如图4-18所示。这样，一个闭合的曲线路径就创建完成了。

路径创建技巧小结：

■ 沿相反方向拖动鼠标以创建一条平滑曲线，沿相同方向拖动鼠标以创建一条"S"形曲线，如图4-19所示。

■ 当绘制一条连续的路径时，应将锚点放在每一段曲线开始和结束处。

■ 使用的锚点数量应尽可能少，锚点放置的距离应尽可能远，这样有利于路径形态的调整，如图4-20所示。

■ 要在轮廓的拐角转折处创建锚点。

■ 当节点位置创建不正确时，可以单击Delete键删除节点。

■ 按住Shift键可以绘制出水平、垂直或45°方向的直线路径。

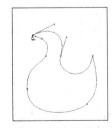
图4-18　路径闭合

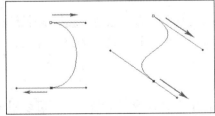
图4-19　创建平滑曲线与"S"形曲线

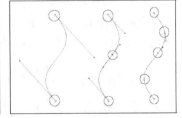
图4-20　使用锚点数量应尽可能少

4.2.2　路径形状的修改

路径形状的修改主要是由工具箱中的 【添加锚点】、 【删除锚点工具】、

【转换锚点工具】、【路径选择工具】以及【直接选择工具】等组合进行的。

1．添加、删除和转换锚点

可以在任何路径上添加或删除锚点，添加锚点可以更好地控制路径的形状，而如果路径中包含太多的锚点，删除不必要的锚点可减少路径的复杂程度。

01 若要在选定路径段上添加或删除个别锚点，应首先用【路径选择工具】将路径选中，然后将【钢笔工具】移到路径上，此时钢笔工具就变为【添加锚点工具】，此时，单击鼠标就可增加一个锚点，如图4-21所示；当钢笔工具移动到一个锚点上时，它就会变为【删除锚点工具】，此时，单击鼠标就可删除一个锚点，如图4-22所示。

另外，也可以从工具箱中直接选用【增加锚点工具】或者【删除锚点工具】来进行锚点的增减。

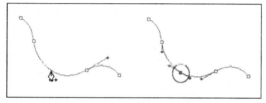
图4-21　在路径上添加锚点

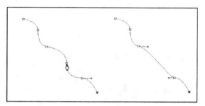
图4-22　在路径上删除锚点

02 【转换锚点工具】的使用非常简单，首先选中此工具，将它放到曲线点上，单击鼠标就可以将曲线点的方向线收回，使之转换为直线锚点（角点）；反之，将此工具放到直线锚点（角点）上，按住鼠标并进行拖曳，就可拖曳出方向线，于是将直线点变成了曲线点，如图4-23所示。

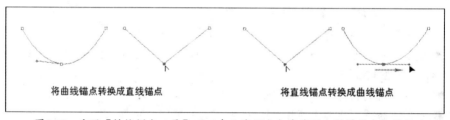
将曲线锚点转换成直线锚点　　　　　　将直线锚点转换成曲线锚点

图4-23　应用【转换锚点工具】可以在曲线锚点与直线锚点间进行自由转换

2．移动和调整路径

工具箱中有一个"路径选择工具"组合，它包括【路径选择工具】和【直接选择工具】，可以通过移动锚点、两个锚点之间的路径片段、锚点上的方向线和方向点来调整曲线路径。

（1）【路径选择工具】

使用路径选择工具可以选择单个路径或多个路径，还可以用来组合、对齐和分布路径。

（2）【直接选择工具】

可以移动锚点或方向线来改变曲线的位置和弧度，它是精细地进行路径修改调整的主要工具。

■ 要移动一段直线路径，应用 【直接选择工具】在直线路径上单击，然后按住鼠标进行拖曳，就可改变直线段的位置，如图4-24所示。

■ 直接点中锚点（或方向控制点）并拖动它,可以修改曲线路径的形状，如图4-25所示。

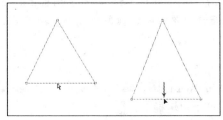

图4-24 移动直线段

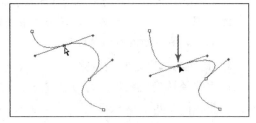

图4-25 移动曲线锚点

提示

若要绘制路径时快速调整路径，在使用钢笔工具的同时可按住Ctrl键，这样就可以迅速切换到 【直接选择工具】，在绘画的过程中避免了反复切换工具的重复操作，释放Ctrl键又可以恢复到钢笔工具。

4.3 路径面板

【路径】面板是Photoshop中专门用于存储和编辑路径的控制面板，执行菜单栏中的【窗口】|【路径】命令可以打开【路径】面板。当前绘制的路径在【路径】面板中会显示出来，未命名的路径都暂时显示为斜体字的"工作路径"，如图4-26所示。

图4-26 【路径】面板

■ 在【路径】面板的最下面有一排小图标，从左至右分别为前景色填充路径、用画笔描边路径、将路径作为选区载入、从选区生成工作路径、添加蒙版、创建新路径和删除当前路径。

■ 路径绘制完成后在【路径】面板右上角的弹出菜单中选择【存储路径】命令，如图4-27所示，在弹出的对话框中输入名字后（图4-28），单击【确定】按钮，【路径】面板中的路径名称不再是斜体字"工作路径"，此路径会随着文件的存储而存储。

图4-27 【路径】面板下拉菜单

图4-28 【存储路径】对话框

■ 如果想删除当前路径，先选中路径，在【路径】面板右上角的弹出式菜单中选择【删除路径】命令，或直接将路径拖到面板下面的 🗑 【删除当前路径】图标上即可。

■ 如果想复制路径，可在【路径】面板右上角的弹出式菜单中选择【复制路径】命令，或者直接将路径拖到【路径】面板下面的 🔳 【创建新路径】图标上。

■ 如果想改变路径的名字，双击【路径】面板中路径的名称部分就会直接变成输入框，直接输入新名称即可。

1. 路径与选区之间的转换

可将路径转换成图像中浮动的选区，这样可以进行图像退底或拷贝等进一步操作，下面我们以两个小案例来讲解路径与选区的互相转换。

例1：将路径转换为选区。

01 图4-29中的小鱼的轮廓路径已经创建完成，打开【路径】面板，可见路径面板中出现了小鱼的轮廓路径"路径1"，如图4-30所示。

02 选中【路径】面板中的"路径1"，直接单击面板下部的 ▣▣ 【将路径作为选区载入】图标上，在图像窗口中立即出现浮动选区的效果，如图4-31所示。另外，也可以在【路径】面板右上角的弹出菜单中选择【建立选区】命令。

图4-29　绘制好的小鱼轮廓路径　　图4-30　【路径】面板中事先　　图4-31　路径生成选区后的效果
　　　　　　　　　　　　　　　　　　　　　存储为"路径1"

提示

> 按快捷键Ctrl+Enter也可以快速将路径转换为选区。

例2：将选区转换为路径。

01 图4-32所示为小鸭形状的选区，打开【路径】面板，直接单击面板下部的 ⬡ 【从选区生成工作路径】图标，【路径】面板中便会自动出现一个未经存储的工作路径，如图4-33所示，画面中的选区也立刻转为了路径，如图4-34所示。

02 如果想要自定义转换路径时的参数，可以点选【路径】面板弹出菜单中的【建立工作路径】命令项，在打开的如图4-35所示的对话框中只有一个参数【容差】，用来控制转换后路径的变形程度，其取值范围为0.5～10px，数值越大，变形程度越大。单击【确定】按钮后，选区自动转换为路径。

58

   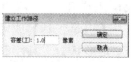

图4-32　小鸭形状　　图4-33　【路径】面板中出现　图4-34　选区转换　图4-35　【建立工作路径】
　　　　的选区　　　　　　　　　了工作路径　　　　　　　为路径　　　　　　对话框

2. 填充路径

这里我们以具体案例的形式来讲解填充路径的应用及具体操作，步骤如下。

01 选择工具箱中的 【自定形状】工具，并在其属性栏中进行如图4-36所示的设定。在窗口中拖曳鼠标得到如图4-37所示的路径。在【路径】面板右上角的弹出

菜单中选择【存储路径】命令将路径存储起来。

图4-36　【自定形状】工具

02 单击【路径】面板中的 形状 模式按钮，路径按照内定的设置被填充，结果如图4-38所示。

图4-37　绘制形状路径　　　图4-38　快速填充后效果

03 在【路径】面板弹出菜单中选择【填充】命令，将弹出如图4-39所示的对话框。在【内容】栏的弹出菜单中可选择不同的填充内容；【保留透明区域】选项只有在具有图层时才可选；在【羽化半径】后面的数据框中输入数值，数值越大，路径填色边缘虚化的效果越明显。单击【确定】按钮，结果如图4-40所示。

04 最后，在【路径】面板上单击任意空白处，路径暂时隐含，效果如图4-41所示。

图4-39　【填充路径】面板　　图4-40　增加羽化半径值的　图4-41　路径暂时隐含的
　　　　　　　　　　　　　　　　　　　填充路径效果　　　　　　效果

3. 描边路径

描边路径的描边效果与当前所选的画笔参数直接相关，例如，要制作沿路径的

一些简单的发光效果可在选中不同的画笔及颜色后，多次重复使用【描边路径】命令来实现。举个例子来具体说明。

01 先应用工具箱中 【钢笔工具】或【自定形状】工具绘制一个任意的闭合路径，如图4-42所示，然后在工具箱中选择【画笔工具】，在【画笔】面板中选择画笔的笔尖形状，如图4-43所示。

图4-42　绘制一个任意的闭合路径

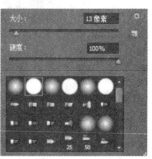

图4-43　在【画笔】面板中选择画笔的笔尖形状

02 在【路径】面板右上角的弹出菜单中选择【描边路径】命令（或按住Alt键的同时单击【路径】面板中的 【用画笔描边路径】图标），在弹出的【描边路径】对话框（图4-44）中选择【画笔】选项，单击【确定】按钮后，沿路径边缘自动出现一道描边效果，颜色是工具箱中的前景色，描边粗细及软硬程度由【画笔】面板中所选的画笔来决定，如图4-45所示。

图4-44　【描边路径】对话框

03 下面我们应用【描边路径】命令来制作简单的发光点效果。方法是：先绘制出一个简单路径（图

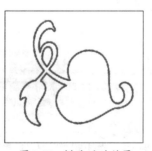

图4-45　描边后的效果

图4-46　M字样闭合路径效果

4-46），然后在【画笔】面板中选择带有一定间距的画笔笔尖形状（图4-47），执行【描边路径】命令，在对话框中选择【画笔】选项，单击【确定】按钮后，得到如图4-48所示的发光点描边效果。

提示

可以尝试在【画笔】面板中设定不同的选项，结合【描边路径】命令来实现不同的描边
艺术效果。

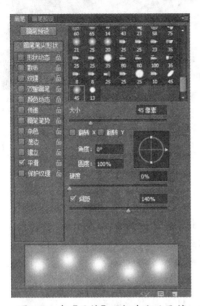 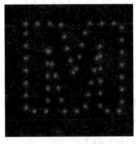

图4-47　在【画笔】面板中定义画笔　　图4-48　发光点描边效果

4. 建立剪贴路径

Photoshop中的图像如果需要局部退底后直接置入到其他排版软件（如InDesign或Illustrator）中，此时就需要用到【剪贴路径】功能，【剪贴路径】是这些排版软件可以识别的Photoshop路径，并会沿路径自动进行背景去除。下面我们举个简单的小例子，将一张Photoshop中的图像到Illustrator中自动退底，具体操作步骤如下。

01 用【钢笔工具】勾出如图4-49所示的小鱼的轮廓路径并将此路径存储为"路径1"。

02 在【路径】面板右上角的弹出菜单中选择【剪贴路径】命令，如图4-50所示，弹出如图4-51所示的对话框，在路径下拉列表中选择"路径1"，其中【展平度】用来定义曲线由多少个直线片段组成，也就是说剪切路径的复杂程度，【展平度】数值越小，组成曲线的直线片段越多，曲线越平滑。最后，单击【确定】按钮。

03 执行菜单栏中的【文件】|【存储为】命令，将文件存储为

图4-49　小鱼轮廓路径效果　　图4-50　在下拉菜单中选择
　　　　　　　　　　　　　　　　　　　　　　　　　　【剪贴路径】选项

Photoshop EPS或TIFF格式。然后将刚才存储的EPS文件置入Illustrator软件白色的页面背景中，可以看到小鱼背景已经自动去除，也就是说，剪贴路径之外的部分被自动删除了，如图4-52所示。

图4-51　【剪贴路径】对话框　　　　图4-52　图像置入Illustrator中自动去除背景的效果

4.4　矢量图形工具

在Photoshop中还提供了一组专门用于绘制矢量图形的工具组：
- 【矩形工具】　用于绘制矩形路径或矢量图形。
- 【椭圆工具】　用于绘制椭圆路径或矢量图形。
- 【圆角矩形工具】　用于绘制圆角矩形路径或矢量图形。
- 【直线工具】　用于绘制直线路径或其矢量图形。
- 【多边形工具】　用于绘制多边形路径或矢量图形，在其属性栏的选项栏【边】后可设定边数。
- 【形状工具】　用于绘制各种不规则形状的路径或矢量图形，属性栏如图4-53所示。

图4-53　【形状工具】属性栏

单击其属性栏中右侧按钮，可弹出如图4-54所示的下拉菜单，可对形状的大小比例进行设定；在【形状】后的下拉菜单中可选择Photoshop中自带的形状以直接使用，如图4-55所示。

图4-54　对形状的大小和比例进行设定　　　图4-55　软件自带形状面板

1. 矢量绘图工具的共性设置

任意选中一种矢量图形工具，以矩形工具为例，属性栏如图4-56所示。

图4-56　【矢量绘图工具】属性栏

- **模式** 包括形状、路径和像素，这一项选择很重要。
- **填充** 设置图形的填充颜色。
- **描边** 设置图形轮廓的颜色、粗细以及线型样式。
- **W/H** 设置形状的长度与宽度，单击W与H中间的链接图标，可锁定或取消锁定纵横比。
- ■ 【路径操作】 设置形状之间的叠加方式。
- ■ 【对齐方式】 设置形状之间的对齐分布方式。
- ■ 【排列方式】 设置形状图层的图层设置。
- 单击设置按钮 ■ 将弹出设置面板，如图4-57所示。

图4-57 设置面板

> **不受约束** 单击此单选按钮，可自由控制矩形的大小。
> **方形** 单击此单选按钮，绘制的形状都是正方形。
> **固定大小** 单击此单选按钮，并在W及H中数值框输入数值，可以定义矩形的宽和高。
> **比例** 单击此单选按钮，并在W及H中数值框输入数值，可以定义宽和高。
> **从中心** 勾选此复选框，可以从中心向外放射性绘制矩形。

2. 自定形状工具与添加箭头

这里我们选择一种较为典型的矢量图形工具——【自定形状工具】来绘制箭头图形。

选择工具箱中的 【自定形状工具】，在工具属性栏中的 ■ 【形状】后单击黑色三角，打开如图4-58所示的形状控制面板，选择一种箭头样式，然后通过鼠标拖曳来得到不同粗细的箭头，如图4-59所示。

图4-58 形状控制面板

图4-59 绘制出来的各种箭头效果

4.5 文字的输入与编辑

图像上最后输出的所有信息通常都是像素构成的，但是Photoshop保留了文字的矢量轮廓，可在缩放文字、调整文字属性、存储PDF或EPS文件或将图像输出到PostScript打印机时使用这些矢量信息，生成的文字可产生清晰的不依赖于图像分辨率的边缘。

4.5.1　文字的输入

Photoshop工具箱中有一组专门用来输入文字的工具，它们的具体功能如下：

- ■ Ｔ【横排文字工具】　可以沿水平方向输入文字。
- ■ ⅠＴ【直排文字工具】　可以沿垂直方向输入文字。
- ■ 【横排文字蒙版工具】　可以沿水平方向输入文字并最终生成文字选区。相当于给文字创建快速蒙版状态，输入文字后，单击工具箱中的其他工具，蒙版状态的文字转变为文字的选区，可进行各种编辑和修改。
- ■ 【直排文字蒙版工具】　可以沿垂直方向输入文字并最终生成文字选区。

1．输入点文字

其是指输入少量文字，一个字或一行字符。

01 新创建一个文件，单击工具箱中的 Ｔ【横排文字工具】，在其工具属性栏内先设置各项参数，如图4-60所示。

图4-60　【文字工具】选项栏

A—当前选中的文字工具　　　　B—改变文字排列的方向（直排或横排）
C—在弹出菜单中选择字体　　　D—设定字型，如粗体、斜体等
E—设定字号，可在弹出菜单中选择，也可直接输入数字
F—设定消除锯齿的选项　　　　G—文字左齐
H—文字居中　　　　　　　　　I—文字右齐
J—设定文字颜色　　　　　　　K—调出"文字弯曲"对话框
L—调出【字符和段落】面板　　M—取消当前的编辑
N—执行当前的编辑（单击M或N按钮，可取消当前的文字编辑状态）

02 将鼠标放置在页面中单击，会出现一个闪动的插入光标，此时可以选择不同的输入法输入文字（图4-61），如果要改变字体、字号等，可在插入光标状态下拖曳鼠标将文字涂黑选中，如图4-62所示，然后修改文字属性。

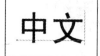

图4-61　输入文字后效果

图4-62　选中文字以便修改

03 单击工具箱中的 ⅠＴ【直排文字工具】，可以使输入文字沿垂直方向排列，如图4-63所示。

04 输入文字后，在【图层】面板中可看到自动新生成了一个文字图层，在图层上有一个T字母，表示当前的图层时文字图层，如图4-64所示。

图4-63　直排文字效果

图4-64　图层面板中自动生成相应的文字图层

提示

　　在Photoshop中，不能为多通道、位图或索引颜色模式的图像创建文字图层，因为这些模式不支持图层。在这些图像模式中，文字显示在背景上，无法编辑。

2. 输入段落文字

　　其是指输入大段需要换行或分段的文字。点文字不会自动换行，可通过回车键使之进入下一行，而段落文字具备自动换行的功能。

01 先选择 T 【横排文字工具】并拖曳鼠标，松开鼠标后就会创建一个段落文字框。如果在按住Alt键的同时单击鼠标，会先弹出一个【段落文字大小】对话框，如图4-65所示，在对话框中可以输入【宽度】和【高度】，单击【确定】按钮后就会自动创建一个指定大小的文字框，如图4-66所示。

02 新创建的文字框左上角会有闪动的文字输入标，可以直接输入文字，也可以从其他软件中粘贴一些文字过来，如图4-67所示。

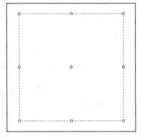

图4-65　在其对话框中设置参数　　图4-66　创建出的文字框效果　　图4-67　粘贴入文字后效果

03 生成的段落文字框和执行【自由变换】命令的图像一样，有8个把手可控制文字框的大小和旋转、透视、斜切等变换效果。如图4-68所示是利用【自由变换】的方法对文字框进行旋转的效果。

04 点文字和段落文字在建立后可以互相转换。首先要在【图层】面板中选中要转换的文字图层，然后执行菜单栏中的【图层】|【文字】|【转换为段落文本】命令或执行菜单栏中的【图层】|【文字】|【转换为点文本】命令，即可实现相互转换。

图4-68　文字框旋转效果

3. 沿路径输入文字

　　可以先绘制一条开放路径（或一个闭合路径），然后沿着该路径键入文本，具体方法如下。

01 选择 ✎ 【钢笔工具】绘制出一条曲线路径，如图4-69所示。

02 在【字符】面板中先设置字体等文字属性，然后选择 T 【横排文字工具】（横排文字将与路径垂直，垂直文字将与路径平行），将输入光标置于路径上左侧端点位置，然后单击鼠标左键，这时路径上会出现一个插入光标。

03 接下来，直接键入文字，文字会自动沿着曲线路径进行排列，如图4-70所示。

04 如果绘制的是一个闭合路径，将光标置于路径边缘上可以沿路径编排文字，而如果将光标置于路径区域内部，则可以在闭合路径区域内输入文字，如图4-71所示。

图4-69 绘制一条开放的路径

图4-70 文字按照路径排列的效果

图4-71 在闭合路径中输入文字的效果

4.5.2 文本与段落的编辑

1. 字符面板

执行菜单栏中的【窗口】|【字符】命令，或是在文字工具属性栏中单击 按钮都可以调出【字符】面板，如图4-72所示，如果想要改变已经输入的文字属性，只要将文字选中，然后在【字符】面板中进行相应的参数修改即可。

A：【设定字体】—显示当前所用字体。

B：【设定字型】—可设定粗体或斜体等字型。

C：【字体大小】—可设定字体的大小，单位是以"点（Pt）"为单位。

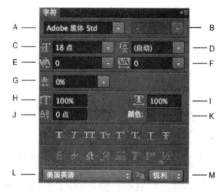
图4-72 【字符】面板

D：【行距】—可在栏内输入数值，也可单击右侧小三角，在弹出式菜单中直接选择设定好的行距。

E：【字距微调】—可增加或减少特定字符之间的间距，而不是整体修改，将需要特定修改的字符用鼠标选中，正值将字符间距拉大，负值将字符间距缩小，如图4-73所示。

F：【字距调整】—可输入数值或在弹出式的菜单中选择字符间距的大小进行调整。

G：【调整比例间距】—按指定的百分比值减少字符周围的空间，因此字符本身并不会被伸展或挤压。

H/I：【垂直缩放/水平缩放】—可改变文字宽度和高度的比例，制作长或扁字。

J：【基线偏移】—可使选择的文字上下移动，创建上标或下标，正值使文字上升，负值使文字下降，如图4-74所示。

K：【颜色】—可改变设定文字的颜色，但文字不能被填充渐变或图案，除非先将文字图层栅格化。

L：【设定字典】—可选择不同语种的字典。

M：【消除锯齿】—此命令包括【无】、【锐利】、【犀利】、【浑厚】和【平滑】5个选项。

【字符】面板下面的一排图标所表示的内容从左到右的顺序分别为：仿粗体（通常是在字型中没有粗体的情况下，选择此项来模拟粗体的效果）、仿斜体、全部大写字母、小型大写字母、上标、下标、下划线以及删除线。

2．段落面板

执行【窗口】|【段落】命令或是在文字工具属性栏中单击■按钮都可以调出【段落】面板，如图4-75所示。如果想要改变已经输入的段落文字属性，只要将文字选中，然后在【段落】面板中进行相应的参数修改即可。

A：【段落对齐】—Photoshop中的【段落】面板可设定不同的段落排列方式，在面板中第一排图标从左到右分别表示：齐左、居中、齐右、末行齐左、末行居中、末行其右、左右强制齐行。

B：【段落缩进】—段落缩进用来指定文字与文字块边框之间的距离，或是首行缩进文字块的距离，缩进只影响选中的段落，因此可以很容易地为不同的段落设置不同的缩进。

【左缩进】—即从段落左端缩进。对于直排文字，该选项控制从段落顶端的缩进。

【右缩进】—即从段落右端缩进。对于直排文字，该选项控制从段落顶端的缩进。

图4-73 文字字距调整效果对比

图4-74 基线位移后的文字效果

图4-75 【段落】面板

Photoshop中的【段落】面板可设定不同的段落排列方式，在面板中第一排图标从左到右分别表示文字：齐左、居中、齐右、末行齐左、末行居中、末行其右、左右强制齐行。选中欲设定的段落排列方式的文字，并在【段落】面板上单击段落排列图标，即可设定文字的段落对齐。

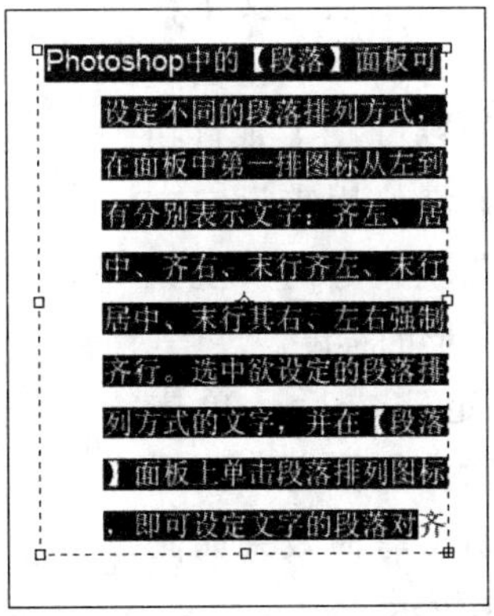

图4-76 【左缩进】数值为20、【首行缩进】
为－20的段落效果

【首行缩进】—即缩进段落文字的首行。对于横排文字，首行缩进与左缩进有关；对于直排文字，首行缩进与顶端缩进有关。若要设置悬挂缩进，请在此输入负值。如图4-76所示为【左缩进】数值为20、【首行缩进】为-20时的段落效果。

C：▤【段前添加空格】和▤【段后添加空格】—用来设定段落之间的距离。

D：指定悬挂标点—在【段落】面板右上角弹出菜单中选择【罗马式溢出标点】项，对于罗马字体，如果打开悬挂标点，则句号、逗号、单引号、双引号、省略号、连字符、长破折号、短破折号、冒号和分号在某些情况下出现在文字块外。使用【罗马式溢出标点】选项时，选中范围内用于中文等的任何双字节标点符号都不悬挂。

3. 文字的弯曲变形

对于文字图层中的文字可以通过【变形】选项进行不同程度的变形，如波浪形、弧形等。【变形】操作对文字图层上所有的字符有效，不能只对选中的字符执行弯曲变形。具体操作方法如下。

01 选择工具箱中的 ▣【横排文字工具】输入一些文字，如图4-77所示，它们在【图层】面板上生成了一个新的文字图层。

02 在文字工具属性栏上单击 ▣【弯曲变形】按钮，弹出【变形文字】对话框，如图4-78所示，在该对话框中可以进行各种设定。【样式】处的下拉菜单中列出了15种弯曲变形效果，如图4-79所示，此处我们选中【扇形】。

03 对话框中【水平】与【垂直】按钮用来设定弯曲的中心轴是水平或垂直方向；【弯曲】滑块用来设定文本的弯曲程度，数值越大文字弯曲程度也越大；【水平扭曲】滑块用来设定文本在水平方向产生扭曲变形的程度；【垂直扭曲】滑块用来设定文本在垂直方向产生扭曲变形的程度。

04 设定完成后，单击【确定】按钮，文字沿扇形弯曲效果如图4-80所示。

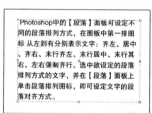

图4-77　原始文字　　　图4-78　【变形文字】对话框

图4-79　下拉菜单中列出了15种　图4-80　【扇形】样式效果
弯曲变形效果

4. 文字转换

（1）文字图层转换为图像图层

执行菜单栏中的【文字】|【栅格化文字图层】命令，可看到【图层】面板中文字图层缩览图上的"T"字母消失了，文字图层变成了普通的像素图层，此时图层上的文字就完全变成了像素信息，不能再进行文字的编辑，但可以执行所有图像可

执行的命令（例如各种滤镜效果）。

（2）文字图层转换为工作路径

在【图层】面板中选中文字图层，执行菜单栏中的【文字】|【创建工作路径】命令，可以看到文字上出现路径显示，如图4-81所示，同时在【路径】面板中出现了一个根据文字图层创建的工作路径，如图4-82所示。

（3）文字图层效果

文字图层和其他图层一样可以执行【图层样式】中定义的各种效果，也可以使用【样式】面板中存储的各种样式。而这些效果在文字进行像素化或矢量化以后，仍然保留，并不受影响。如图4-83所示的是执行一些图层样式后的文字效果。

图4-81　文字图层转换为工作路径

图4-82　路径面板出现根据文字图层创建的工作路径

图4-83　添加了图层样式的文字效果

4.6　小结

本章要求能够灵活地运用钢笔工具创建各种路径形状，理解锚点、方向线等概念，并学会在路径面板中进行路径的各种编辑，得到边缘较为复杂的选区，还可以作为矢量蒙版来隐藏图形的部分区域。

4.7　课后习题

1．请利用Photoshop中的钢笔工具绘制如图4-84所示的两个包装盒（以及包装盒上的图形），填充单色和渐变颜色，文件尺寸为270mm×230mm，分辨率为72像素/英寸。

2．请利用Photoshop中的钢笔工具绘制如图4-85所示的矢量风格的字母图形（该图形结合了变化丰富的直线与曲线），填充为渐变颜色，并编排为简单的版式，文件尺寸为200mm×260mm，分辨率为72像素/英寸。

图4-84　两个包装盒

图4-85　矢量风格的字母图形

第5章

图　层

本章重点：

- 了解图层的创建及基本功能
- 了解图层蒙版的概念，能通过图层蒙版控制图像的合成效果
- 填充图层与调整图层
- 应用图层样式来添加特殊效果
- 了解常用的图层混合模式原理并能控制图层间的融合效果

5.1 图层的基本概念

　　将图层想象为硫酸纸（一种透明纸），其中一张放在其余纸张顶上。如果上面的图层上没有图像，您可以看到底下图层中的内容，在所有图层之后是背景层，如图5-1所示，每种图样都在独立的图层上。

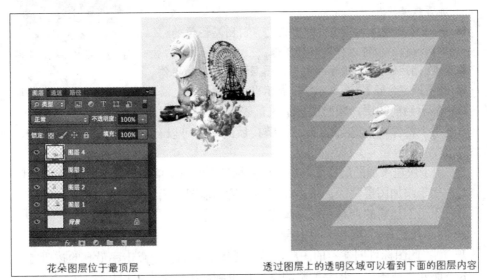

花朵图层位于最顶层　　　　　　透过图层上的透明区域可以看到下面的图层内容

图5-1　图层重叠原理示意图

　　一个文件中的所有图层都具有相同的分辨率、相同的通道数以及相同的图像模式（RGB、CMYK或灰度）。您可以绘制、编辑、粘贴和重定位一个图层上的元素，而不影响其他图层。在组合或合并图层前，图像中的每个图层都是相对独立的。

　　Photoshop中的图像可以由多个图层和多种图层组成，每个都有自己的混合模式和不透明度。但是，您计算机系统中的内存量可能会限制单个图像中可以包含的图层数。因为每个图层、图层组和图层效果都要占用最大值的一部分。

5.2 图层的创建及基本操作

　　可以使用图层来执行多种任务，如复合多个图像、向图像添加文本或矢量图形形状、应用图层样式、图层蒙版、调节图层等，所有关于图层的操作都可通过【图层】面板来实现，我们在详细讲解图层应用之前，先整体介绍一下【图层】面板。

1．【图层】面板

　　【图层】面板是用来管理和操作图层的，执行菜单栏中的【窗口】|【图层】命令可打开【图层】面板，如图5-2所示。

A—种类下拉菜单，从左至右分别为像素图层滤镜、调整图层滤镜、文字图层滤镜、形状图层滤镜、智能对象滤镜、打开或关闭图层过滤。

B—用鼠标单击此处可弹出下拉列表，用来设定图层之间的混合模式。

C—图层锁定选项（从左至右）：

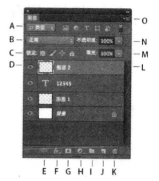

图5-2　图层面板示意图

■ 【锁定透明度】　用于锁定当前图层的透明区域能否被编辑。

■ 【锁定图像编辑】　用于锁定当前图层图像的编辑操作，但可以任意移动图像。

■ 【锁定位置】　用于锁定当前图层图像的移动操作。

■ 【锁定全部】　选中此项，表示当前图层被锁定，不能对图层进行任何编辑。

D—显示当前图层，眼睛图标消失，表示此图层暂时隐藏。

E—用于链接当前选择的图层，链接后的图层可以一起移动、变换、复制、删除等操作。

F—用于快速添加图层样式，单击此图标可在弹出菜单中选择不同的图层样式。

G—用于添加图层蒙版，单击此图标可给当前图层增加图层蒙版。

H—用于创建新的调整图层或填充图层。

I—单击此图标可创建新的图层组。

J—单击此图标可创建新的图层，这是【图层】面板中点击率最高的按钮之一。

K—删除当前图层，将要删除的图层拖曳到此按钮上，可以快速删除该图层。

L—颜色加深表示此图层是当前操作层。

M—改变图层像素的填充度，单击右侧小三角将弹出一个三角滑钮，拖动滑钮可调整当前图层的填充百分比，也可直接输入数值。

N—改变图层的不透明度，单击右侧小三角将弹出一个三角滑钮，拖动滑钮可调整当前图层的不透明度，也可直接输入数值。

O—单击此小三角会弹出【图层】面板菜单，可执行系列操作。

2. 图层的创建

在Photoshop中共有下列几种方法可以建立新图层：

（1）通过【图层】面板按钮建立新图层

方法：用鼠标单击【图层】面板底部的 图标，在【图层】面板中就会出现一个名叫【图层1】的空图层，如图5-3所示。

（2）通过【图层】面板弹出菜单建立新图层

方法：在【图层】面板中，用鼠标单击面板右边的小三角会弹出菜单，选择菜单中的【新建图层】命令，接着弹出【新建图层】对话框，如图5-4所示，单击【确定】按钮后，将在【图层】面板中产生一个新图层。

图5-3　图层面板中出现了新建的"图层1"

（3）通过拷贝粘贴命令建立新图层

方法：在图像中先建立一个选区，然后执行菜单栏中的【编辑】|【拷贝】命令进行拷贝，切换到另一幅图像上，执行【编辑】|【粘贴】命令，软件将会自动给所粘贴的图像建立一个新图层，如图5-5所示。

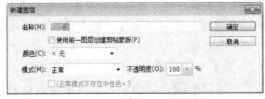

图5-4　【新建图层】对话框

建立选区并拷贝选中的图像

粘贴到另一幅图像中，图层面板便自动出现了被粘贴对象的图层

图5-5　通过拷贝粘贴命令建立新图层

73

（4）通过拖放建立新图层

方法：应用工具箱中的 【移动工具】将当前图像拖放到另一张图像上，松开鼠标，在另一张图像上就会出现被拖动的图像，而且会自动形成一个新的图层。

（5）通过【图层】菜单建立新图层

在菜单栏中的【图层】命令下有3个子命令可创建新的图层：

■ 直接执行【图层】|【新建】|【图层】命令。

■ 在图像中确定一个选区，然后选择【图层】|【新建】|【通过剪切的图层】（或【通过拷贝的图层】）命令，这样原始图层上选中的区域将被放在了一个新图层上。

■ 在【图层】面板中选中背景图层，执行【图层】|【新建】|【背景图层】命令可以将背景图层转换为新图层（在【图层】面板中背景图层上双击鼠标也可以实现）。

3．图层的简单编辑

（1）图层的复制

在【图层】面板中，将要复制的图层用鼠标拖到【图层】面板下面的 【新建图层】图标上，就可将此图层复制一份为带有"副本"字样的新图层，也可以在【图层】面板右上角弹出菜单中选择【复制图层】命令，或执行菜单栏中的【图层】|【复制图层】命令。

（2）图层的移动

■ 用工具箱中的 【移动工具】直接拖动层上的内容移动。

■ 如果要每次移动10像素的距离，可在按住Shift键的同时按键盘上的箭头键。

■ 如果要每次移动1像素的距离，可直接按键盘上的箭头键（上、下、左、右键），每按一次，图层中的图像或选中的区域就会移动1个像素。

■ 如果想控制移动的角度，可在移动时按住Shift键，这样就能以水平、垂直或45°角移动。

（3）显示与隐藏图层

图层名称前的 👁 眼睛图标表示该层是否被隐含，眼睛图标消失，表示此图层暂时隐藏。

（4）调整层的位置

用光标按住图层名称拖动可以上下移动层，但注意要在出现一个黑线的时候再松开鼠标，即可实现图层层次的转换。另外，也可通过执行菜单栏中的【图层】|【排列】命令来实现同样的操作。

（5）图层的删除

可以将图层直接拖到【图层】面板下的 🗑 删除图标上将其删除，也可以使用【图层】面板弹出菜单或者使用图层菜单命令等来进行删除。

（6）图层的链接

选择两个或多个图层，单击图层面板中的 🔗 链接图层按钮，或者执行【图层】|【链接图层】菜单命令即可将这些图层链接起来，链接后的图层可以一起进行编辑操作。如果要取消链接，可以选择其中一个链接图层，然后单击链接图层按钮。

4．图层的对齐与分布

如果图层上的图像需要对齐，除了使用参考线进行参照之外，还可以通过【图层】|【对齐】命令来实现，具体操作方法如下。

01 首先将需要对齐的图层选中或者进行链接。

02 然后执行菜单栏中的【图层】|【对齐】命令，在其子菜单中选择不同的对齐命令，如图5-6所示，其中包括【顶边】、【垂直居中】、【底边】、【左边】、【水平居中】和【右边】对齐方式。【分布】命令的子菜单中也有类似的命令。

图5-6　Photoshop中的对齐命令项

03 此外，最直接的对齐和分布方式是在 ➤ 【移动工具】的属性栏中进行设定的，以上所提到的所有子菜单项目都可通过单击属性栏中的各种对齐和分布按钮来实现，如图5-7所示。

图5-7　属性栏中的各种对齐按钮

例1：如图5-8所示，3个物体分别位于3个图层上，在【图层】面板中将3个图

层链接起来，然后执行【图层】|【对齐】|【水平居中】和【图层】|【对齐】|【垂直居中】命令，其结果如图5-9所示。

图5-8　3个图像分别位于3个图层上　　图5-9　执行【水平居中】和【垂直居中】命令后的效果

5. 图层的合并

如果一个文档中含有过多的图层、图层组以及图层样式，会耗费非常多的内存资源，从而减慢计算机的运行速度。遇到这种情况，我们可以通过删除无用图层、合并同一个内容的图层等操作来减小文档的大小。在【图层】菜单中有4种主要的合并图层命令。

（1）【向下合并】

当前选中的一个图层会向下合并一层。

（2）【合并图层】

如果在【图层】面板中选中或链接两个以上图层，原来的【向下合并】命令就变成了【合并图层】的命令，或者按Ctrl+E快捷键，可将所有选中或链接的图层合并。

（3）【合并可见图层】

将所有可见的图层都合并为一个图层，但是隐藏的图层不受影响。

（4）【拼合图像】

可将所有的可见图层都合并到背景层上，如果有隐藏的图层，则选择【拼合图像】命令后会弹出对话框，提示是否丢弃隐藏的图层。

6. 图层组

图层组就是一个装有图层的器皿，与文件夹的概念是一样的，可将众多图层进行分类管理，不管图层是否在图层组内，其本身的编辑都不会受到任何影响。

01 在【图层】面板中单击■【新建图层组】按钮，或在面板的弹出菜单中选择【新建组】命令，以及执行菜单栏中的【图层】|【新建】|【组】命令，都可以创建一个新图层组，如图5-10所示。

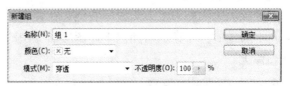

图5-10　【新建组】对话框

02 可在新创建的图层组中创建新图层，也可将原本不在图层组内的图层拖曳到图层组中，或是将原本在图层组中的图层拖曳出图层组。

03 如果想删掉图层组，直接将其拖到【图层】面板下方的■图标处即可，也可在【图层】面板右上角弹出菜单中选择【删除组】命令。

5.3 图层蒙版

图层上的蒙版相当于一个8位灰阶的Alpha通道，可以用来隐藏、合成图像等。在蒙版中，黑色表示全部蒙住，图层中的图像不显示；白色表示全透明，图层中的图像全部显示，不同程度的灰色表示图像以不同程度的透明度进行显示。

5.3.1 图层蒙版的创建与编辑

1. 图层蒙版的创建

在【图层】面板中，按住Alt键的同时用鼠标单击 ◙ 图标，当前图层的后面就会显示出蒙版图标，如图5-11所示。

执行菜单栏中的【图层】|【图层蒙版】|【显示全部】命令，生成的是白色的蒙版；若执行【图层】|【图层蒙版】|【隐藏全部】命令，生成的就是黑色的蒙版，但背景图层不能创建蒙版。

在图层中设定了蒙版后，在【通道】面板中就会出现一个临时的Alpha通道，如图5-12所示。

图5-11 红圈标识的便是 图5-12 在【通道】面板中出现了
蒙版图标 临时Alpha通道

2. 蒙版与图层的链接

当创建一个图层蒙版时，它是自动和图层中的图像链接在一起的，在【图层】面板中图层和蒙版之间有 ▧ 链接符号，此时若用移动工具在图像中移动，则图层中的图像和蒙版将同时移动。用鼠标单击链接符号，符号就会消失，此时可分别选中图层图像和蒙版进行移动。

3. 应用图层蒙版

在图层蒙版缩略图上单击鼠标右键，在弹出的菜单中选择【应用图层蒙版】命令，可以将蒙版应用在当前图层中，图层面板中的蒙版图标消失，蒙版效果将会应用到图像上。

4. 停用/删除图层蒙版

■ 停用图层蒙版

方法1：执行【图层】|【图层蒙版】|【停用】命令，或在图层蒙版缩略图上单击鼠标右键，选择【停用图层蒙版】命令。

方法2：按住Shift键的同时用鼠标单击【图层】面板中的蒙版缩览图，蒙版被临时关闭，在【图层】面板中会看到蒙版缩略图上出现一个红色的"×"，如图

5-13所示，用鼠标直接在"×"上单击就可使"×"消失，恢复蒙版的作用。

方法3：单击蒙版缩略图，在【属性】面板右下角单击 ⊙【停用/启用蒙版】按钮即可暂时关闭蒙版。

■ 删除图层蒙版

方法1：执行菜单栏中的【图层】|【图层蒙版】|【删除】命令，可以完全删掉蒙版。或者在蒙版缩略图上单击鼠标右键，在弹出菜单中选择【删除图层蒙版】命令即可。

图5-13　暂时关闭蒙版时的显示状态

方法2：选中【图层】面板中的蒙版缩览图，然后将其拖到【图层】面板中的 🗑 图标上即可。

方法3：单击蒙版缩略图，在【属性】面板右下角单击 🗑【删除蒙版】按钮。

 提示

在CS5版本中提供了专门的蒙版面板，而在CS6版本中，则集成到了属性面板中。

图层蒙版是较为抽象的概念，我们下面通过一个具体的案例来讲解它的应用。

01 打开两张风景图片，将它们复制并粘贴入一个文件中，分为上下两层，我们希望将把下图的天空替换成上图的天空，如图5-14所示。

02 选中上面那一层，单击【图层】面板下方的 ▢【添加图层蒙版】按钮，可见图层1右侧出现了图层蒙版缩览图，如图5-15所示。

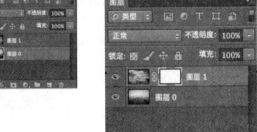

图5-14　两张图像分别位于同一个文件中的两层内　　图5-15　为"图层0"添加图层蒙版

03 此时选中图层蒙版缩览图，然后选择工具箱中的 ▢【渐变工具】，设定黑白两色渐变，在画面中从上至下拖动鼠标拉出一条直线，可见图层蒙版缩览图中出现了黑白灰的渐变效果，反映到实际的图层画面中，图层0的上侧天空被清除掉了（变透明），露出了上层的天空图像，图层蒙版中渐变灰色的中间区域，是两张图像中间半透明融合的过渡区域，如图5-16所示（蒙版的概念较为抽象，读者可以反复改变黑白渐变的方向，以对照观察两层图像间的变化）。

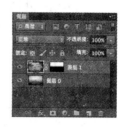

图5-16　图层蒙版实现两个图层图像间的淡入淡出效果

5.3.2　蒙版面板的使用

给图层添加蒙版后，执行【窗口】|【属性】命令，在绘图区的左侧将会出现【蒙版属性】面板，面板的具体组成如图5-17所示。

A—【添加像素蒙版】

B—【添加矢量蒙版】

C—面板菜单

D—【浓度】，控制蒙版的不透明度及蒙版的遮盖强度。

E—【羽化】，柔化蒙版的边缘，与编辑菜单中的羽化效果是一致的。

F—从蒙版中载入选区。

G—应用蒙版。

H—停用/启用蒙版。

I—删除蒙版。

J—【蒙版边缘】，单击可打开"调整蒙版"对话框，可以对蒙版边缘进行细微调整，并针对不同背景查看蒙版。

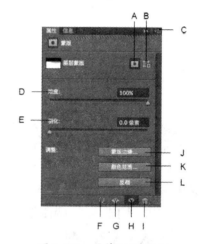

图5-17　【蒙版】面板

K—【颜色范围】，单击可打开"色彩范围"对话框，在图像中取样并调整颜色容差。

L—【色相】可以反转蒙版的遮盖区域。

【蒙版属性】面板的具体功能如下。

1. 添加和选择蒙版

■ 当图层为普通图层或背景图层时，可通过【蒙版属性】面板添加（或选择）图层蒙版和矢量蒙版这两种类型的蒙版。

■ 而当图层为智能对象时（"智能对象"就像一个有弹性的容器，可以在其中嵌入栅格或矢量图像数据，嵌入的图像数据将保留其所有的原始数据。对智能对象进行任意的缩放、旋转以及图层变形等，得到的结果都是基于源数据计算的结果），并且应用了智能滤镜时，可以通过蒙版面板添加（或选择）滤镜蒙版、图层蒙版和矢量蒙版这三种类型的蒙版。图5-18所示的智能对象中同时应用了图层蒙版、矢量蒙版和滤镜蒙版。

78

图5-18　智能对象同时应用了图层蒙版、矢量
蒙版和滤镜蒙版的状态

2. 调整蒙版边缘

在【图层】面板中先选中要编辑
的蒙版图层，在【蒙版】面板中单击
【蒙版边缘】按钮，可以打开如图5-19
所示的【调整蒙版】对话框，在其中
修改蒙版边缘，并针对不同的背景查
看蒙版。

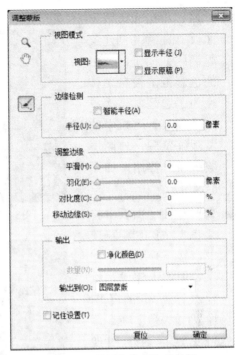

图5-19　【调整蒙版】对话框

3. 使用颜色范围调整图层蒙版

单击 颜色范围... 按钮可以打开【色彩范围】对话框，相当于应用【色彩范围】
功能来创建蒙版。

下面通过一个简单的案例来讲解：

01 打开配套光盘中提供的素材图"小鸭.tif"，如图5-20所示。在【图层】面板上
双击背景图层将其转换为"图层0"，并且单击面板下方的 ■【添加蒙版】按
钮，给图层添加一个图层蒙版，如图5-21所示。

02 打开【蒙版】面板，单击 颜色范围... 按钮，在弹出的对话框中设置参数如图5-22
所示，用 ▮【吸管】工具将图中的环境色选中，此时画面和图层面板状态如图
5-23所示。

图5-20　原始图像　　图5-21　在"图层0"上创建　　图5-22　【色彩范围】对话框
　　　　　　　　　　　　　　图层蒙版

03 此时，单击【蒙版】
面板中的 ▓▓【创建蒙
版选区】按钮，选中
的色彩范围被自动转
换为了选区，再次单
击【蒙版】面板中的
蒙版缩览图，使图层
蒙版暂时停用，如图
5-24所示。

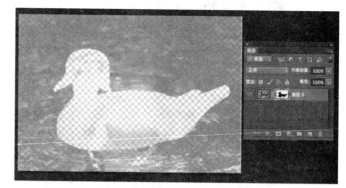

图5-23　应用【色彩范围】之后的画面和图层状态

04 此时在图层面板中将
【图层缩览图】选
中，接下来的操作在
原始图像上完成，执
行菜单栏中的【图
像】|【去色】命令，
可见选区内的图像
（也就是鸭子以外的
水面图像）变为了黑
白效果，如图5-25所
示，执行菜单栏中的

图5-24　将选中的范围转换成蒙版选区，并停用蒙版

【选择】|【取消选择】命令，最后的局部彩色效果如图5-26所示。

图5-25　将选区内图像转成黑白效果　　　　图5-26　局部去色的完成效果

5.4　图层的剪贴蒙版

　　图层的剪贴蒙版又称剪贴路径，可以用位于下层的图像形状来剪切上层图像的
内容，它的最大优点是可以通过一个图层来控制多个图层的可见内容。下面应用两
个具体案例来详细介绍它的用法：

如图5-27所示原稿中有两个图层，分别命名为蝴蝶和花朵。将蝴蝶图像移到花朵图像的上方，用下面两个方法可以形成剪贴蒙版。

图5-27　原稿中包括两个图层

方法一：

01 在按住Alt键的同时，将鼠标移到【图层】面板中两个图层之间的细线处，单击鼠标后，两图层之间的细线变成了虚线，并在花朵图层的名称下加了一条横线，如图5-28所示，上面的蝴蝶图像被剪贴到花朵的形状之中，效果如图5-29所示。

图5-28　执行【剪切蒙版】　　图5-29　执行【剪切蒙版】后
　　　　后图层面板状态　　　　　　的画面效果

02 如果要取消剪贴蒙版，可在按住Alt键的同时将鼠标移到虚线处，单击鼠标就会取消剪贴蒙版的关系。

 提示

　　处于上面的蝴蝶图层为内容图层，可为多个图层，数量不限，决定了蒙版的显示内容。处于下面的花朵图层为基底图层，只能有一个，它决定了剪贴蒙版的形状。

方法二：

先选中位于上面的图层，然后执行菜单栏中的【图层】|【创建剪贴蒙版】命令，也可使两图层之间形成裁切关系。若要取消剪贴蒙版关系，可执行菜单栏中的【图层】|【释放剪贴蒙版】命令。

提示

　　剪贴蒙版虽然可以应用在多个图层中，但这些图层是不能隔开的，必须是相邻的图层。

5.5 填充图层与调整图层

　　填充图层可以向图像快速添加颜色、图案和渐变像素；而调整图层可以对图像中的图层应用颜色调整操作，但它不会破坏图像的原有像素。

5.5.1 填充图层

　　填充图层可填充的内容包括"纯色"、"渐变"和"图案"三种，当设定新的填充图层时，软件会自动随之生成一个图层蒙版。如果当前图像中有一个激活的路径，当生成新的填充图层时，就会同时生成一个图层矢量蒙版（而不是图层蒙版）。另外，填充图层可以设定不同透明度以及不同的图层混合模式，利用这些特性可使图像产生多种不同的特殊效果。

1. 纯色填充图层

01 执行菜单栏中的【图层】|【新建填充图层】|【纯色】命令后会弹出拾色器对话框，在对话框中选定要作为填充图层的颜色，然后单击【确定】按钮，在

【图层】面板上就会出现新增的填充图层，如图5-30所示，左边的缩略图显示当前填充的颜色，右边的缩略图表示图层蒙版，用来设定填充图层在图像中的显示内容。

图5-30　建立【纯色】填充图层后画面和图层面板的效果

02 用鼠标单击图层蒙版缩略图，然后选择工具箱中的 ▇【渐变工具】，并设定一种黑白渐变，此时填充图层的颜色受到蒙版的影响出现淡入淡出的效果，如图5-31所示。

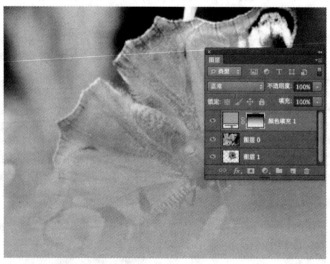

图5-31　在图层蒙版缩览图中填充黑白渐变后的淡入淡出效果

2. 渐变填充图层

01 单击【图层】面板上的 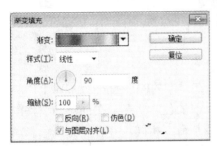 【创建新填充或调整图层】按钮，在弹出菜单中选择【渐变】项，或者执行菜单栏中的【图层】|【新建填充图层】|【渐变】命令，都可弹出【渐变填充】对话框，如图5-32所示，可设定渐变的样式、角度、缩放等选项，与渐变功能相似，【图层】面板中也将自动新增渐变填充图层，如图5-33所示。

图5-32　【渐变填充】对话框　　图5-33　建立【渐变】填充图层后画面和图层面板的效果

02 同样，用鼠标单击图层蒙版缩略图，然后选择工具箱中的  渐变工具，并设定一种黑白渐变，此时渐变填充图层的颜色受到蒙版的影响出现淡入淡出的效果，如图5-34所示。

图5-34　在图层蒙版缩览图中填充黑白渐变后的淡入淡出效果

3. 图案填充图层

01 单击【图层】面板上的  【新建调整图层】按钮，在弹出菜单中选择【图案】项，或者执行菜单栏中的【图层】|【新建填充图层】|【图案】命令，将弹出【图案填充】对话框，如图5-35所示，在此对话框中选择填充材质，并在缩放栏中设定图案的大小。如果选中【与图层链接】选项，在移动图案图层时，图层蒙版也会随之移动。单击【贴紧原点】按钮可以恢复图案位置，设定完后单击【确定】按钮。

图5-35　【图案填充】对话框

02 【图层】面板中自动新增加图案填充图层，如图5-36所示。

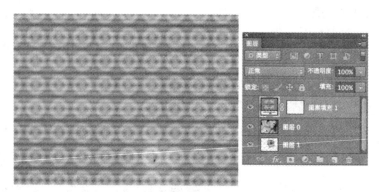

图5-36　建立【图案】填充图层后画面和图层面板的效果

5.5.2　调整图层与调整面板

调整图层对于图像的色彩调整非常有帮助。在早期的Photoshop版本对于色彩调整只能对图像本身执行，储存后就不能恢复到以前的色彩状况。在创建的调整图层中进行各种色彩调整，效果与对图像执行色彩调整命令相同，并且在完成色彩调整后还可以随时进行修改及调整，丝毫不会破坏原来的图像。

创建调整图层的方法有以下三种，以创建色阶调整图层为例：

图5-37　【新建调整图层】对话框

- 执行菜单栏中的【图层】|【新建调整图层】|【色阶】命令，在弹出的【新建图层】对话框（图5-37）中单击【确定】按钮即可创建色阶调整图层。
- 打开【调整】面板，单击　【色阶】按钮即可快速创建色阶调整图层。
- 单击【图层】面板下方的　【新建调整图层】按钮，在弹出菜单中选择【色阶】命令也可以创建色阶调整图层。

图5-38　对比度较弱的原稿

下面以一张对比度较弱的原稿为例，如图5-38所示，在【图层】面板中添加【色阶】调整图层，如图5-39所示，双击此调整图层可弹出【属性】面板以改变参数。

图5-39　色阶调整图层出现在图层面板中

拖动属性面板中的色阶滑块（图5-40），可以增加原稿的对比度，效果如图5-41所示。图像的对比度主要是通过调整层发生了改变，原图并未受任何影响。

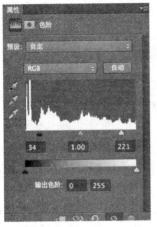

图5-40　拖动色阶滑块

图5-41 调整后效果

5.6　智能对象图层

　　智能对象是包含栅格或矢量图像中的图像数据的图层。智能对象可以保留图像的源内容及其所有的原始特性，从而可以对图层进行非破坏性编辑。它与图层组的使用相似，只是比后者的独立性更强。

1. 智能对象的优点

■　可以将智能对象创建为多个副本，对原内容进行编辑后，与之链接的副本也会自动更新。

■　将多个图层创建为一个智能对象后，可以简化"图层"面板中的图层结构。

■　对智能对象进行频繁缩放而不会使图像变模糊。

2. 创建智能对象

创建智能对象的方法主要有以下三种。

■　执行【文件】|【打开智能对象】命令，可选择一个图像作为智能对象打开，在图层面板缩略图的右下角会出现一个智能对象图标，如图5-42所示。

■　执行【文件】|【置入】命令，选择一个图像后确认，图像便可作为智能对象置入，在图层面板缩略图右下角会出现一个智能对象图标。

■　在图层面板中选择一个图层，然后执行【图层】|【智能对象】|【转换为智能对象】命令。

图5-42　智能对象图标

提示

　　除了以上三种主要方法外，还可以将Illustrator中的矢量图形直接粘贴为智能对象，或者是将PDF文件创建为智能对象。

3．编辑智能对象

单击智能对象图层，执行【图层】|【智能对象】|【编辑内容】命令，即可进入智能对象源文件进行编辑。

4．导出智能对象

执行【图层】|【智能对象】|【导出内容】命令，即可将智能对象以原始置入格式导出。

5、栅格化智能对象

执行【图层】|【智能对象】|【栅格化】命令。转换为普通图层后，原始图层缩览图上的智能对象标志也会消失。

下面以一个简单的案例来讲解智能对象的用法。打开一幅人物图像，然后执行【文件】|【置入】命令，即可将花朵图形作为智能对象置入，如图5-43所示。单击花朵图层，执行【图层】|【智能对象】|【编辑内容】命令，即可进入智能对象源文件，修改花朵的属性（这里进行缩小），可得到如图5-44所示的效果。

接下来对花朵图层执行【图层】|【智能对象】|【栅格化】命令，花朵图层缩览图上的智能对象标志消失，转换为普通图层，如图5-45所示。

图5-43　置入智能对象后图层面板的状态

图5-44　修改智能对象大小

图5-45　栅格化后的智能对象图层缩略图

 提 示

对智能对象进行频繁缩放不会使图像变模糊。

86

5.7　图层样式

图层样式可以为图层中的图像添加投影、发光、浮雕、光泽、描边等效果，以创建出诸如金属、玻璃、水晶以及具有立体感的特效。在【图层】菜单下的【图层样式】中一共提供了10种不同的效果，在【图层样式】对话框中可以对这些效果进行调整，并且可以随时调用、存储、预览或删除任何一个样式。

选择需要添加图层样式的图层，执行菜单栏中的【图层】|【图层样式】子菜单下的命令项，或是单击【图层】面板下方的 fx. 按钮都可弹出【图层样式】面板，如图5-46所示，对话框左侧列出了一系列特效名称，每勾选一个效果（名称条以深色显示），对话框右侧相应地出现与之相关的参数设置。在一个图层上可以施加多种样式效果。

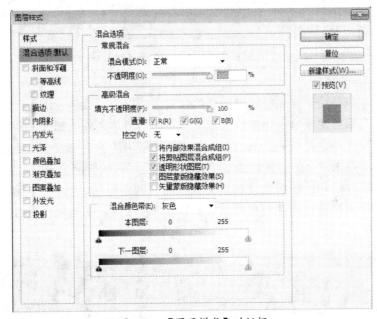

图5-46　【图层样式】对话框

下面详细介绍每种效果的功能及具体参数设置。

1. 混合选项

单击【图层样式】对话框左侧【混合选项：默认】名称，这是关于所有图层样式特效的一些总体的设置，如图5-46所示。对话框右侧共分为三个区域：常规混合、高级混合和混合颜色带。

（1）常规混合

可在【混合模式】弹出菜单中选择不同的混合模式，并可改变【不透明度】的设定，此处的【不透明度】设定会影响图层中所有的像素，例如，通过【投影】给图层添加阴影，当调整【不透明度】数值的时候，不但图层上原有的图像连同阴影的不透明度都会发生同样的变化。

（2）高级混合

■ **填充不透明度**　改变只影响图层中原有的像素或绘制的图形，并不影响执行图层样式后带来的新像素的不透明度，例如不会改变阴影的不透明度。

■ **通道**　可选择不同的通道执行各种混合设定，例如当图像为CMYK模式时，可以看到"C"、"M"、"Y"、"K"4个通道选项。

■ **挖空**　用来设定穿透某图层是否能够看到其他图层的内容，包括【无】、【浅】、【深】3种，用来决定挖空的程度。

例如在【图层】面板中有3个图层，最上面的是文字图层，中间是一个树叶的图层，最下面是背景图层，为了使效果显示明显，给文字加了投影和内阴影，将【填充不透明度】设为0%，如图5-47所示是【挖空】设定为【无】、【浅】和【深】3种效果的对比，可以看出文字在不同程度上显示了背景图层的内容。

图5-47　【挖空】设定为【无】、【浅】和【深】3种效果的对比

（3）混合颜色带

有两个颜色带用于控制所选中图层的像素点，上一层颜色带滑块之间的部分为将要混合并且最终将要显示出来的像素范围，两个滑块之外的部分像素将是不混合的部分。下一层颜色带滑块之间的像素将与上一层中的像素混合生成复合像素，而滑块之外也就是未混合的像素将透过现有图层的上层区域显示出来。

例如图5-48所示的图像在【图层】面板中有两个图层，选择"图层1"，打开【图层样式】对话框，在【混合颜色带】后面选择【灰色】选项（也可以选择不同的颜色通道）。

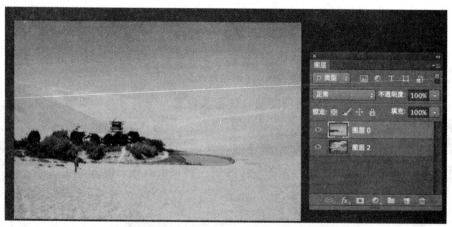

图5-48　【图层】面板中包括两个图层

■ **【本图层】**指定当前选择的图层上将要混合并出现在最终图像上的像素范围，以数字0（黑）～255（白）来定义色彩范围，如果将黑色滑块拖到70，则亮度值低于70的像素保持不混合，并且排除在最终图像之外，如图5-49所示。

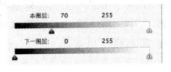

图5-49　【本图层】亮度值低于70的像素与下一图层混合的效果

■ 【下一图层】滑块指定将在最终图像中混合的下面的可视图层的像素范围，例如将白色滑块拖到130，则亮度值大于130的像素保持不混合，并将透过最终图像中的本图层显示出来，如图5-50所示。

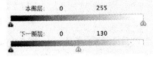

图5-50　【下一图层】亮度值大于130像素与本图层混合的效果

2．投影和内阴影

选中它们，可以为图层中的对象添加投影效果。

（1）【投影】

【投影】样式对话框如图5-51所示，下面详细介绍每项参数的具体用法：

■ 混合模式　用来设置投影与下层图层的混合方式。单击后面的方形色块可设定投影颜色。

■ 不透明度　用来设定投影的不透明度。

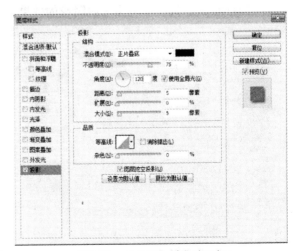

图5-51　【投影】样式对话框

■ **角度** 用来设定投影或阴影应用于图层时所采用的光照角度。

■ **使用全局光** 勾选此项可使照在图像上的光源外观保持一致。

■ **距离** 用来设定投影或阴影偏移的距离。

■ **扩展** 用来设置投影效果的投射强度，数值越大，投影效果强度越大。

■ **大小** 用来设定投影的模糊范围，数值越大，模糊范围越广。

■ **等高线** 用来控制投影的形状，可以使用软件中存储的等高线设置，如图5-52 所示，也可以双击【等高线】列出的图标，在弹出的【等高线编辑器】对话框（图5-53）中进行曲线编辑。

■ **杂色** 用来控制加入阴影中的颗粒数量。

如图5-54所示为文字应用了投影的效果。

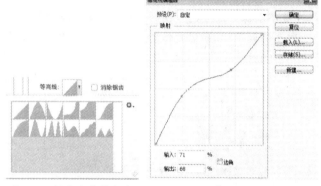

图5-52 软件自带等高线　　图5-53 【等高线编辑器】对话框　　图5-54 文字使用【投影】样式后的效果

（2）【内阴影】

【内阴影】样式对话框如图5-55所示，它的参数设置与【投影】对话框的参数有两点不同：

■ **阻塞** 模糊之前收缩内阴影的边界，数值越大，阻塞范围越大。

■ **【图层挖空投影】**选项在【内阴影】中没有。

如图5-56所示为图形应用了内阴影的效果。

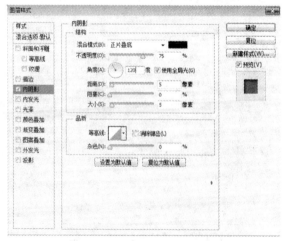

图5-55 【内阴影】样式对话框　　图5-56 图形使用【内阴影】后的效果

3. 内发光与外发光

【内发光】与【外发光】样式的对话框分别如图5-57和图5-58所示，这两个命令非常相似，有一些和【投影】设定相同，前面已经介绍过的参数此处就不再重复。

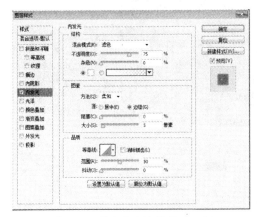 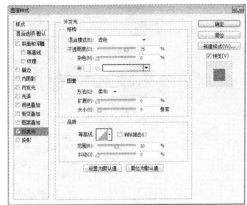

图5-57 【内发光】样式对话框　　　　　　图5-58 【外发光】样式对话框

- **色块与渐变条** 色块用来设定光晕的颜色，单击渐变色条后的小三角会弹出【渐变编辑器】对话框，可设定光晕的渐变效果，如图5-59所示是设定了单色外发光与彩虹渐变颜色外发光效果的对比。
- **方法** 用来设置发光的方式，弹出菜单中可选择【柔和】或【精确】来决定光晕的边缘效果。
- **源** 用来设定内发光光晕在图像中的位置，可选择【居中】或【边缘】，如图5-60所示。

图5-59 单色渐变和彩虹渐变外发光效果　　图5-60 分别选择【居中】和【边缘】选项的
　　　　　　　　　　　　　　　　　　　　　　　　　内发光效果

- **范围** 控制发光的范围，可通过拖动滑钮来设置，也可自行输入数值。
- **抖动** 使渐变的颜色和不透明度自由地随机变化。

4. 斜面与浮雕

【斜面和浮雕】可以使图像产生多种立体的效果，其对话框如图5-61所示，主要参数介绍如下：

- **样式** 下拉菜单中一共包括5种样式：【外斜面】、【内斜面】、【浮雕效果】、【枕状浮雕】和【描边浮雕】，这5种效果的对比如图5-62所示。
- **方法** 下拉菜单中包括3种雕刻风格：【平滑】、【雕刻清晰】和【雕刻柔和】。

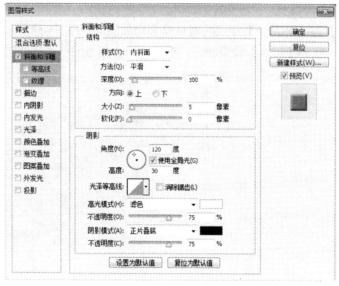

图5-61 【斜面和浮雕】样式对话框

图5-62 五种浮雕样式效果对比图

- **深度** 指雕刻斜面的深度，也指图案的深度。
- **方向** 选择"上"，则浮雕在视觉上呈现凸起效果；选择"下"，则浮雕在视觉上呈现凹陷效果。
- **大小** 设置斜面和浮雕中阴影面积的大小。
- **软化** 设定浮雕阴影模糊的程度。数值越大，效果越柔和。
- **角度/高度** 用来设定立体光源的照射角度和高度。
- **光泽等高线** 设置等高线样式，为斜面和浮雕表面添加光泽。
- **高光模式** 用来设定高光的混合模式、颜色和不透明度。
- **阴影模式** 用来设定阴影的混合模式、颜色和不透明度。
- **等高线和纹理** 对话框左侧还有【等高线】和【纹理】两个子选项，它们分别有自己的设定参数，其中【等高线】与之前的设定方法一致，【纹理】可设置图案的立体效果。

5. 光泽

【光泽】效果可以为图像添加光滑的、具有光泽的内部阴影，通常用来制作具有光泽质感的按钮和金属。光泽效果对话框如图5-63所示。各个选项的使用效果和前面讲到的类似，此处不再赘述。如图5-64所示是原图，如图5-65所示是执行【光泽】并选择了一种【等高线】类型的效果。

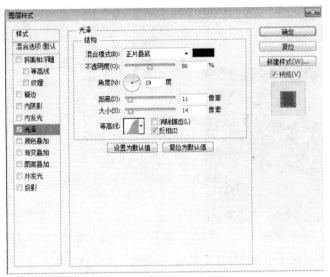

图5-63　【光泽】样式对话框

BEAUTY　BEAUTY

图5-64　原始文字 　　　　　　图5-65　执行【光泽】并选择了一种
　　　　　　　　　　　　　　　　　　　　　　　【等高线】类型的效果

　　以上就是【图层样式】对话框中一些主要效果的设定方法，剩下的【颜色叠加】、【渐变叠加】、【图案叠加】和【描边】和之前章节讲到的【颜色】、【渐变】、【图案】和【描边】的使用方法基本一致，只不过作用的对象是图层中的图像，请读者自行尝试。

注意

　　在【图层样式】对话框中的众多效果中，虽然可以为一幅图像添加多种样式效果，但一定不要忽视样式添加的顺序。在通常情况下，表现图像内部样式的效果（如内阴影、内发光、光泽、颜色叠加、渐变叠加等）会取得优先顺序，也就是说，下面的效果有可能被上面添加的效果遮盖而显示不出来。

　　下面来制作一个透明文字的案例，其中文字的透明感与立体感主要都是通过图层样式的综合运用来实现的。具体操作步骤如下：

01 打开配套光盘中提供的原稿"text_toy.psd"，为了形成较为逼真的水滴效果，我们选择边缘较为圆滑的字体，并先通过滤镜对其进行模糊和粗糙化的处理，然后将其放置在一张背景图片上，如图5-66所示。

02 在【图层】面板中选中【图层1】，将【填充】值设置为0%，将黑色水滴与文字图像隐藏起来。然后单击面板下部 *fx*【添加图层样式】按钮，在弹出式菜单中选择【斜面与浮雕】项，在弹出的【图层样式】对话框中设置如图5-67所示的复杂参数。

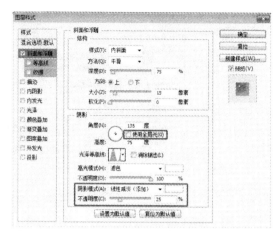

图5-66 原稿 "text_toy.psd" 　　图5-67 在【图层样式】对话框中设置【斜面与浮雕】参数

- 要注意将高光的【不透明度】设置为100%，以加强水珠左上角的高光效果。
- 取消【使用全局光】复选框。
- 深度设为75%，大小设为15像素。
- 阴影角度135度，高度设为75度。
- 将暗调的颜色设置为白色，暗调模式为【线性减淡（添加）】，【不透明度】设置为25%，暗调处理表现水珠因光线折射而变亮的效果。
- 双击等高线图标，弹出【等高线编辑器】对话框，按图5-68所示调节对话框中的曲线形状，以更逼真地表现水珠效果，单击【确定】按钮返回【斜面与浮雕】对话框界面。

　　可以看出，此时透明的水珠从背景中凸显出来，并且产生如图5-69所示的晶莹剔透的梦幻般的光影效果。

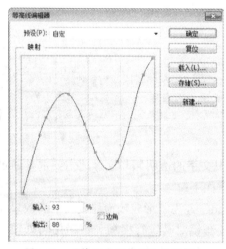

图5-68 【等高线编辑器】对话框 　　图5-69 添加了斜面与浮雕效果后透明的水滴开始从背景中浮现出来

03 接下来，在【图层样式】对话框左侧列表中单击【内发光】项，设置如图5-70所示的参数。水珠内侧受到光照后变亮了，结果如图5-71所示（内发光颜色参考数值：R200G145B60）。

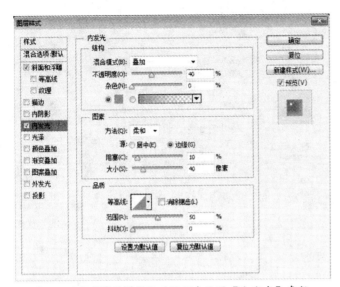

图5-70　在【图层样式】对话框中设置【内发光】参数

图5-71　添加【内发光】后水滴内部被照亮

04 在【图层样式】对话框左侧列表中单击【描边】项，设置如图5-72所示的参数，水珠边缘湿润而变暗，结果如图5-73所示（描边颜色参考数值：R130G86B18）。

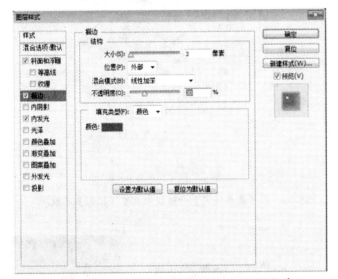

图5-72　在【图层样式】对话框中设置【描边】参数

图5-73　添加【描边】样式后的水滴边缘变暗

05 在【图层样式】对话框左侧列表中选择【内阴影】项，表现水滴的暗调部分。设置如图5-74所示的参数，表现出水珠丰富的暗调层次。结果如图5-75所示（提示：取消【使用全局光】复选框的勾选，内阴影颜色参考数值：R102G50B5）。

06 再设置水珠的阴影。方法：在【图层样式】对话框左侧列表中选择【投影】项，设置如图5-76所示的参数。阴影颜色参考数值：R77G38B7；取消【使用全局光】

复选框的勾选。单击
在品质选项组中的
【等高线】图标。在
弹出列表中选中第2
个图标，调亮阴影的
内侧，使光效更加微
妙，最后透明水滴的
效果如图5-77所示。

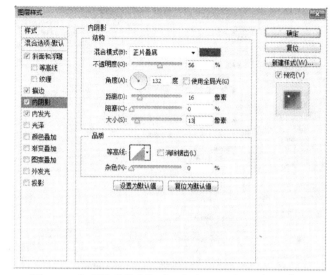

图5-74　在【图层样式】对话框中设置【内阴影】参数

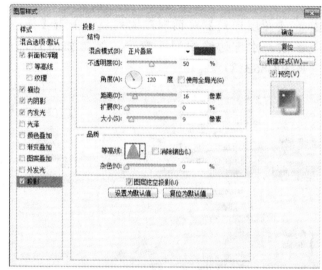

图5-76　在【图层样式】对话框中设置【投影】参数

图5-75　添加【内阴影】样式表现
　　　　水滴的暗调部分

07 现在来看一看如图
5-78所示的图层面
板，原稿图层下有5个
图层特效组成的图层
样式。

图5-77　制作完成的透明水滴效果

图5-78　制作完成的透明
　　　　水滴效果

5.8 图层的混合模式

　　图层的混合模式决定了当前图像的像素与下面图像的像素的混合方式，可以用来创建各种特效，但不会损坏原始图像的任何内容。Photoshop中提供了27种混合模式，如图5-79所示，下面介绍一些比较主要的混合模式的原理及效果。

1. 组合模式组

该模式需要降低不透明度或填充数值才能起作用。

- **正常** 这是默认模式，较为常用。上层的像素的颜色覆盖下层像素的颜色。
- **溶解** 上层的像素以一种颗粒状的方式作用到下层图像上，根据任何像素位置的不透明度，结果色由上一层或下一层的像素随机替换。

2. 加深模式组

该模式特点是混合后图像的对比度增强，图像的亮度整体偏暗。在混合过程中，当前图层的白色像素会被下层较暗的像素替代。

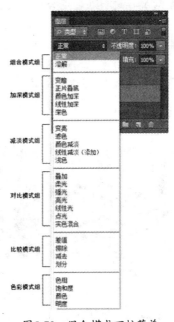

图5-79　混合模式下拉菜单

- **变暗** 进行颜色混合时，会比较绘制的颜色与底色之间的亮度，较亮的像素被底层较暗的像素取代，混合后整体颜色变暗。
- **正片叠底** 图层中的像素与底层的白色混合时保持不变，与黑色混合时将被替换。因此在实际应用中常利用这一特点进行快速的退底操作，例如可以将图5-80中的B图完整地复制到图A中形成【图层1】，在【图层】面板中将【图层1】的【混合模式】更改为【正片叠底】可以得到图C所示的效果，即白色背景自动透明。

图A

图B

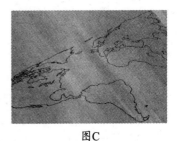

图C

图5-80　利用【正片叠底】功能将白色背景自动转为透明

- **颜色加深** 通过增加对比度使基色变暗以反映混合色，与白色混合后不产生变化。

- ■ **线性加深**　通过降低亮度使基色变暗以反映混合色，与白色混合后不产生变化。
- ■ **深色**　通过比较两个图层所有通道的数值总和，然后显示数值较小的颜色。

3．减淡模式组

该模式特点是混合后图像的对比度减弱，图像的明度整体偏亮。在混合过程中，当前图层的黑色像素会被下层较暗的像素替代。

- ■ **变亮**　进行颜色混合时，会比较绘制的颜色与底色之间的亮度，较暗的像素被较亮的像素取代，混合后整体颜色变亮。
- ■ **滤色**　查看每个图层中的颜色信息，与黑色混合时颜色保持不变，与白色混合时产生白色。因此在实际应用中常利用这一特点进行快速的退底操作，例如将图5-81中的B图完整地复制到图A中形成【图层1】，在【图层】面板中将【图层1】的【混合模式】更改为【滤色】可以得到图C所示的效果，即黑色背景自动透明。

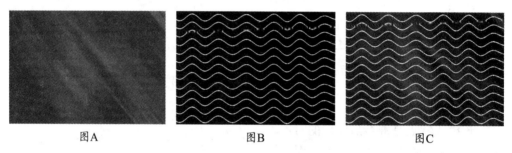

图A　　　　　　　　图B　　　　　　　　图C

图5-81　利用【滤色】功能将黑色背景自动转为透明

- ■ **颜色减淡**　查看每个图层中的颜色信息，并通过减小对比度使基色变亮以反映混合色，与黑色混合则不发生变化。
- ■ **线性减淡/添加**　通过增加亮度使基色变亮以反映混合色，与黑色混合则不发生变化。
- ■ **浅色**　显示两个图层所有通道值总和中值较大的颜色。

4．对比模式组

在混合时，亮度值为50%的灰色消失，亮于50%灰度的图像将变亮，暗于50%灰度的图像将变暗，图像的对比度整体加强。

- ■ **叠加**　对颜色进行正片叠底或过滤，具体取决于基色，图案或颜色在现有像素上叠加，同时保留基色的明暗对比。
- ■ **柔光**　根据图像的明暗程度来决定最终色是变亮还是变暗，当图像色比50%的灰要亮时，则底色图像变亮；如果图像色比50%的灰要暗时，则底色图像变暗。
- ■ **强光**　当前图像色比50%灰色亮的像素会使图像变亮，比50%灰色暗的像素会使图像变暗，其程度大于"柔光"模式。
- ■ **亮光**　当前图像色比50%灰色亮，则通过降低对比度使图像变亮；当前图像色比50%灰色暗，则通过降低亮度使图像变暗。
- ■ **线性光**　当前图像色比50%灰色亮，则通过增加亮度使图像变亮；当前图像色比

50%灰色暗，则通过降低亮度使图像变暗。

- **点光** 当前图像色比50%灰色亮，则替换暗的像素；当前图像色比50%灰色暗，则替换亮的像素。
- **实色混合** 将混合颜色的红色、绿色和蓝色通道值添加到基色的 RGB 值。如果通道的结果总和大于或等于 255，则值为255；如果小于255，则值为0。因此，所有混合像素的红色、绿色和蓝色通道值要么是0，要么是255。这会将所有像素更改为原色：红色、绿色、蓝色、青色、黄色、洋红、白色或黑色。

5. 比较模式组

该混合模式将上下层相同区域显示为黑色，不同区域显示为灰色或彩色。如果当前图层包含白色，那么白色区域会使下层图像反相，而黑色不会对下层图像产生影响。

- **差值** 查看每个通道中的颜色信息，比较图像色和底色，用较亮的像素点的值减去较暗的像素点的值，差值作为最终色的像素值。例如与白色混合将反转基色值，与黑色混合则不产生变化。
- **排除** 与"差值"模式基本相同，但是对比度更低。
- **减去** 从目标通道相应像素上减去源通道中的像素值，原理是从基色中减去混合色。
- **划分** 从上方图层中加上下方图层相应像素的颜色值，原理是从基色中分割混合色。

6. 色彩模式组

该混合模式将色相、饱和度、亮度三种要素的一两种应用在混合效果中。

- **色相** 采用底层图像的亮度、饱和度以及当前图像的色相来创建最终色。
- **饱和度** 采用底层图像的亮度、色相以及当前图像的饱和度来创建最终色。
- **颜色** 采用底层图像的亮度以及当前图像的色相和饱和度来创建最终色。
- **明度** 采用底层图像的色相、饱和度以及当前图像的亮度来创建最终色。

5.9 小结

本章重点讲解了图层的概念与各种图层特效的运用，涉及的知识点较多，重点如：图层混合模式；调整图层；图层样式；图层蒙版等，主要学习灵活地运用图层来进行图像间的叠加与自然融合，并通过图层面板对多图层进行科学的管理。

5.10 课后习题

1. 请在Photoshop中运用提供的素材制作如图5-82所示的海报，要求不同图层中的图像进行自然融合，并制作出字母图形的蒙版遮挡效果（图像单色调的处理方法请参看本书第7章）。文件尺寸为370mm×280mm，分辨率为72像素/英寸。

图5-82　海报

2．请参照如图5-83所示的广告画面，进行适当的自由发挥，在Photoshop中运用提供的新素材合成画面，请将产品与植物等素材放入水滴图形中，并制作出水滴的立体感与透明感。文件尺寸为210mm×297mm，分辨率为72像素/英寸。

图5-83　广告画面

通道与蒙版

第6章

本章重点：

- ■ 理解通道与蒙版的概念
- ■ 掌握Alpha通道与选区之间的关系
- ■ 理解通道的编辑与运算
- ■ 掌握蒙版的编辑与应用

6.1 通道的概念与类型

1. 通道的概念

在Photoshop中，通道是用于存储图像颜色信息和选区信息等不同类型信息的灰度图像。通道也称为蒙版，这是因为它与遮挡部分区域的蒙版有类似的作用。

2. 通道的类型

Photoshop中的通道分为四种类型：第一种是复合通道；第二种是用来存储图像色彩信息的颜色通道；第三种是可以将选择范围存储起来的Alpha通道；第四种是用以记录专色信息的专色通道。因此在每个Photoshop图像中都有可能包含一种或多种通道类型。

（1）复合通道

复合通道不包含任何信息，实际上它只是同时预览并编辑所有颜色通道的一个快捷方式，它通常被用来在单独编辑完一个或多个颜色通道后，使【通道】面板返回到它的默认状态。

（2）颜色通道

当打开一个新图像文件时，系统自动创建了颜色通道。图像的颜色模式决定了所创建的颜色通道的数目。例如，RGB图像包含RGB、红、绿、蓝3个颜色通道，CMYK图像包含青色、洋红、黄色、黑色4个颜色通道。

（3）Alpha通道

除了图像内定的颜色信息以外，还可以另外建立新的通道，这些通道被称为Alpha 通道，Alpha 通道相当于蒙版，它可以将选区存储为通道的形式，使用 Alpha 通道创建和存放选区，可以自由创建、修改和存储选择范围，但并不会影响图像的显示和印刷效果。Alpha通道相当于8位的灰度图。

（4）专色通道

专色是除了CMYK四色之外的油墨颜色，可以在图像中加入专色通道，以让您指定用专色油墨印刷的附加印版。

其他的Alpha通道也可以转化为专色通道，方法是双击任何一个Alpha通道，都会弹出【通道选项】对话框，选中【专色】一项，单击【确定】按钮，原来的Alpha通道就会转化为专色通道。

只有将文件存储为 Adobe Photoshop、 DCS 2.0、PICT、TIFF或 Raw格式时，Alpha 通道才自动保留。将图像存储为其他格式会导致通道信息被扔掉。

6.2 通道面板

通道的编辑主要是通过【通道】面板来完成的，包括通道的新建、删除、复制、分离、合并、通道运算，以及通道与选区间的转换等。【通道】面板中可以同时显示出图像中的颜色通道、专色通道以及Alpha选区通道，执行菜单栏中的【窗口】|【通道】命令可打开【通道】面板，如图6-1所示。

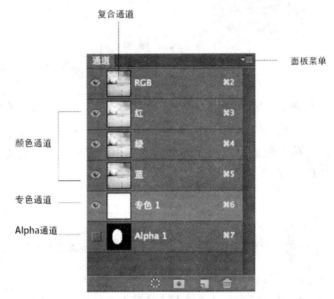

图6-1　通道面板

通道面板各部分详解如下：

- **复合通道**　用来记录颜色的所有图像信息。
- **颜色通道**　用来记录图像的颜色信息。
- **专色通道**　用来指定用于专色油墨印刷的附加印版。
- **Alpha通道**　用来保存选区和灰度图像。
- **将通道作为选区载入**　单击该按钮，可以载入所选通道图像的选区。
- **将选区存储为通道**　如果图像中有选区，单击该按钮，可以将选区中的内容存储到通道中。
- **创建新通道**　单击该按钮，可以新建一个Alpha通道。
- **删除当前通道**　将通道拖曳到该按钮上，可以删除选择的通道。

6.3 通道的编辑与应用

1. 新建通道

（1）新建Alpha通道
- 直接单击通道面板下方的　【新建通道】图标，即可新建一个新的Alpha通道。
- 单击通道面板右上方的黑色小三角，在弹出的下拉菜单中选择【新建通道】选项，如图6-2所示，在弹出的对话框中设置如图6-3所示参数。

图6-2 选择【新建通道】选项 　图6-3 【新建通道】对话框

（2）新建专色通道

单击通道面板右上方黑色小三角，在弹出的下拉菜单中选择【新建专色通道】
选项即可。

注意

在进行图像编辑时，在【通道】面板中单击 按钮创建的新通道都是Alpha通道。

2. 复制通道

■ 直接将某个通道拖到【通道】面板下方的 【新建通道】图标处即可将通道复
制一份。

■ 在【通道】面板右上角的弹出菜单中选择【复制通道】命令，此时会弹出【复
制通道】对话框，如图6-4所示，在【目标】栏中的【文档】下拉列表中选择

【新建】选项，可将当前通道复
制到新文件中（在【名称】栏中
可给新文件命名）。若选择本文
件，则单击【确定】按钮后，在
【通道】面板中就会显示一个复
制的通道，通常在名称后面会带
有【副本】字样。

图6-4 【复制通道】对话框

■ 在通道上单击鼠标右键，在弹出的菜单中选择【复制通道】命令即可。

3. 删除通道

■ 直接将某个通道拖到【通道】面板下方的 【删除通道】图标处即可将其删除。

■ 在【通道】面板右上角的弹出菜单中选择【删除通道】命令即可。

■ 在通道上单击鼠标右键，在弹出的菜单中选择【删除通道】命令即可。

4. 通过选区建立Alpha通道

01 在图像中制作一个选择区域后，如图6-5所示，直接单击【通道】面板下方的
【将选区存储为通道】图标，可将选区存储为一个新的Alpha通道，该通道自动
命名为Alpha1，如图6-6所示。

02 单击Alpha1通道名称进入通道，通道显示为黑白灰效果的图像，如图6-7所示，
原来选择区域以内的部分用白色表示，选区以外的区域以黑色表示。

图6-5　制作一个椭圆形选区　　图6-6　将选区存储为通道　　图6-7　通道中的黑白显示效果

03 如果所制作的选择区域具有一定的羽化值设置，例如依然是同样的椭圆形选区，但不同的是在绘制选区前加上了一定的羽化数值，存储为通道后效果如图6-8所示，Alpha通道中会出现一些灰色的层次，用来表示选择区域中的透明度变化。

图6-8　羽化选区在通道中的显示　　　　图6-9　【存储选区】对话框

04 执行菜单栏中的【选择】|【存储选区】命令，也可将现有的选择区域存为一个Alpha通道，如果图像中已经存储了其他的Alpha选区通道或专色通道，可以在弹出的对话框（图6-9）中设定当前选择区域和已有通道间的换算关系。

- **新建通道**　选择此选项可替换现有的Alpha选区通道。
- **添加到通道**　选择此选项可将选择范围加入到现有的Alpha通道中。
- **从通道中减去**　选择此选项可从Alpha通道中减去要存储的选择范围。
- **与通道交叉**　选择此选项可将现有的Alpha通道和要存储的选区的交集部分存成新的Alpha选区通道。

5．将通道载入为选区

- 将Alpha通道直接拖到【通道】面板底部的 ▧【将通道作为选区载入】图标上即可。
- 执行菜单栏中的【选择】|【载入选区】命令，则可调出【载入选区】对话框，如图6-10所示。在【通道】下拉菜单中选择需要载入的通道名称，单击【确定】按钮即可将通道转换为当前选区。

　　使用【载入选区】命令时，还可以选择载入当前Photoshop打开的另一幅同样尺寸（大小、分辨率必须完全相同）的图像中的Alpha选区通道所表示的选择区域；

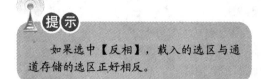

提示

　　如果选中【反相】，载入的选区与通
道存储的选区正好相反。

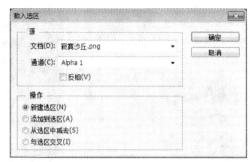

图6-10　【载入选区】对话框

6. 通道的分离与合并

（1）通道的分离

　　如果编辑的是一幅CMYK模式的图像，其中没有专色通道或Alpha选区通道，则可使用【通道】面板右上角弹出菜单中的【分离通道】命令，将图像中的颜色通道分为4个单独的灰度文件。这4个灰度文件会以原文件名加上青色、洋红、黄色、黑色来命名，表明它代表哪一个颜色通道。图像中有专色或Alpha选区通道时，生成的灰度文件会多于4个，多出的文件会以专色通道或Alpha选区通道的名称来命令。

（2）通道的合并

　　对于通道分离后的图像，还可以用【通道】面板右上角的弹出菜单中的【合并通道】命令将图像整合为一。合并时，Photoshop会提示选择哪一种颜色模式，以确定合并时使用的通道数目，并允许选择合并图像所使用的颜色通道。

7. 通道形状的修改

（1）通道的扩张与收缩

　　对于单独选中的一个Alpha通道而言，可执行菜单栏中的【滤镜】|【其他】|【最大值（或最小值）】命令来完成它的扩展或收缩。

　　例如在【通道】面板中选择一个Alpha通道，执行菜单栏中的【滤镜】|【其他】|【最大值】命令，即可将通道中代表选择区域的白色部分扩大；而执行【滤镜】|【其他】|【最小值】命令，则可将其中的白色部分向内收缩，如图6-11所示。此外，在对话框中，可以设置扩大或缩小的【半径】。

图6-11　使用【最大值】和【最小值】时通道对比示意

（2）通道的模糊——羽化

　　对于一个没有羽化过的选择区域，将其存储为一个Alpha选区通道后，可以使用菜单栏中的【滤镜】|【模糊】命令来制作羽化效果。为了控制模糊的程度，通常会使用菜单栏中的【滤镜】|【模糊】|【高斯模糊】命令，通过其中【模糊半径】的设定，可以确定羽化效果边缘的虚晕程度。

（3）通道的位移

　　有时，需要将Alpha通道在画面中移动一段距离，可以执行菜单栏中的【滤

镜】|【其他】|【位移】命令，在弹出
的【位移】对话框（图6-12）中设定通
道在水平和垂直方向上移动的距离，正
值为向右、向下移动；负值为向左、向
上移动。还可选定移动后Alpha选区通
道边缘处理的方法：【设置为背景】、
【重复边缘像素】或【折回】。

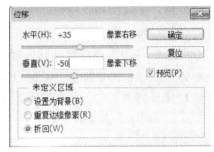

图6-12　【位移】对话框

注意

在通道中使用各种命令时，最好取消画面中存在的选择区域，否则它们的作用范围会受
到一定的限制。

8．通道的计算

【计算】功能可对两个通道中相对应的像素点进行数学计算，在了解【计算】
功能的工作原理之前，必须理解以下两个基本概念。

- 通道中每个像素点亮度的数值是0～255阶，当使用计算功能时，是对这些数值
  进行计算的。
- 因为执行的是像素对像素的计算，所以执行计算的两个文件必须具有完全相同
  的大小和分辨率，也就是说具有相同数量的像素点。

相对而言，通道间的计算要比通道与选择区的计算复杂得多，在Photoshop中，
允许使用【图像】|【计算】命令直接以不同的Alpha通道进行计算，以生成一些新
的Alpha通道。下面我们通过Photoshop的经典案例"金属字"来讲解【计算】功能
的运用。它的主要原理是利用对两个通道中相对应的像素点进行数学计算，配合层
次与颜色的调整，形成特殊的带有立体浮凸感和金属反光效果的特殊材质。

01 执行菜单栏中的【文件】|【新建】命令打开【新建】对话框，在其中设置如图
6-13所示参数，单击【确定】按钮，新创建"金属字.psd"文件。

02 先创建通道并在通道中输入文字。方法：执行菜单栏中的【窗口】|【通道】命
令打开【通道】面板，然后单击【通道】面板下部 【新建通道】按钮创建通
道"Alpha 1"。接着，选取工具箱中的 【横排文字工具】在画面中输入白色
文字"堂皇"，
在工具属性栏
内设置【字体】
为"行楷"，
【字体大小】
为90pt。最后，
按快捷键Ctrl+D
去除选区，如图
6-14所示。

图6-13　新创建一个文件

图6-14　在通道"Alpha1"
中输入文字

03 复制出一个通道并利用滤镜功能将文字加粗，因为金属字制作完成后会产生扩展和浮凸的效果，因此要先准备一个字体加粗的通道。方法：在【通道】面板中将"Alpha 1"图标拖动到面板下部 ▪ 【新建通道】按钮上，将它复制一份，并更名为"Alpha 2"，如图6-15所示。然后，执行菜单栏中的【滤镜】|【其他】|【最大值】命令，在弹出的【最大值】对话框中设置【半径】为4像素，如图6-16所示，单击【确定】按钮，【最大值】操作的结果会将图像中白色的面积扩宽，因此"Alpha 2"中文字明显加粗，效果如图6-17所示。

图6-15　将"Alpha 1" 　　　图6-16　【最大值】对话框　　图6-17　"Alpha 2"中文字明显加粗
　　　　复制为"Alpha 2"

04 下面点中通道"Alpha 1"，将它再次拖动到面板下部 ▪ 【新建通道】按钮上复制一份，并更名为"Alpha 3"，然后执行菜单栏中的【滤镜】|【模糊】|【高斯模糊】命令，在弹出的【高斯模糊】对话框中设置【半径】为4像素，如图6-18所示，单击【确定】按钮，"Alpha 3"中的文字变得模糊不清，如图6-19所示。

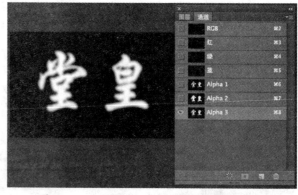

图6-18　【高斯模糊】对话框　　　　图6-19　"Alpha 3"中的文字变得模糊不清

05 继续进行通道的复制与滤镜操作。先将通道"Alpha 3"再复制为"Alpha 4"，然后在【通道】面板中选中"Alpha 3"，执行菜单栏中的【滤镜】|【其他】|【位移】命令，在弹出的【位移】对话框中设置【水平】与【垂直】项参数都为2，如图6-20所示，【位移】操作可以让图像中的像素发生偏移，正的数值将产生右下方向上的偏移。单击【确定】按钮，得到如图6-21所示效果。

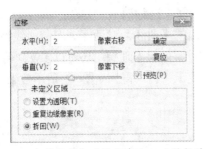

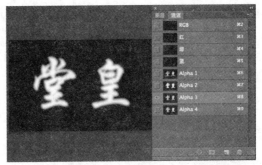

图6-20　在【位移】对话框中输入正的数值　　图6-21　使"Alpha 3"往右下方向偏移2像素

06 点中Alpha 4，执行菜单栏中的【滤镜】|【其他】|【位移】命令，在弹出的【位移】对话框中设置【水平】与【垂直】项参数都为—2，如图6-22所示，负的数值将产生左上方向上的偏移。单击【确定】按钮，得到如图6-23所示效果。

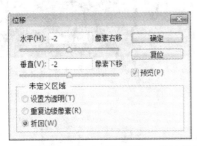

图6-22　在【位移】对话框中输入负的数值　　图6-23　使"Alpha 4"往左上方向偏移2像素

07 准备工作完成了，现在可以开始进行通道运算。方法：执行菜单栏中的【图像】|【计算】命令，打开如图6-24所示的【计算】对话框，将【源1】的通道设为Alpha 3，将【源2】的通道设为Alpha 4，【源1】和【源2】分别代表需要进行计算的两个对象。在【混合】下拉菜单中选择【差值】项（不同的混合方式会产生截然不同的效果，请读者多尝试几种），在【结果】处选择【新建通道】，这一步骤的意义是将Alpha 3和Alpha 4经过差值相减的计算，生成一个新通道，新通道自动命名为"Alpha 5"，单击【确定】按钮，得到如图6-25所示效果。

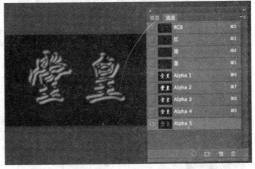

图6-24　在【计算】对话框中设置参数　　　图6-25　Alpha 3和Alpha 4经过差值相减的
　　　　　　　　　　　　　　　　　　　　　　　　　　计算，生成新通道"Alpha 5"

08 经过上一步骤的"计算","Alpha 5"中已初步形成了金属字的雏形，但是立体感和金属感都不够强烈，下面应用【曲线】功能来进行调节。方法：执行菜单栏中的【图像】|【调整】|【曲线】命令，在弹出的【曲线】对话框中调节曲线为近似"M"的形状，如图6-26所示，（如果一次调整效果不理想，还可以多次进行调整，使金属反光效果变化更丰富），单击【确定】按钮，得到如图6-27所示效果。

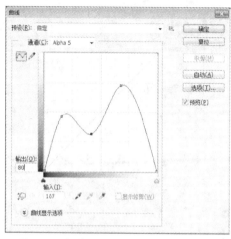

图6-26　在【曲线】对话框中调节曲线　　　　图6-27　通过调节曲线形成丰富变化的
　　　　　　为近似"M"的形状　　　　　　　　　　　　　金属反光

提示

　　这一步骤主观性和随机性较强，曲线形状的差异会形成效果迥异的金属反光效果，可以多尝试多种不同的曲线形状，以得到最为满意的效果。

09 下面这一步很重要，要将金属字从通道转换到图层里去。方法：首先选中"Alpha 5"通道，然后按住Ctrl键单击"Alpha 2"通道名称，这样就在"Alpha 5"中得到了"Alpha 2"的选区。接着，按快捷键Ctrl+C将其复制，在【通道】面板中单击RGB主通道，再按Ctrl+V将刚才复制的内容粘贴到选区内，效果如图6-28所示。现在打开【图层】面板，可看到自动生成了"图层1"，画面中是黑白效果的金属字，如图6-29所示。

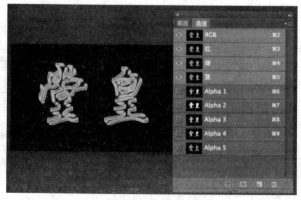

图6-28　将通道"Alpha 5"中的内容复制到主通道中　　图6-29　自动生成了"图层1"

10 下面来给黑白的金属字上色。方法：执行菜单栏中的【图像】|【调整】|【变化】命令，在弹出的【变化】对话框中对金属字的高光、中间调、暗调分别进行上色，使文字呈现出黄铜色的金属效果（如图6-30所示）。单击【确定】按钮，得到如图6-31所示效果。

提 示

如果不用【变化】命令，也可以采用【色彩平衡】命令进行上色。

11 最后为金属字添加投影，增强字效的立体感。方法：点中"图层1"，单击【图层】面板下部 *fx* 【添加图层样式】按钮，在弹出式菜单中选择【投影】项，在文字右下方向添加半透明的投影。

12 到此为止，金属字效果制作完成，读者可根据自己的喜好在上色时为文字添加不同色相的颜色（例如蓝色和绿色的金属效果也不错）。另外，对标志图形进行立体金属化的处理也是很有趣的尝试。最后的效果如图6-32所示。

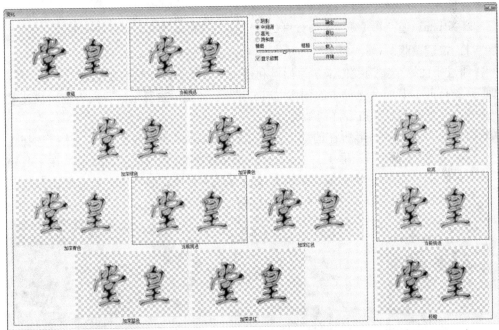

图6-30　在【变化】对话框中对金属字的高光、中间调、暗调分别进行上色

图6-31　文字呈现出黄铜色的金属效果

图6-32　最后完成的金属字效果

6.4 蒙版的编辑与应用

　　蒙版通常是一种透明的模板，覆盖在图像上面保护图像的某部分不被编辑，起到遮蔽的作用，这与选区的功能是相同的，二者可以互相转换。与Alpha通道相同的是，蒙版也使用黑白灰来标记，系统默认的状态下，黑色区域用来遮盖图像，白色区域用来显示图像，而灰色区域则表示带有羽化值的半透明的图像。

　　在Photoshop中蒙版主要分为以下几种：

■ **快速蒙版**　又称为临时蒙版，在该状态下，用户可以在画面中随意绘制蒙版的形状。

■ **图层蒙版**　将蒙版与图层结合在一起使用。详细讲解可参看本书第5章5.3.1节内容。

■ **剪贴蒙版**　它可以用一个包含图层像素的区域来限制它上层图像的显示范围，优点是可以通过一个图层来控制多个图层的可见内容。详细讲解可参看本书第5章5.4节内容。

■ **矢量蒙版**　与图层蒙版原理相同，区别是矢量蒙版是利用钢笔、形状等矢量工具创建的蒙版。

■ **Alpha通道**　在【通道】面板中创建的Alpha通道本身具有蒙版的作用。

1．快速蒙版

　　通过下面这个案例我们来学习如何利用快速蒙版来制作精细的选区。

01 首先打开本书配套光盘中的图像"bee.tif"，如图6-33所示，我们将应用快速蒙版功能来制作左下角蜜蜂的精确选区。

02 放大左下角蜜蜂图形所在的局部，先进行粗略的大面积的选取。方法：选择工具箱中的■【矩形选框工具】，制作如图6-34所示矩形选区。接着，在工具箱中单击■【以快速蒙版模式编辑】按钮以进入快速蒙版状态，此时会出现红色半透明的"膜"将选区以外的图像区域蒙住，如图6-35所示。

图6-33　原稿

图6-34　绘制一个小矩形

图6-35　进入快速蒙版编辑状态

提示

　　如果要改变"膜"的颜色与透明度，可以双击■【以快速蒙版模式编辑】按钮，在弹出的【快速蒙版选项】对话框中设置【色彩指示】为【被蒙版区域】，在其中还可以方便地改变蒙版的颜色和【不透明度】。

03 在快速蒙版状态下，可以用画笔工具对快速蒙版进行编辑来增加或减少选区。快速蒙版状态的优势就是，可以使用几乎所有的工具或滤镜对蒙版进行编辑，甚至可以使用选择工具。当应用工具箱中的绘图或编辑工具时，应遵守以下原则。

■ 当绘图工具用白色绘制时，相当于擦除蒙版，红色覆盖的区域变小，选择区域就会增加。

■ 绘图工具用黑色绘制时，相当于增加蒙版的面积，红色的区域变大，选择区域缩小。

下面我们先将工具箱中的前景色设置为黑色，然后选择工具箱中的 ✎ 【画笔】工具，打开如图6-36所示的画笔预设面板，在其中先设置一个稍大一些的笔刷，然后沿着蜜蜂的外边缘粗略地涂画，涂出的区域都变为了半透明的浅红色（蒙版扩张）。现在单击工具箱下部 ▣ 【以标准模式编辑】按钮，转换到普通的选区状态，这时您会发现，刚才用黑色涂过的区域使选区形状发生了改变，矩形选区向内减小了一部分，如图6-37所示。

04 再次单击工具箱下部 ▣ 【以快速蒙版模式编辑】按钮，进入快速蒙版编辑状态，然后不断改变笔刷点的大小，用黑色逐渐修改蒙版的形状，使半透明的红色逐渐覆盖除蜜蜂之外周围的背景。对于触角这样极细的区域，可进一步放大后，选用半径为1像素的极小笔刷进行涂画，以得到如图6-38所示的效果。

提示

如果有的局部画多了，可将前景色设为白色，然后用画笔工具涂画进行修改。

图6-36 沿着蜜蜂的外边缘先粗略地修改蒙版

图6-37 黑色涂过的区域选区发生了改变

图6-38 用极小笔刷处理触角部分

05 经过精细的描绘之后，得到如图6-39所示的快速蒙版状态，单击工具箱下部 ▣ 【以标准模式编辑】按钮，转换到普通的选区状态，现在可以将蜜蜂复制并粘贴到新的背景上，如图6-40所示。

图6-39 制作完成的蒙版效果

图6-40 将蜜蜂图形贴入新的背景图中

2．矢量蒙版

通过下面这个案例我们来学习如何创建矢量蒙版、编辑矢量蒙版、为矢量蒙版添加效果等功能。

01 首先打开本书配套光盘中的女孩与相框，如图6-41所示，将女孩图层置于相框图层上方，图层面板如图6-42所示。

图6-41　女孩图层置于相框上方，调整大小　　　　　　图6-42　图层面板

02 将女孩图层【不透明度】设置为50%，以方便绘制矢量蒙版。使用工具箱中的椭圆工具，选择路径模式后，沿着相框的内边缘绘制出椭圆形，如图6-43所示。

03 执行菜单栏中的【图层】|【矢量蒙版】|【当前路径】命令，即可得到相框效果。

04 我们可以像普通图层那样为矢量蒙版添加图层样式。首先将透明度还原为100%，然后执行【滤镜】|【像素化】|【晶格化】命令，单元格大小设置为3，绘制油画般的笔触效果。然后调整色调，最终效果如图6-44所示。

图6-43　沿着相框边缘绘制出椭圆形　　　　　　图6-44　最终效果

3．编辑通道蒙版

在制作一个选区的时候，很容易将很小的细节区域漏掉，如果不是将选区存储为Alpha选区通道，以黑白的方式显示，可能会忽略这些细节。

01 用工具箱中的🖌【快速选择工具】将花朵选出，如图6-45所示，单击【通道】面板下方的▣【将选区存储为通道】图标，将选区存储为一个新的Alpha通道"Alpha 1"（如图6-46所示）。

图6-45　原始图像中的选区

图6-46　将选区存储为通道

02 单击"Alpha 1"进入通道观察图像，可见花朵周围有一些黑色的斑点，如图6-47所示，这都表明选区绘制得不是很精确，此时便可使用各种绘图或修复工具进行修复，将黑色和白色的斑点都除掉，使选区变得更加精细，如图6-48所示。

03 最后，将修复完的Alpha通道直接拖到【通道】面板底部的▣【将通道作为选区载入】图标上，这一次得到的是较为精细的选区。

图6-47　通道中可看出有许多黑色斑点

图6-48　修复干净的通道选区

4．通过图层蒙版进行复杂退底

接下来通过对在深色背景中的人物进行头发退底的操作，来详解图层蒙版的作用。

01 首先用工具箱中的🖌【快速选择工具】大致选出人物的背景后，执行【选择】|【反向】操作后即可选中人物范围，如图6-49所示。单击属性栏中的［调整边缘］【调整边缘】按钮，出现如图6-50所示的对话框。设置"半径"为3像素，"羽化"值为0.3像素，即可得到如图6-51所示的预览效果。

图6-49　人物选区效果

图6-50　调整边缘对话框数值参考

提示

在使用【快速选择工具】的过程中，可以按键盘上的"["和"]"键不断地修改笔刷的大小；选多的部分可按住Alt键减去。

02 接下来开始进行专门的抠取头发的动作，按 "K" 键将视图设置为黑白模式，单击【边缘检测】对话框左侧的 ✍ 【调整半径工具】在头发的边缘周围进行涂刷，它可用来扩展检测区域。Photoshop会自动从背景中选取出头发丝，如果有一些部分比如人物右肩膀与头发丝结合部分漏选了，还可以按住Alt键切换为【抹除调整工具】，涂刷以对这个区域进行修复，如图6-52所示。

图6-51　初步预览效果　　　　　图6-52　在头发边缘涂抹后效果

03 选区调整好之后，接下来在对话框下方的 "输出到" 下拉菜单中选择【新建带有图层蒙版的图层】项，并单击【确定】按钮，可以利用图层蒙版将人物从背景中抠取出来了，我们可以看到新建了一个带有蒙版的图层，如图6-54所示，人物退底后被自动置于透明背景之上，如图6-55所示。

图6-53　新建带有图层　　　图6-54　图层面板效果　　　图6-55　进行头发退底后的人物
　　　　蒙版的选区

6.5　小结

　　通道与蒙版的概念比较抽象，本章重点讲解了通道与蒙版的概念，要求掌握Alpha通道与选区之间的关系，能够在通道面板中进行通道的编辑和运算，并能够灵活运用快速蒙版与层蒙版等功能。

6.6　课后习题

　　1．请运用通道运算的方法，在Photoshop中制作如图6-56所示的金属字母效果。文件尺寸为360mm×260mm，分辨率为72像素/英寸。

　　2．参照如图6-57所示的画面效果，请对提供的素材进行艺术加工，使用通道和蒙版等功能制作人物与建筑素材自然融合的效果（融合结果与色调可与样图不同）。文件尺寸为210mm×297mm，分辨率为72像素/英寸。

图6-56　金属字母效果示意图

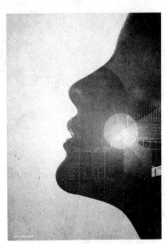

图6-57　素材画面效果

第7章

图像阶调与色彩
的调整

本章重点:

- 图像的色彩模式及特点
- 掌握图像阶调层次的调整方法
- 掌握常用的色相及饱和度的调节方法,纠正色偏
- 能够利用一些特殊色彩处理的命令来制作戏剧化的图像色彩效果

7.1 色彩与图像

图像是色彩按照某种规律在一定面积内的变化形成的对象，本质上是由一定变化规律的色彩组成的集合。从色彩的变化中，我们可以感觉到图像的反差、明暗层次效果以及色彩表现特征，从而能够对图像的特点有一个整体的判断。

色彩也称为颜色，是通过眼、脑和我们的生活经验产生的一种对光的视觉效应。我们应该明确，它与彩色是两个不同的概念。将白光分成各种具有不同色相的色光，以及它们明暗变化后的效果，我们可以称之为彩色，彩色占据了色彩中很大的一部分内容；同样，从白到黑的灰色变化也是色彩中不可分割的部分，它们被称为非彩色。

1．色立体

如图7-1所示，色彩的内容可以形象地用色立体的形式来描述。所谓色立体，即是把色彩的三属性，有系统地排列组合成一个立体形状的色彩结构。目前应用最广泛的是孟塞尔色立体，我们所用的图像编辑软件颜色处理部分大多源自孟赛尔色立体的标准。色立体对于整体色彩的整理、分类、表示、记述以及色彩的观察、表达及有效应用，都有很大的帮助。

下面我们简单地介绍孟塞尔色立体的表色系。色立体的基本结构，即以明度阶段为中心垂直轴，往上明度渐高，以白色为顶点；往下明度渐低，直到黑色为止。由明度轴向外做出水平方向的彩度阶段，愈接近明度轴，彩度愈低；愈远离明度轴，彩度愈高。各明度阶段都有同明度的彩度阶段向外延伸。因此，以明度阶段为中心轴，将各色相（等色相面）依红、橙、黄、绿……等顺序排列成一放射状的结构，便形成所谓的色立体。

在从红到紫的光谱中，等间距选择5种颜色，即红（R）、黄（Y）、蓝（B）、紫（P）。相邻的两种色相互混合又得到：橙（YR）、黄绿(GY)、蓝绿(BG)、蓝紫(PB)、紫红（RP），从而构成一个首尾相交的环，被称为孟赛尔色相环，如图7-2所示。

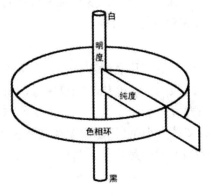

图7-1　孟赛尔色立体

图7-2　孟赛尔色相环

2. 色彩的属性

色彩的三属性是指色相、明度和饱和度，这三个要素相互联系，不可分割。

■ **色相** 就是色彩的颜色，是指一种色彩区别于另一种色彩的表象特征，调整色相就是在多种颜色中进行变化。

■ **明度** 指色彩的明暗程度，明度差别即指同色的深浅变化，其中白色明度最高，黑色明度最低。

■ **饱和度** 又称彩度或纯度，指有彩色系中每种色彩的鲜艳程度。通常以纯色在某色中占比例的大小来判断彩度的高低，光谱中各单色光是最纯的颜色，为极限彩，而往颜色中加入黑、白、灰成分，其彩度都会降低。

7.2　图像的色彩模式

电脑软件中的图像，是使用字节和数据位的形式来描述的，位就是计算机存储的最小单元，用1或0表示。图像中每个像素点所占据的数据位数，要求根据图像本身的色彩情况和输出要求进行不同的处理。这样，不仅可以获得最佳的表现效果，还可以达到最高的工作效率。假设当前每个像素点所占据的数据位数为n，它可以表示的色彩变化数量为D，则单位像素的数据位数与色彩变化数量之间的关系可以使用以下公式来表示：

$$D=2^n$$

因此，图像的位（Bits）分辨率也可叫做位深，用来衡量每个像素存储的信息位元数，在此原理的基础上，我们比较容易理解Photoshop的色彩模式，下面来详细讲解几种常用的图像色彩模式。

1. 位图模式

使用1位信息定义的图像，其图像只能是白色或者黑色的（1或0），这种图像中每个像素点的变化，只使用一个数据位描述，我们称之为位图（或黑白二值图）模式，位图模式适用于只有黑白二级灰度的线条稿或图案。

要将一幅彩色图像转换为位图模式，正确的操作是先将图像转成灰度模式，然后再执行菜单栏中的【图像】|【模式】|【位图】命令进行转换。

2. 灰度模式

图像使用8个数据位来描述灰色效果的图像，我们称之为灰度模式，适用于灰度连续变化的黑白图像，这种模式可以包含256级的灰度变化。灰度图像的每个像素有一个从0（黑色）到255（白色）之间的亮度值。

位深会影响图像文件的大小，8位图像的文件大小是1位相同图像文件大小的8倍。如图7-3所示是一幅正常的灰度图，而图7-4所示的是将其转为黑白二值图（位图）后的效果。

图7-3　灰度图像

图7-4　黑白二值图

3. 双色调模式

使用2~4种彩色油墨创建由双色调（两种颜色）、三色调（三种颜色）或四色调（四种颜色）混合其色阶来组成图像，为双色套印或同色浓淡套印模式，在这种模式中，最多可以向图像中添加4种颜色。使用"双色调"模式最主要的用途是，使用尽量少的颜色表现尽量多的颜色层次，这有助于减少因增加色调而付出的印刷成本。

要将一幅彩色图像转换为双色调模式，正确的操作是先将图像转成灰度模式，然后再执行菜单栏中的【图像】|【模式】|【双色调】命令进行转换。

4. 索引颜色模式

图像使用8个数据位，即256级灰度级来描述一幅彩色图像的效果，称之为索引颜色模式。索引颜色模式的彩色图像最多只可以包含256种颜色，当您将一幅上百万种颜色的彩色图像转换为索引颜色时，软件会构建一个颜色查找表（CLUT），它存放并索引图像中的颜色。如果原图像中的一种颜色没有出现在查找表中，程序会选取已有颜色中最相近的颜色或使用已有颜色模拟该种颜色。通过限制调色板，索引颜色可以减小文件大小（但颜色数量被压缩）。因此，它适用于色彩数量较少而层次也较简单的图像，例如网络传输的Web图像等。

经常上网的人都知道，GIF是因特网上的标准图像格式之一，但它并不适于印刷的任何类型的高分辨率彩色输出，因为GIF格式的颜色保真度太差，而且显示的图像几乎总是出现色调分离的效果，这是由于GIF格式最多包括256种颜色，这些颜色被保存在作为GIF文件自身一部分的调色板上（索引调色板），是一种索引颜色模式的图像格式。

5. RGB颜色模式

RGB色彩模式使用24个数据位来描述图像。人眼对黑白灰度级别的观察是不敏感的，但是人眼对彩色的差异的分辨能力却要高得多，其中人眼对红、绿、蓝最为敏感，特别是对于绿色光更为敏感，大量的实验表明：红、绿、蓝三种色光中的任意一种色光不能由任何两种色光混合产生，而这三种色光之外的任何色光均可由这三种色光按不同比例混合而得到，因此，根据国际照明委员会的规定，红（R）、绿（G）、蓝（B）三色光称为色光三原色。R为大红色相，红中具有黄味；G为比较鲜艳的绿色色相；B是一种带有紫味的蓝色光，如图7-5所示。

RGB模式是图形图像处理软件中最常用的一种色彩模式，三种色彩叠加起来形成1670万种颜色。

- 就编辑图像而言，它不仅能提供真彩色显示，而且可以应用Photoshop软件中所有的操作；
- RGB文件相对于CMYK模式要小很多，可以节省内存和存储空间；
- 多媒体或网页中运用的图形图像，都需要以RGB模式保存图像数据，因为它是一种色光的显示方式，它们在显示屏上形成的色彩亮度和饱和度都很高，因而显示效果很好。
- RGB模式的颜色定量为：R（0～255）、G（0～255）、B（0～255）。

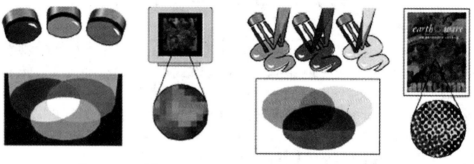

图7-5　RGB图像　　　　　图7-6　CMYK图像，其中C、M、Y又称为
印刷三原色，而K指黑

6．CMYK色彩模式

CMYK色彩模式图像中每一个像素点的变化要求有32个数据位来进行描述，CMYK属于一种印刷模式，但在本质上与RGB模式没什么区别，只是产生颜色的方式不同。在RGB模式中由光源发出的色光混合生成颜色，而在CMYK模式中则是由光线照到有不同比例C、M、Y、K油墨的纸上，部分光谱被吸收后，反射到人眼的光产生颜色。所以RGB为相加混色模式，CMYK为相减混色模式。C、M、Y、K分别代表印刷工艺中所对应的青、品、黄、黑四种油墨颜色，这种模式适用于前端分色的印刷工艺流程中使用的图像。

CMYK模式的颜色定量为：C（0%～100%）、M（0%～100%）、Y（0%～100%）、K（0%～100%），颜色定量表示相对应的印刷油墨的浓度值。

对于要打印或印刷的图像文件，我们要先将其进行"分色"，所谓分色就是从RGB模式转换到CMYK模式，这种转换是一个复杂的过程，首先，因为RGB模式显示的色彩由于光的作用往往亮度和鲜艳度都很高，而打印墨水或油墨本身不会发出光线，这意味着有相当一部分在屏幕上显示出的明艳的色彩实际根本印不出来，所以系统必须重新混合所无法印出的颜色；其次，RGB—CMYK的转换过程是一个从三色图像到四色图像的转换，其中加入了K的混合，所以也会生成一些颜色上的差异。

在制作一幅印刷广告时，应该先应用RGB颜色模式进行图像编辑工作，然后再转换为CMYK颜色模式打印输出。这是因为：

- 虽然CMYK是最佳的打印模式，但在CMYK模式下，Photoshop中的部分命令或操作不能执行。

- 即使在CMYK模式下工作，Photoshop也必须将CMYK模式转变为显示器使用的RGB模式。
- 比起RGB模式，使用CMYK模式编辑图像会使计算机运算速度减慢。

7．Lab色彩模式

　　Lab颜色模式既不依赖于光线和颜料，也不依赖于设备，它是CIE组织确定的一个理论上包括人眼可以看到的所有色彩的色彩模式，它弥补了RGB和CMYK两种色彩模式的不足。Lab模式由三个通道组成，L表示亮度，a表示从红色到绿色的范围，b表示从黄色到蓝色的范围。

　　当用户将RGB模式转换成CMYK模式时，Photoshop会自动将RGB模式先转换为Lab模式，再转换为CMYK模式，这有利于最大限度地避免色彩损失。在表达色彩范围上，处于第一位的是Lab模式，第二位的是RGB模式，第三位是CMYK模式。

7.3　图像明暗阶调的调整

7.3.1　阶调的概念

　　图像的层次是指图像的明暗变化，又称阶调，包括图像反差和各亮度段的密度变化丰富与否两个方面。密度变化的丰富程度可以反映物体的质感，如图7-7所示两张花的图片，左图色彩变化微妙，不同明暗层次之间具有细微而丰富的差异，层次丰富，图片立体感强；而右图很明显花瓣间明暗层次变化较少，尤其是缺乏中间调层次的丰富变化，因此图片显得十分平淡。

图7-7　图像阶调对比

　　学会从阶调入手分析图像原稿是非常重要的。原稿阶调可分为三部分：亮调、中间调和暗调，我们将图像中最亮的点命名为白场，最暗的点命名为黑场，白场和黑场并不是指画面中无网点的最白点及实地黑，而是可印刷的有层次的最亮点及最暗点，它们是整张图像阶调的起点和终点，黑白场定位正确与否会影响整张图像的阶调。

7.3.2　层次的校正与调整方法

　　对于一些本身存在缺陷（例如摄影时曝光过度或曝光不足）或扫描参数设置不当而获得的图片原稿，需要在Photoshop软件中进行后期层次调整，但在调整过程中要把握的一个原则就是：无论针对图像的高光、中间调还是暗调进行调节，都会不同程度影响到整个画面，如过多地加大亮部层次，暗部层次必定会有所损失，因此在调整过程中要把握的一个原则就是：针对审稿时发现的问题，对图像只进行细微调节。

在Photoshop中用于图像层次的校正与调整的主要方式是【色阶】和【曲线】，其他还有【亮度/对比度】、【阴影/高光】、【曝光度】等。其中【曲线】命令可以调整阶调曲线上的每一个点的亮度值，因此是应用最多、调节效果最精确的层次校正方式。下面来学习图像层次的调整方法。

1．【色阶】

【色阶】是一种非常直观的亮度调整工具，主要用于调整那些曝光不足以及层次模糊的图片，它是通过输入或输出图像的亮度值来改变图像明暗效果的，其亮度值的取值范围为0～255。

下面打开配套光盘提供的原稿"1.jpg"，如图7-8所示，运用【色阶】命令对其进行简单的调整。

01 执行菜单栏中的【图像】|【调整】|【色阶】命令或者按快捷键Ctrl+L，弹出【色阶】对话框，其中【输入色阶】用于调整图像暗调、中间调和亮调以增加图像对比度，如图7-9所示向左拖动直方图下面的白色三角会压缩图像的亮调区域，使图像亮调变亮，如图7-10所示；而向右拖动直方图下面的黑色三角会压缩图像的暗调区域，使图像暗调变暗；中间的三角代表Gamma值，默认的Gamma值设置为1.00，向左移动增加Gamma值大小，中间调变亮。

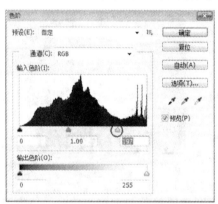

图7-8 原稿图像　　图7-9 向左拖动直方图下面的白色三角　　图7-10 图像亮调变亮

02 对话框中的【输出色阶】滑块可以设置图像的亮度范围，降低图像对比度，如果图像阴影处太暗或高光处太亮，可以调整【输出色阶】滑块来纠正。例如在原稿中绘制出一个矩形选区，然后在【色阶】对话框中拖动黑色三角向右移动，如图7-11所示，图像暗调的对比度降低，可以产生如图7-12所示的仿佛蒙着一层硫酸纸的效果。而如果拖动白色三角向左移动，图像亮调的对比度则会降低。

03 另外，可以在对话框中【通道】处选择调整的特殊通道。右侧中部三个探针小图标分别用来自己指定图像中的黑场、灰场和白场，然后以此为标准来自动重新分配像素点的亮度值。单击【自动】按钮可以自动设置黑白场。

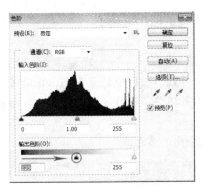

图7-11　拖动【输出色阶】黑色三角向右移动　　　图7-12　图像暗调的对比度降低

2．【曲线】

【曲线】命令以调节阶调曲线的方式调整图像的亮度、对比度和灰度系数，是一种较为精确的调节方式。执行菜单栏中的【图像】|【调整】|【曲线】命令或者按快捷键 Ctrl+M，弹出【曲线】对话框，如图 7-13 所示，先来看一看对话框中的结构与参数。

- **坐标的X轴（水平色带）**　代表像素的原始亮度值（0～255），与【输入】文本框中的数值相对应。

- **坐标的Y轴（垂直色带）**　代表调整后新的亮度值，与【输出】文本框中的数值相对应，默认时输入与输出数值相同。

- ～【曲线工具】按钮　单击该按钮，可以通过调整曲线的形状来改变图像的亮度与对比度。

- ✐【铅笔工具】按钮　单击该按钮，可以在曲线位置绘制自由线条，之后单击【平滑】按钮，可以平滑绘制曲线。

- 【曲线显示选项】两个"田"字形小按钮用于控制曲线部分网格的数量；最下面【显示】处有四个选项，为了说明它的用途，我们先分别对任意一张图像的R，G，B三个分通道进行曲线调节，然后再回到RGB主通道。这个时候可以看到，R，G，B三种颜色的曲线都会同时出现在曲线中间的显示框里，这是一种非常直观而实用的可视化功能，如图7-14所示。

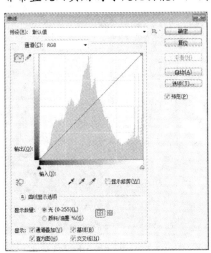

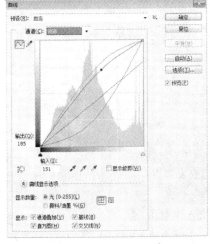

图7-13　【曲线】对话框　　　　　　　　　图7-14　分通道显示曲线

125

现在我们可很好地解释了刚才【显示】处的四个选项了。

■ **通道叠加** 显示不同通道的曲线。

■ **基线** 显示对角线那条浅灰色的基准线。

■ **直方图** 在对话框中曲线的区域，同时显示出图像的直方图，拖动【输入】处的小三角，可以分别对暗部和亮部进行调整，这样就与【色阶】对话框保持了一致。

■ **交叉线** 显示拖动曲线时水平和竖直方向的参考线。

一般来说，对于拍摄得较"灰"的图像（配套光盘提供的原稿"2.jpg"），我们在【曲线】对话框中常采用"S"形阶调曲线来进行调整，这种曲线可以实现的主要功能是增加图像的对比度，如图7-15所示。

图7-15 应用"S"形曲线校正拍摄得较"灰"的图像

下面我们选择一张原稿来讲解【曲线】功能对图像阶调及色彩的调节。多数风景图的层次主要分布在亮调和中间调，通常人眼对于图像中亮部区域的层次观察较为敏感，而对暗部区域的层次变化感觉并不明显，因此为了增强视觉效果，往往通过拉伸亮部层次、压缩暗调层次来实现。有时为了强调亮调与中间调，我们可以压缩牺牲掉一些暗调层次，以加大对比度。

01 打开本书配套光盘中的素材原稿"3.tif"，如图7-16所示，为一亮中调层次丰富，暗调层次偏少的原稿。

02 打开"曲线"对话框，按图7-17～图7-19所示进行总通道和M，Y色彩分通道的调节，拉伸亮部层次、压缩暗调层次，提高色彩饱和度，最后单击【确定】按钮。

03 这张图片属于景物的特写图片，清晰度可以作得稍强一些，这样可以使一些细节的微小变化都得以加强，执行菜单栏中的【滤镜】|【锐化】|【USM锐化】命令，在弹出对话框中将【阈值】设为6，【半径】设为1，【数量】设为100～200，最后效果如图7-20所示。

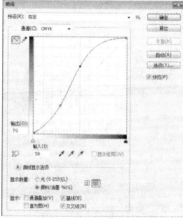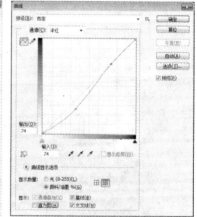

图7-16 暗调层次偏少 的原稿

图7-17 拉伸亮部、压缩 暗调层次

图7-18 品红通道的微妙调节

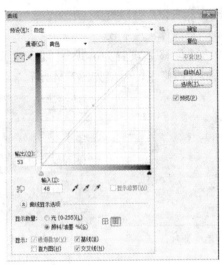

图7-19 提升黄通道的中间调　　图7-20 制作锐化后的效果

3.【亮度/对比度】

执行菜单栏中的【图像】|【调整】|【亮度/对比度】命令，打开【亮度/对比度】对话框，拖动滑块调整图像明暗度和对比度，可以调整图像的色调范围。在对话框的右下角有一【使用旧版】选项，这个选项的意思是使用旧版本中的【亮度/对比度】功能，我们先勾选此项，将【对比度】设置为25，【亮度】设置为10，整个

图像的颜色变得鲜艳，而且也生动起来，但是观察图片的暗部与亮部，会发现丢失掉许多细节。如果是在制作一幅商品广告，细节的丢失会让整个图片显得粗糙而不精致，从而导致商品降低档次。

如果去掉【使用旧版】前面的勾选，在相同的数值下，图片增加对比度的同时保留了更多的细节，如图7-21所示。

图7-21 勾选/不勾选【使用旧版】复选框效果对比

4.【曝光度】

曝光不足或者过曝是数码照片常见的问题，如图7-22所示可能是因拍摄时天气状况所限（本书配套光盘中的素材原稿为"4.tif"），照片整体感觉集中在中间灰度区域，缺乏层次，曝光度命令专门用于调整HDR图像的曝光效果，它通过在线性颜色空间执行计算得出曝光效果。执行菜单栏中的【图像】|【调整】|【曝光度】命令，打开如图7-23所示的【曝光度】对话框，其中主要参数如下。

■ **曝光度** 调整色调范围的高光端，对极限阴影的影响很轻微。

■ **位移**　使阴影和中间调变暗，对高光基本不会产生影响。

■ **灰度系数校正**　使用简单的乘方函数调整图像灰度系数。

调整方法：将【曝光度】设置为0.9；【位移】设置为0.005；【灰度系数校正】设置为0.6，图像层次和色彩都得到了很好的修正，效果如图7-24所示。

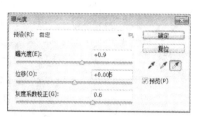

图7-22　曝光不足的原稿　　　　图7-23　【曝光度】对话框　　　　图7-24　【曝光度】调节
之后的图像效果

5.【阴影/高光】

如何同时表现高光与阴影部分的细节，是摄影实践中的难题。由于感光材料与人眼对光线的感知能力不同，当明暗反差较大时，感光材料必然要损失高光（对暗处测光时）或阴影（对明亮处测光时）部分的细节。小型数码相机由于图像传感器的动态范围较窄，这一问题更为突出。利用Photoshop中的【阴影/高光】命令可以快速改善图像曝光过度或曝光不足区域的对比度，调整阴影区域时对高光区域影响很小，调整高光区域时对阴影区域影响很小，保持照片整体上的色彩平衡。此命令常用来对数码照片进行细节修饰。

下面我们打开如图7-25所示原稿（本书配套光盘中的素材原稿"5.tif"），这张图片是在光线较暗的商店内拍摄的，暗调部分不突出，我们利用【阴影/高光】命令改善阴影部分的层次以增加细节。

01 执行菜单栏中的【图像】|【调整】|【阴影/高光】命令，打开如图7-26所示的【阴影/高光】对话框，将阴影部分【数量】值提高到50%，图片阴影部分将变明亮，【色调宽度】用来控制暗调改变范围的大小，色调宽度越大，改变的效果也就越明显；【半径】类似于【色调宽度】，但不同的是【色调宽度】是针对全图作用的，而【半径】只针对图像中阴影区域而言。

02 另外，对话框中还显示了【高光】部分，在大多数情况下，调高高光部分的数值将使图片的明亮部分变暗，这将降低照片的对比度，因此使用较少，本例高光部分未作变动（0%）。

03 对话框中的【调整】部分用来进行色彩校正及中间调的调整，其中【颜色校正】用来控制阴影或高光区域的色彩浓度，针对这张图像我们将其提高到+30以增加色彩饱和度；【中间调对比度】控制中间调偏向阴影还是偏向高光，这里将其提高到+20以增加对比度。

04 单击【确定】按钮，调节后丰富了阴影部分的细节，而原有的高光部分并未改变，由于色彩饱和度和对比度也有提高，整体效果更为悦目。调节完成的效果如图7-27所示。

图7-25　曝光不足的原稿　　图7-26　【阴影/高光】对话框　　图7-27　暗调提亮后的效果

6.【色调均化】

该命令可以重新分配图像中各像素的像素值。当执行此命令时，软件会自动寻找图像中最亮和最暗的像素值，并且平均所有的亮度值，使图像中最亮的像素代表白色，而最暗的像素代表黑色，中间各像素按灰度进行重新分配。

7.4　图像色彩的调整

7.4.1　如何判断图像的色彩效果

1．主观评价的方式

这种方式是对图像色彩所进行的最为直观的判断，我们主要根据自己以往对色彩所形成的经验来对原稿进行色彩分析与评价。

遵循的原则：

01 画面主体色是否自然，是否符合我们对该景物所形成的记忆色。例如，如图7-28所示为一幅人们所常见的海滨蓝天的图像，对天空的蓝色我们头脑中会有清晰的记忆，也已形成一定的色彩判断标准，右图的颜色偏紫，显然不符合我们对晴朗的天空色彩所形成的一般的主观印象。而图7-29中右图所示的人物肤色青色含量偏大，红色的成分偏小，因此给我们视觉感受是色彩不正常的原稿。

图7-28　对天空的蓝色所形成的主观色彩判断标准

02 饱和色的饱和度是否充足，衬色是否合比例。如图7-30中左图所示蔬菜图像，鲜艳度明显不够，纯色的饱和度较低，图像主体色彩发灰，而右图的蔬菜颜色饱和而且层次变化丰富，这是比较容易判断出的色彩效果。

图7-29　右图所示的人物肤色青色含量偏大

图7-30　图像色彩饱和度的对比

03 记忆呈现灰色的部分是否有色偏。灰色部分是帮助判断图像色彩效果的一个参照点，灰色部分偏色意味着整幅图像的偏色。

2. 以数值方式来衡量图像的色彩效果

在学习分色校色时，有一个难点是色彩经验值，很多初学者或不了解印刷工艺的人往往对CMYK值一无所知，只是通过屏幕显示的色彩效果来衡量图片色彩，并进行分色校色，但屏幕显示的色彩与印刷色彩是存在着一定偏差的，如果完全依赖屏幕来获取色彩信息则具有一定的盲目性。一个专业的设计与制作人员应对CMYK色彩数值具有一定的经验。在图7-31中列出了一些重要颜色点的CMYK配比数值，每一个点的CMYK配比数值都对应着该点在印刷时的油墨浓度值。

图7-31　通过数值来衡量图像的色彩情况

A—C54M13Y72K0；　　　　B—C0M88Y76K0；　　　　C—C0M30Y76K0；

D—C70M70Y72K85；　　　E—C0M9Y2K0；　　　　　F—C69M68Y71K85。

7.4.2　常用的色相及饱和度的调节方法

在对图像进行色相及饱和度的调整时，需要注意的事项有：

■ 色偏问题不会只局限于图像中的某一种颜色，所以一定要协调好整体的色调范围。

■ 要先检查一幅图像的亮调部分，因为人眼对较亮部分的色偏最敏感。

■ 校正色偏时要尽量调整该颜色的补色。

■ 校正色偏时要先考虑中性灰色，因为中性灰色是弥补色偏的重要手段。

1. 【色彩平衡】

应用【色彩平衡】命令可以细微地纠正图像色偏，也可以制作特殊的强调某一色调效果。

下面我们打开如图7-32所示原稿（本书配套光盘中的素材原稿"10.tif"），利用【色彩平衡】命令将其中暗调改变为偏暖的棕色调。

01 执行菜单栏中的【图像】|【调整】|【色彩平衡】命令，弹出如图7-33所示的【色彩平衡】对话框，在色调平衡选项中将图像笼统地分为暗调、中间调和高光3个色调区域，每个色调可以进行独立的色彩调整。这里应用了补色调节的原理（青—红，洋红—绿，蓝—黄）。

02 首先点中【中间调】，将"青—红"下面的三角向"红"一侧拖动，使图像中间调部分偏红色调；然后点中【暗调】，将"洋红—绿"下面的三角向"绿"一侧拖动，使图像暗调部分偏绿色调。

03 请注意要在对话框下部点中【保持亮度】按钮，这样在调整过程中，可以确保图像像素的亮度值不变。单击【确定】按钮，得到如图7-34所示的特殊色彩效果，图像变为一种偏棕红的暖色调。

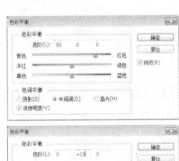

图7-32　原稿　　　　图7-33　【色彩平衡】对话框　　　图7-34　图像变为一种偏
　　　　　　　　　　　　　　　　　调节参数　　　　　　　　　　　　　　棕红的暖色调

2. 【色相/饱和度】

【色相/饱和度】调节的原理是根据色彩三属性——色相、饱和度和亮度来改变图像的色彩状况，可以针对整个图像也可以针对单个通道进行调整。

下面打开如图7-35所示原稿（本书配套光盘中的素材原稿"11.tif"），利用【色相/饱和度】命令将图片处理成只具有一种色彩倾向的偏色图片（例如常用的偏黄褐色调、偏蓝绿色调等）。

01 执行菜单栏中的【图像】|【调整】|【色相/饱和度】命令，弹出如图7-36所示的【色相/饱和度】对话框，在对话框中勾选【着色】项，图像立刻变成一种单色调的效果。

02 移动【色相】、【饱和度】、【明度】下的滑块可以非常直观地调节图像中色彩的色相、饱和度和亮度，以达到满意的程度，这种方法以人的主观颜色判断力为依据来改变图像的色彩效果，因此很容易获得微妙的色彩差别。单击【确定】按钮，得到如图7-37所示的单色调图像。

图7-35　原稿　　　　　　图7-36　【色相/饱和度】对话框中　　　图7-37　图像变成一种
　　　　　　　　　　　　　　　　　勾选【着色】项　　　　　　　　　　　单色调的效果

提示

　　位图和灰度模式图像不能运用【色相/饱和度】命令，使用前必须先将其转化为RGB颜色模式或其他颜色模式。

3.【自然饱和度】

　　【自然饱和度】命令源自软件Camera Raw中的一个叫做"细节饱和度"的功能，与【色相/饱和度】命令类似，可以使图片更加鲜艳或暗淡，相对来说【自然饱和度】对图片的处理效果会更加细腻一些，它会智能地处理图像中不够饱和的部分和忽略足够饱和的颜色。【自然饱和度】对话框如图7-38所示。

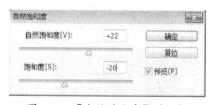

图7-38　【自然饱和度】对话框

4.【黑白】

　　【黑白】命令可以轻松地将彩色图像直接转换为层次丰富的黑白图像，并可以使用新工具调整色调值和浓淡。还能使用包含的黑白预设进行试验，或者创建和保存您的自定义预设来达到最佳结果。

　　我们选择一张典型的蓝绿色调的风景图来试验一下（本书配套光盘中的素材原稿"12.tif"）。

01 执行菜单栏中的【图像】|【调整】|【黑白】命令，弹出【黑白】对话框，图像自动转换为黑白效果，可以调整红黄绿青蓝品这些基本色的参数，以确定原彩色图像中某种颜色转换为黑白后的影像深浅。打开【预设】下拉菜单（里面已预设好12种转换黑白效果，都是模拟黑白胶片摄影时添加相应滤镜的效果）。

如果选择【蓝色滤镜】，图像中蓝天部分变亮了，这与黑白摄影中使用蓝镜的效果完全相符，如图7-39所示。

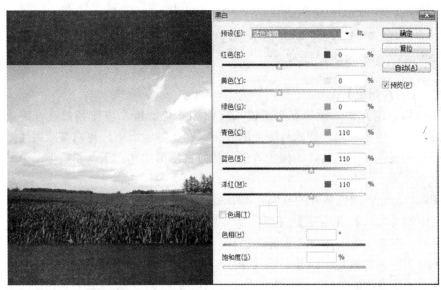

图7-39　在对话框中的下拉菜单中选择蓝色滤镜，图像中蓝天的部分会变亮

02 现在先选择【红色滤镜】，图像天空变暗，对比度增强，如果您对过暗的天空和地面田野的影调不满意，可以进行手动调整，将鼠标放在图中天空的部分，按住鼠标左键左右或上下移动鼠标，对话框中的参数会发生相应的自动变化。拖动不同颜色的滑块，将对原图像中该颜色的明度进行调整，从而影响该颜色在黑白图像中的明度，如图7-40所示。

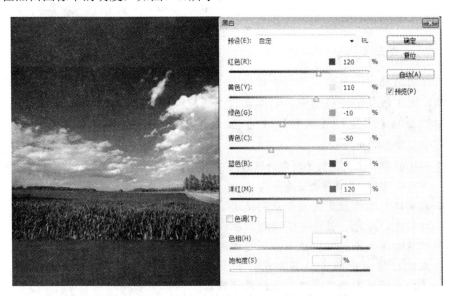

图7-40　在【红色滤镜】的基础上进行手动调节

03 选中对话框中的【色调】项，可以为黑白照片制作某种单色效果，例如类似旧照片的偏黄褐色调。

04 对【色相/饱和度】进行调整，可影响黑白图像最终的显示效果。

提示

黑白命令与灰度模式命令区别：【黑白】命令可以在不改变图像模式的前提下，根据不同需求进行参数设置，还可以为黑白图像调整质感。

5. 【照片滤镜】

【照片滤镜】命令模仿在相机镜头前面加彩色滤镜，以便调整通过镜头传输的光的色彩平衡和色温，使胶片曝光的效果。在实际应用中，也常常应用【照片滤镜】添加相反色以纠正图片的偏色效果，从而将色偏中和，下面我们举一个简单的例子。

图7-41是一张颜色偏青的原稿（本书配套光盘中的素材原稿"13.tif"），执行菜单栏中的【图像】|【调整】|【照片滤镜】命令，弹出【照片滤镜】对话框，如图7-42所示，在其中单击【颜色】旁的色样，在弹出的【拾色器】对话框中选择一种橘黄色（青色的相反色），然后将【浓度】设置为60%，图像中添加的黄色滤镜效果正好中和了青色的色偏，因此图像恢复了正常的色调，效果如图7-43所示。

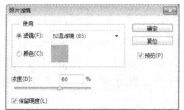

图7-41　颜色偏青的原稿　　　图7-42　【照片滤镜】对话框中　　　图7-43　添加相反色纠正了
　　　　　　　　　　　　　　　　　　　设置参数　　　　　　　　　　　　图片的偏色效果

6. 【通道混合器】

所谓通道混合，是指通道间各种程度上的替换，它是通过将图像的通道颜色相互替换后来生成新的混合通道，以此来校正照片偏色、彩色变黑白图像等功能。执行菜单栏中的【图像】|【调整】|【通道混合器】命令，打开【通道混合器】对话框，其中主要参数如下。

■ **输出通道**　就是我们要改变的通道，在其中可以混合一个或多个现有通道。

■ **源通道**　用来指定需要合成的通道，包括红色、绿色、蓝色三个通道，可以通过拖动滑块或输入数值来控制通道颜色在输出通道中所占的百分比，例如将【输出通道】指定为红，在绿色【源通道】处输入100%，表示当前用100%的绿色通道取代了原来红色通道的值，如图7-44所示。

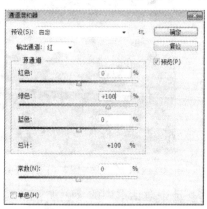

图7-44　【通道混合器】对话框

- **总计** 显示源通道的计数值。如果计数值大于100%，可能会丢失一些阴影和高光细节。
- **常数** 用来控制【输出通道】的互补颜色成分，负值表示增加了该通道的互补色；正值表现减少了该通道的互补色。
- **单色** 【通道混合器】的另一个用途是将彩色图像转换成灰度图像，勾选对话框左下角的【单色】项，图像马上变为黑白效果，并且【输出通道】中的选项只剩下一个【灰色】，即灰度通道值。但这时图像还是RGB模式的。

7.【可选颜色】

【可选颜色】的调色原理是在CMYK颜色模式下，调节图像中某种颜色中的油墨百分比，是一种很常用的校色方式。下面我们选择一张拍摄时曝光过度的原稿，如图7-45所示，（本书配套光盘中的素材原稿"14.tif"）由于图像太亮造成主要部分缺乏细节，图像层次主要集中于中间调及亮调区域，图像整体发白、发灰，树叶层次显得单薄，色彩饱和度不够。下面我们针对原稿这些问题来进行阶调和色彩校正。

01 此类原稿校正的重点在中间调，我们先通过【曲线】功能来进行调节。方法：执行菜单栏中的【图像】|【调整】|【曲线】命令，打开【曲线】对话框，【通道】处选择【RGB】总通道，然后在曲线上设置一个控制点，加大中间调与暗调的密度，使原先的中间调层次往暗调处转移，增大图像反差，如图7-46所示，单击【确定】按钮，图片的层次与色彩饱和度都得到了一定改善，如图7-47所示。

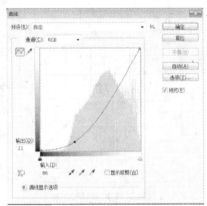

图7-45　曝光过度原稿　　　图7-46　加大中间调与暗调的密度　　　图7-47　图像层次与色彩得到改善

02 图片主要是以绿色调为主，图中树叶的绿色鲜艳度不够，而溪流的蓝色饱和度也有所欠缺，需要进行颜色的修正。方法：执行菜单栏中的【图像】|【调整】|【可选颜色】命令，打开【可选颜色】对话框，在【颜色】下拉列表中选择【绿色】，然后将绿专色中的相反色【洋红】稍微降低一些，如图7-48所示；接着，再选择【青色】，将青专色中的【青色】和【洋红】数值都稍微加大一些，如图7-49所示，单击"确定"按钮，效果如图7-50所示。

另外，【方法】处可以选择一种油墨百分比计算方法：

- **相对** 数值显示为5%时，表示增量为原百分比数值×5%。
- **绝对** 数值显示为5%时，表示增量为原百分比数值＋5%。

03 这幅图像的细微层次极为丰富，为了更好地表现树叶和岩石的质感，下一步要增大清晰度。方法：执行菜单栏中的【滤镜】|【锐化】|【USM锐化】命令，打开【USM锐化】对话框，设置参数如图7-51所示，单击【确定】按钮，忽略颗粒对图像的不利影响，使树叶间的微妙差别更为突出。校正完成的图像效果如图7-52所示。

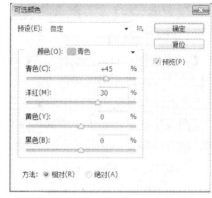

图7-48　在【可选颜色】对话框中调节绿专色　　图7-49　在【可选颜色】对话框中调节青专色

图7-50　色彩校正后　　　　图7-51　设置"USM锐化"　　　图7-52　校正完成的
　　　　的效果　　　　　　　　　　对话框参数　　　　　　　　图像效果

8.【匹配颜色】

　　【匹配颜色】命令可以参照另一幅图像的色调来调整当前图像，从而改变图像色相及饱和度。下面我们应用【匹配颜色】的原理将一张白天拍摄的蓝天海洋图片转变为黄昏时分的橙色调。

01 打开原稿"15a.tif"和"15b.tif"，如图7-53和图7-54所示，两张图片色相反差极大。

图7-53　原稿"sea.jpg"　　　图7-54　原稿"fire.jpg"

02 先点中"sea.jpg",执行菜单栏中的【图像】|【调整】|【匹配颜色】命令,打开【匹配颜色】对话框,如图7-55所示,先在【源】下拉列表中选择图像"fire.jpg",然后设置【亮度】、【颜色强度】、【渐隐】等参数,这些参数都是控制两张图像的色彩如何进行匹配与融合。

03 最后单击【确定】按钮,得到如图7-56所示的效果。

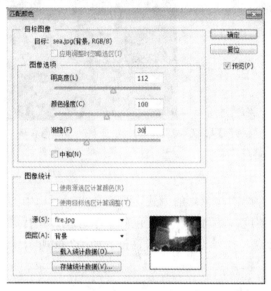

图7-55　【匹配颜色】对话框参数设置

图7-56　白天拍摄的蓝天海洋图片转变为黄昏时分的橙色调

 提示

　　在应用【匹配颜色】命令时,需要匹配的图片必须放置在同一目录下,否则达不到颜色匹配的效果。

9.【替换颜色】

　　【替换颜色】命令可以先选定图像中某一种或几种颜色,定义一定的范围,然后利用色彩三属性的原理进行修改,直接替换图像中相应的颜色区域。

01 打开原稿"16.tif",如图7-57所示,我们来将图片中小女孩的品红色衣裤都被替换为黄色调(由于图中女孩的唇色与地面的花都是红色,因此先在女孩周围大致圈选出一个区域)。

02 执行菜单栏中的【图像】|【调整】|【替换颜色】命令,打开【替换颜色】对话框,如图7-58所示,先用吸管工具在图像中要替换的某一种颜色(小女孩衣裤的品红色)上单击,然后调节【颜色容差】滑块,移动滑块可以扩大或缩小选区范围,数值越大,则替换的颜色范围也越大。

03 接下来,在对话框中对颜色的色相、饱和度和明度进行调整,使选择的品红色被调整为明亮的黄色,最后单击【确定】按钮,得到如图7-59所示的效果。

图7-57 原稿 "girl.jpg"

图7-58 【替换颜色】参数
设置对话框

图7-59 小女孩的品红色衣裤
都替换为黄色调

10. 【变化】

变化是一种直观但不精确的调节图像层次与色彩的方式，只要单击对话框中的缩略图即可调整图像的色彩、饱和度和明度，还可以预览调色的整个过程。执行菜单栏中的【图像】|【调整】|【变化】命令，打开【变化】对话框，如图7-60所示。

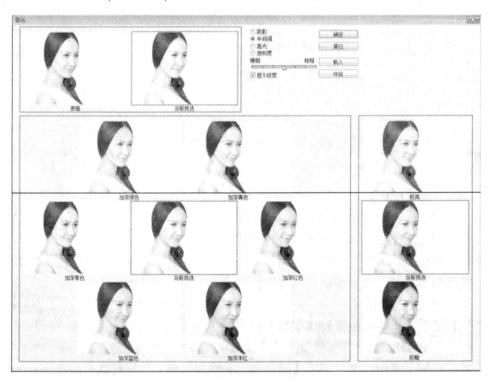
图7-60 【变化】对话框参数设置

- **原稿** 代表原图像。
- **当前挑选** 对话框上部命名为【当前挑选】的小图片为代表调整后的图像色彩效果。

- **阴影|中间调|高光|饱和度** 可以分别对图像的阴影、中间调、高光和饱和度进行调节。
- **显示修剪** 可以警告超出饱和度范围的最高限度。
- **【精细-粗糙】之间的滑钮** 向右边每移动一刻度，即可造成两倍的变化效果，向左边每移动一刻度，则减少一半的变化效果。
- **各种调整缩略图** 单击相应缩略图可以进行相应调整，产生的效果是累积性的。
- 对话框右侧中央【当前挑选】图像为调整后的图像显示，上下两张图分别代表加亮和减暗图像。

11. 【颜色查找】

"颜色查找"命令是CS6中文版新增功能，主要是对图像色彩进行校正。校正方法有3DLUT文件（三维颜色查找表文件，精确校正图像色彩）、摘要、设备连接，并且可以打造一些特殊图像效果。执行【图像】|【调整】|【颜色查找】命令，即可出现如图7-61所示的对话框。

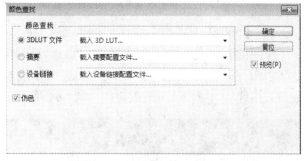

图7-61 【颜色查找】对话框

- **LUT** 可以用于在数字中间片的调色过程中对显示器的色彩进行校正，而模拟最终胶片印刷的效果以达到调色的目的，也可以在调色过程中把它直接当成一个滤镜使用。
- **3D LUT** 每一个坐标方向都有RGB通道。这使得您可以映射并处理所有的色彩信息，无论是存在还是不存在的色彩，或者是那些连胶片都达不到的色域。

7.4.3 特殊色彩效果的制作

除了对图像进行明暗及色相饱和度的调节，Photoshop还提供了几个用来产生图像特殊色彩效果的命令，常用来制作一些戏剧化的夸张的色彩效果，例如电影海报随着主题特性或诉求风格而设计的色彩特效等。主要包括【去色】、【反相】、【阈值】、【色调分离】和【渐变映射】等。

1. 【去色】

【图像】|【调整】|【去色】命令与【图像】|【模式】|【灰度】命令都可以使图像呈灰色显示，它们的主要区别是：

- 运用【去色】命令处理的图像不会改变图像颜色模式，而【灰度】命令则使图像的颜色模式转变为灰度。
- 【去色】命令可作用于当前选区内的局部图像，而【灰度】命令只能作用于全图。

2. 【反相】

【图像】|【调整】|【反相】命令可以将图像中的某种颜色转换为它的补色，从而变成如同普通彩色胶卷冲印后的底片效果。反相命令是一个可逆向操作的命令，

再次对负片效果的图像执行反相命令仍会得到原来的图像，如图7-62所示。

图7-62　【反相】命令可以将图像变成如同普通彩色胶卷冲印后的底片效果

3.【阈值】

【阈值】命令可以删除图像中的色彩信息，将灰度或彩色图像转变为高对比度的黑白图像，例如，图7-63所示是一张正常阶调与色彩的普通原稿，通过【阈值】可使其快速转为黑白版画的效果，如图7-64所示。

图7-63　一张正常阶调与色彩的普通原稿　　图7-64　通过【阈值】可使其快速转为黑白版画的效果

下面来讲解一种常见特效——暴风雪效果的制作，具体操作步骤如下。

01 打开配套光盘中的原稿"20.tif"，如图7-65所示，这是一张正午阳光下拍摄的原稿，在【图层】面板中将背景层拖动到下部的 图标上，将其复制一份为"背景副本"层，如图7-66所示。

图7-65　一张在正午阳光下拍摄的原稿　　图7-66　在【图层】面板将背景层复制一份

02 执行菜单栏中的【滤镜】|【像素化】|【点状化】命令，打开【点状化】对话框，将【单元格大小】设置为5，这个命令会将图像打散成点，如图7-67所示。

图7-67 【点状化】命令将图像打散成点

03 执行菜单栏中的【图像】|【调整】|【阈值】命令，打开【阈值】对话框，如图7-68所示，要在【阈值】对话框中自定义一个阈值色阶，它是一个临界值，图中所有比它亮的像素都将变为白色，比它暗的像素都将变为黑色，按此原则生成黑白图像，单击【确定】按钮，得到如图7-69所示效果。

图7-68 【阈值】对话框　图7-69 经【阈值】处理后图像变为黑白效果

04 在【图层】面板中将"背景副本"层的混合模式更改为【滤色】，得到如图7-70所示效果。

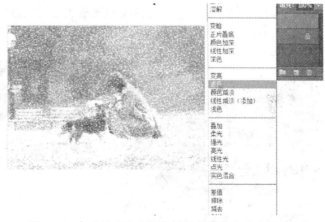

图7-70 在【图层】面板中将混合模式更改为【滤色】

05 执行菜单栏中的【滤镜】|【模糊】|【动感模糊】命令，打开【动感模糊】对话框，如图7-71所示，在其中设置模糊的角度与距离，这样可以使雪花点形成随风飘拂的效果，单击【确定】按钮，得到的风雪情景如图7-72所示（可以适当降低背景层中图像的色彩饱和度，使风雪的环境色彩更为真实）。

 提示

　　雪花点的数量取决于【点状化】的数值控制，雪花点的单位大小取决于【阈值】对话框中的阈值色阶的取值，而风的吹拂程度主要是由【动感模糊】命令决定的。

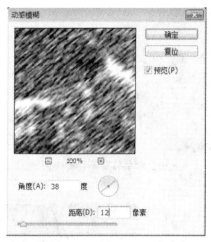

图7-71 【动感模糊】对话框　　图7-72 【动感模糊】使雪花点形成随风飘拂的效果

4. 【色调分离】

【色调分离】命令可以将图像的色阶范围大幅度缩小，得到颜色数目可控制的结果。例如图7-73所示的原稿是包含上百万种颜色的彩色图像，执行菜单栏中的【图像】|【调整】|【色调分离】命令，打开【色调分离】对话框，在该对话框中可以方便地改变色阶的数目，这里将色阶数设为最小值2，代表将图像转换为8色影像，图像由于色彩层次大幅度压缩而变成了一种版画式的图样，上百万种颜色像素点被转为有限的概括的大面积色块，如图7-74所示。

图7-73 包含上百万种颜色的彩色原稿　　图7-74 图像经【色调分离】处理后变成
　　　　　　　　　　　　　　　　　　　　　　了一种版画式的图样

5. 【渐变映射】

【渐变映射】功能将相等的图像灰度范围映射到指定的渐变填充颜色上。例如针对图7-75所示的原稿，执行菜单栏中的【图像】|【调整】|【渐变映射】命令，打开如图7-76所示的【渐变映射】对话框，单击对话框中的渐变映射按钮，会接着弹出如图7-77所示的【渐变编辑器】对话框，在其中选中或调配一种渐变颜色，图像中的暗调部分映射到渐变填充的一个端点颜色，高光映射到另一个端点颜色，而中间调映射到两个端点的层次，最后效果如图7-78所示。

图7-75　原稿

图7-76　【渐变映射】对话框中单击渐变映射按钮

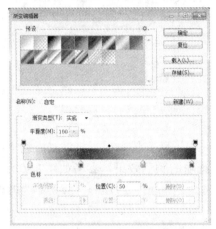

图7-77　在【渐变编辑器】中选中或调配一种渐变颜色

图7-78　渐变映射完成后的效果

6. 【HDR色调】

HDR即高动态范围，在HDR的帮助下我们可以使用超出普通范围的颜色值，使图像亮的地方更亮，暗的地方更暗，且亮暗部的细节都很明显。执行菜单栏中的【图像】|【调整】|【HDR色调】命令，弹出如图7-79所示的对话框。

- **方法**　选择HDR色调调整的方式，包括"曝光度和灰度系数"、"高光压缩"、"色调均化直方图"、"局部适应"等。

- **边缘光**　设置边缘光的半径和强度，可以使物体的边缘反光的强度发生改变，发光半径也会得到调整。

- **色调和细节**　用于调整图像的整体色调和阴影区细节，数值的变化决定细节保留的程度。

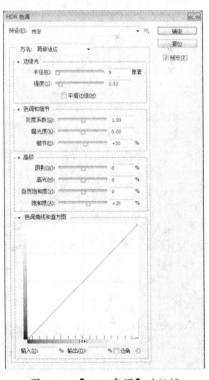

图7-79　【HDR色调】对话框

■ 高级　对于图像色彩的细微调整，包括阴影、高光、自然饱和度和饱和度等。
■ 色调曲线和直方图　与"曲线"命令的使用方法相同。

7.5　小结

色彩的世界千变万化，Photoshop更是将色彩的魔力发挥到了极致。在本章中，重点讲解了图像的色彩模式，以及对图像进行明暗阶调与色彩调整的常用方法。

7.6　课后习题

1．请在Photoshop中运用提供的素材制作一幅乐队宣传海报，将多张人物素材进行退底与拼合，并运用色彩调节功能来创造绚丽的颜色效果，参考如图7-80所示（人物编排及色彩可进行重新设计）。文件尺寸为210mm×297mm，分辨率为72像素/英寸。

2．请制作一张构图简洁但色彩丰富的宣传海报，要体现出不同素材相互混合时产生的透叠色彩效果（参考如图7-81所示）。文件尺寸为210mm×297mm，分辨率为72像素/英寸。

图7-80　乐队宣传海报　　　　图7-81　色彩丰富的宣传海报

滤镜特效

第8章

本章重点：

- 了解滤镜功能的使用常识
- 熟悉各种不同类型滤镜的功能特色
- 能够在图像设计中灵活地运用各种滤镜特效

8.1 滤镜功能的使用常识

滤镜是Photoshop的特色工具之一，滤镜来源于摄影中的滤光镜，可以改进图像和产生特殊的效果，例如清除和修饰照片，还常常能产生绚丽和令人惊叹的画面效果。使用滤镜的注意事项和基本技巧如下。

- 要将滤镜应用于整个图层，请确保该图层是现用图层或选中的图层。
- 要将滤镜应用于图层中的一个区域，请选择该区域。
- 要在应用滤镜时不造成图像破坏，以便于以后能够再次更改滤镜设置，请选择包含要应用滤镜的图像内容的智能对象。
- 从【滤镜】子菜单中选取一个滤镜，如果不出现任何对话框，则说明已应用该滤镜效果。如果出现对话框或滤镜库，请输入数值或选择相应的选项来应用滤镜效果。
- 将滤镜应用于较大图像可能要花费很长的时间，但是，您可以在滤镜对话框中预览效果，在预览窗口中拖动以使图像的一个特定区域居中显示。另外，我们也可以先选取图像局部应用滤镜效果，满意之后再对整个图像进行全面处理。
- 滤镜只能应用于当前可见图层或选区，可以反复使用，但一次只能应用在一个图层上。
- 滤镜不能应用于位图模式、索引颜色模式和48 bit RGB的图像，有些滤镜只对RGB图像起作用。
- 如果在滤镜对话框中对自己调节的效果不满意，可以按住Alt键，这时【取消】按钮就会变为【复位】按钮，单击此按钮就可以将参数重置到调节前状态。
- 最后一次使用的滤镜会出现在【滤镜】菜单的顶部，因此，要重复使用上一次用过的滤镜效果，可直接点选【滤镜】菜单最上部出现的命令，或按Ctrl+F键。
- 滤镜的处理效果是以像素为单位的，因此，滤镜的处理效果与图像的分辨率有关，用同样的参数处理不同分辨率的图像，效果是不相同的。

8.2 常用的滤镜效果分析

由于大部分滤镜效果都比较直观，易于操作和观察效果，因此请大家自己在学习过程中，打开一张RGB模式的图像，将所有的滤镜功能依次练习一遍，从不同的图像效果中体会滤镜特技。下面分类介绍一些比较典型、常用的滤镜效果。

8.2.1 自适应广角滤镜

"自适应广角"滤镜可以对由于广角镜头拍摄造成变形的图像进行修正，广角镜头能够夸大实物的变形效果，有利于塑造现场感，但是容易造成建筑物变形。

如图8-1所示，我们可以看到城楼在鱼眼镜头的作用下发生了变形。执行【滤镜】|【自适应广角】命令，弹出【自适应广角】对话框，首先使用左上角【约束工具】 分别沿着城楼的上下左右四条边拉出四条直线，如图8-2所示。也可使用

【多边形约束工具】✎绘制出一个四边形，如图8-3所示，都可以达到修饰变形的作用。调节参数，修饰完成后的效果如图8-4所示。

图8-1　变形的城楼

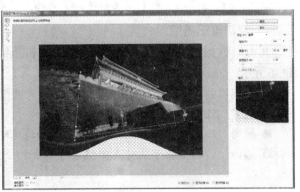

图8-2　沿着城楼外观拉出四条矫正线

图8-3　沿着城楼外观绘制出一个四边形

图8-4　矫正后的效果

8.2.2　镜头校正滤镜

该滤镜可针对各种相机与镜头的测量进行校正，可轻松地消除桶形失真、枕形失真、晕影和色层等变形，还可修复透视错误图像。需要注意的是该滤镜只能处理8位通道和16位通道的图像。

执行【滤镜】|【镜头校正】命令，弹出【镜头校正】对话框，如图8-5所示。

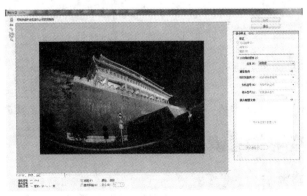

图8-5　【镜头校正】对话框

- ▦【移去扭曲工具】　向中心拖动或拖离中心可以校正桶形或枕形失真。
- ▱【拉直工具】　绘制一条线可以将图像拉直到新的横轴或纵轴。
- ▥【移动网格工具】　为图像添加网格，从而在图像调整过程中显示参考网格。

1. 自动校正图像

其可以根据图像拍摄工具选择正确的相机及镜头参数，从而进行自动修正，如图8-6所示。

- **几何扭曲**　可自动校正镜头的桶形或枕形失真。
- **色差**　可自动校正产生的杂边。
- **晕影**　校正由于镜头缺陷或遮光造成的边缘暗角。
- **边缘**　当图像由于旋转或凹陷等原因出现位置偏差时，可以选择偏差的显示方法。

2. 自定义校正图像

可以对图像的扭曲、垂直透视、水平透视、选装角度等进行自定义调整，如图8-7所示。

- **移去扭曲**　校正图像的凸起或凹陷状态。
- **色差**　去除照片中的色痕。
- **数量**　加暗或提亮边缘晕影，使之恢复正常。
- **中点**　控制晕影中心的大小。
- **变换**　校正图像的垂直/水平透视、旋转角度与比例。

图8-6　自动校正面板

图8-7　自定义校正面板

8.2.3　变形性滤镜

1.【液化】滤镜

使用【液化】命令可以对图像的任何区域进行类似液化效果的变形，如推、拉、旋转、扭曲和收缩等，变形的程度可以随意控制。经常用于人物的胖瘦、脸型等的调整，效果比较自然。

注意

【液化】命令只对RGB颜色模式、CMYK颜色模式、LAB颜色模式和灰度模式中的8位像素有效。

执行菜单栏中的【滤镜】|【液化】命令，弹出【液化】对话框，如图8-8所示，对话框的左侧有一个工具箱提供了多种变形工具，可以在对话框的右侧设置不同的画笔参数，然后应用变形工具在中间预览区域内绘制，如果一直按住鼠标或在一个区域多次绘制，可强化变形效果。其中原图如图8-9所示，液化后效果图如图8-10所示。

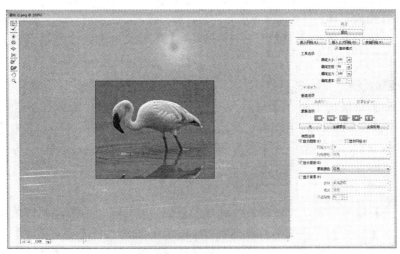

图8-8　【液化】对话框

图8-9　原图

图8-10　图像液化后发生流畅的扭曲变形

提示

需要选中对话框右上角【高级模式】的按钮，才会显示出这些功能。

对话框窗口左侧变形工具分为以下几种：

- ■ 【向前变形工具】 当拖曳鼠标时，此工具向前推动像素。
- ■ 【重建工具】 对变形的图像进行完全或部分的恢复。
- ■ 【顺时针旋转扭曲工具】 可以顺时针旋转像素。
- ■ 【褶皱工具】 将像素向画笔区域的中心移动，使图像产生向内收缩的效果。
- ■ 【膨胀工具】 将像素向远离画笔区域中心的方向移动，使图像产生向外膨胀的效果。
- ■ 【左推工具】 将像素垂直移向绘制方向。拖曳鼠标将像素移向右侧，按住Alt键拖曳鼠标可将像素移向左侧。
- ■ 【冻结蒙版工具】 可以绘制冻结区域，保护该区域不被变形。
- ■ 【解冻蒙版工具】 可以解除被冻结的区域。
- ■ 【抓手工具】 通过拖动方式移动图像。
- ■ 【缩放工具】 放大或缩小预览窗口的图像。

对话框窗口右侧的工具选项栏中可设定【画笔大小】、【画笔压力】等各项参数。

2. 扭曲滤镜

【扭曲】滤镜用于将图像进行几何变形、创建3D或其他夸张的效果，可以为图像制作像素扭曲错位效果。但注意，这些滤镜可能占用大量内存。其中【海洋波纹】、【玻璃】、【扩散亮光】3项功能在【滤镜】/【滤镜库】菜单命令打开的对话框里。

（1）【波浪】

【波浪】滤镜用来产生一种波纹传递的效果，其可控制参数包括波浪生成器的【数目】、【波长】（从一个波峰到下一个波峰的距离）、【波浪高度】和【波浪类型】（正弦、三角形或方形）。可自由调整其参数来达到自己满意的效果。单击对话框中的【随机化】按钮可使波浪纹路随机分布。

（2）【波纹】与【海洋波纹】

在选区上创建波状起伏的图案，像水池表面的波纹。而【海洋波纹】则将随机分隔的波纹添加到图像表面，使图像看上去像是在水中。

如图8-11所示便是【波浪】、【波纹】和【海洋波纹】效果的对比。

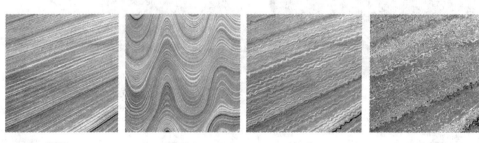

原图　　　　　　波浪　　　　　　波纹　　　　　海洋波纹

图8-11　【波浪】、【波纹】和【海洋波纹】滤镜效果的对比

（3）【玻璃】

【玻璃】滤镜使图像看起来像是透过不同类型的玻璃来观看的，如图8-12所示，您可以选取一种玻璃效果，也可以将自己的玻璃表面设置为一个图像文件并应用它。

原因　　　　　　　　　玻璃

图8-12　【玻璃】滤镜效果

（4）【极坐标】

使图像在直角坐标系和极坐标系之间进行转换。

例如，在一个空白的图像文件中绘制出垂直方向的彩色线条，然后执行菜单栏中的【滤镜】|【扭曲】|【极坐标】命令，在【极坐标】对话框中选中【平面坐标到极坐标】项，图像的垂直线条变成从中心向外发射的线条，如图8-13所示。

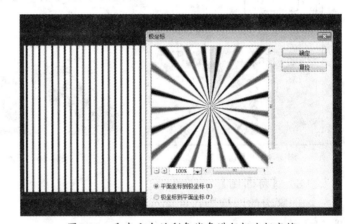

图8-13　垂直方向的彩色线条进行极坐标变换

再比如，我们在一个空白的图像文件中绘制出水平方向的彩色线条，然后执行菜单栏中的【滤镜】|【扭曲】|【极坐标】命令，在【极坐标】对话框中选中【平面坐标到极坐标】项，图像的水平线条变成从中心向外扩散的同心圆，如图8-14所示。

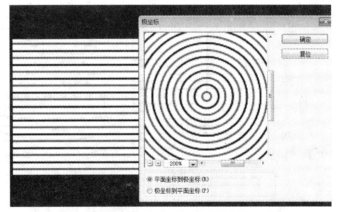

图8-14　水平方向的彩色线条进行极坐标变换

（5）【挤压】

使图像的中心产生凸起或凹陷的效果，数量的数值为正值时，图像向里凹陷；数值为负值时，图像向外凸起。

（6）【扩散亮光】

【扩散亮光】可以使图像产生一种光芒漫射的效果，像是透过一个柔和的扩散滤镜来观看的。

（7）【切变】

【切变】滤镜可以沿一条曲线来扭曲图像。如图8-15所示为【切变】对话框，左上部有一个变形框，可以通过修改框中的线条来指定变形曲线，可以在直线上单击鼠标设置控制点，然后拖移调整曲线上的任何一点，图像会随着曲线的形状发生变形。点按"默认"将曲线恢复为直线。如图8-16所示为切变的几种效果。

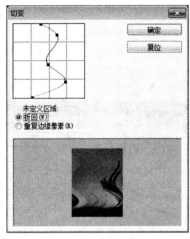

图8-15　【切变】对话框　　　　　图8-16　几种切变的效果

（8）【球面化】

将选区内的图像制作凹陷或凸起的球面效果，使对象具有 3D 立体感，如图8-17所示。

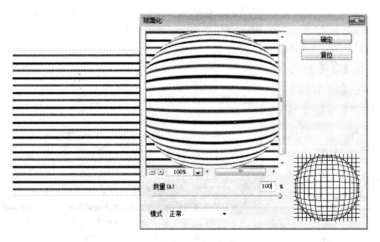

图8-17　【球面化】滤镜效果

（9）【水波】

该滤镜可将图像中的颜色像素按同心环状由中心向外排布，效果如同荡起阵阵涟漪的湖面。原图如图8-18所示，在湖心处绘制一个带羽化值的椭圆选区，然后使用水波滤镜产生自然的水波效果，如图8-19所示。

图8-18　平静的湖面素材

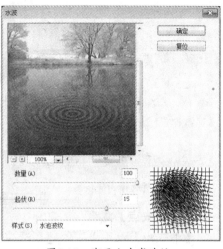

图8-19　湖面上生成波纹

（10）【旋转扭曲】

使图像发生旋转式的大幅度变形，中心的旋转程度比边缘的旋转程度大。指定角度时可生成旋转扭曲图案。

（11）【置换】

【置换】滤镜的使用比较特殊，它需要与另一幅被称为置换图的图像配合使用，并且该置换图必须是以Photoshop格式存储的。这样，在【置换】滤镜的使用过程中，置换图中的形状会以图像的变形效果表现出来。

打开如图8-20所示的图片，当选择【置换】命令时，会弹出如图8-21所示的对话框，在其中设置参数；单击【确定】按钮，就会接着弹出【选择一个置换图】对话框，如图8-22所示，在此对话框中选择一张置换图，如图8-23所示，最后置换的效果如图8-24所示。

图8-20　原图

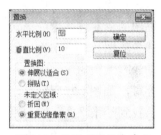

图8-21　设置【置换】参数

图8-22　选择置换图

图8-23 所选择的置换图

图8-24 【置换】滤镜使文字发生变形

3.【消失点】滤镜

【消失点】滤镜可以创建在透视的角度下编辑图像，允许在包含透视平面的图像中进行透视校正编辑，通过使用消失点滤镜来修饰、添加或移去图像中包含有透视的内容时，结果将更加逼真。下面利用消失点功能来制作一个商品包装效果图。

图8-25 食品包装盒的形状线条稿

首先，打开一张没有贴图的食品包装盒的形状线条稿图片（有实物拍摄的没有贴图的包装盒图片亦可，如图8-25所示），再找到一张平面手绘的原稿素材，如图8-26所示，要将它贴到这个包装盒上，做成一个模拟立体的包装效果图。

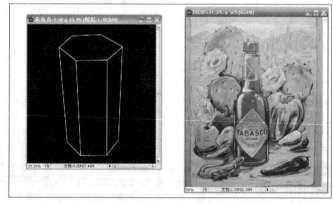

图8-26 贴图原稿

01 全选并按快捷键Ctrl+C复制那张手绘原稿，然后进入黑白的包装盒线画稿，新建"图层1"，执行菜单栏中的【滤镜】|【消失点】命令，打开【消失点】编辑对话框，其中部设置了很大的面积来作为消失点编辑区。选择对话框左上角第二个工具【创建平面工具】（其使用方法与钢笔工具相似），开始绘制贴图的一

154

个面，如图8-27所示，绘制完成后这个侧面便自动生成了浅蓝色的网格。

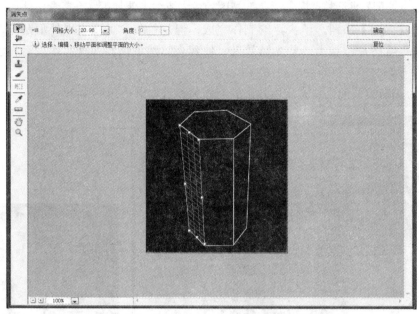

图8-27　在消失点编辑对话框中绘制贴图的第一个面

02 接下来创建下一个包装盒侧面，先注意看一下刚才创建的第一个网格面，其四个角和每条边线的中间都设有控制手柄，将鼠标放在网格最右侧的边缘中间的控制手柄上，按住Ctrl键向右拉，这时候一个新的网格面沿着边缘被拖出来了，此时将鼠标移动到这个新网格面最右侧的中间控制手柄上，再按住Alt键拖拉鼠标，此时你会发现这个新的面就像一扇门一样会沿着轴旋转，拖拉鼠标直到调整这个面到一个合适的方向与位置，然后再用鼠标拖动中间控制手柄调整网格的水平宽度，使其适配到包装盒的中间面。

　　然后，以同样的方法，再继续按Ctrl键拖拉创建第三个网格面，再按住Alt键将其拖拉适配到包装盒的第三个侧面中，如图8-28所示。

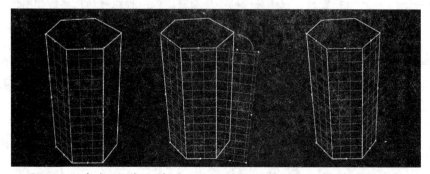

图8-28　创建并调整第2和第3个网格面，使它们分别适配到包装盒的侧面中

03 然后，我们按快捷键Ctrl+V，把刚才复制的那张手绘贴图粘贴进来，刚开始贴入时那张图还位于线框之外，用鼠标将它直接拖到刚才设置的风格线框里，这时候你会惊奇地发现，平面贴图被自动适配到你刚才创建的形状里，并且符合透视变形，如

图8-29所示，如果贴图的大小与包装盒并不合适，可以选择消失点对话框左侧的
【变换工具】来调整贴图的大小，把图片放大或缩小使其正好合适盒子外形。

04 单击【确定】按钮，消失点的制作完成，但是包装盒虽已实现外形贴图，但还
需要再给图片添加上一些光影效果，使其立体感更强烈和真实。最后将包装盒
的盒盖加上，完整的效果如图8-30所示。

更为详细的关于包装盒立体效果的制作请参看本书第14章14.3.1节案例。

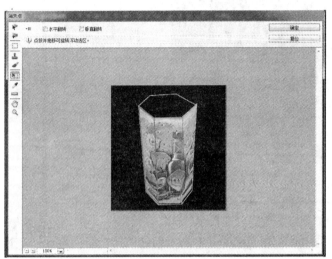

图8-29 手绘贴图被自动适配到刚才创建的网格形状内　　　图8-30 最后的效果图

8.2.4 模拟绘画及自然效果滤镜

执行【滤镜】|【滤镜库】菜单命令，其中有【艺术效果】、【画笔描边】、
【素描】、【风格化】、【纹理】等滤镜，主要通过模拟绘画时的不同技法及材质
得到各种天然或传统的艺术效果，这些滤镜我们只做简单介绍。

1．艺术效果滤镜

■ **壁画** 使用短而圆的、粗略轻涂的小块颜料，以一种粗糙的风格绘制图像。

■ **彩色铅笔** 使用彩色铅笔在纯色背景上绘制图像。保留重要边缘，外观呈粗糙
阴影线；纯色背景色透过比较平滑的区域显示出来。

■ **粗糙蜡笔** 使图像看上去好像是用彩色蜡笔在带纹理的背景上描过边。在亮色
区域，蜡笔看上去很厚，几乎看不见纹理；在深色区域，蜡笔似乎被擦去了，
使纹理显露出来。

■ **底纹效果** 在带纹理的背景上绘制图像，然后将最终图像绘制在该图像上。

■ **干画笔** 使用干画笔技术（介于油彩和水彩之间）绘制图像边缘。此滤镜通过
将图像的颜色范围降到普通颜色范围来简化图像。

■ **海报边缘** 根据设置的海报化选项减少图像（色调分离）中的颜色数量，并查
找图像的边缘，在边缘上绘制黑色线条。图像中大而宽的区域有简单的阴影，
而细小的深色细节遍布图像。

■ **海绵** 使用颜色对比强烈、纹理较重的区域创建图像，使图像看上去好像是用

海绵绘制的。

- **绘画涂抹**　模仿油画中的铲刀效果，把色彩进行堆积而造成相对小范围的模糊。
- **胶片颗粒**　通过设置其强光区域程度来产生强光效果，将平滑图案应用于图像的阴影色调和中间色调。将一种更平滑、饱和度更高的图案添加到图像的亮区，再加上颗粒化的背景，使主题更为突出。
- **木刻**　将图像描绘成好像是由粗糙剪下的彩色纸片组成的，高对比度的图像看起来呈剪影状，而彩色图像看上去是由几层彩色纸组成的。
- **霓虹灯光**　将各种类型的发光添加到图像中的对象上，对于在柔化图像外观、给图像着色时很有用，使图像产生一种彩色氛光效果，其中工具箱中的前景色、背景色和辉光色决定了氛光的色彩。
- **水彩**　以水彩的风格绘制图像，简化图像细节，像是使用蘸了水和颜色的中等画笔来绘画的效果。
- **塑料包装**　给图像涂上一层发光的塑料，以强调表面细节，模拟现实中被兼薄膜包装起来的效果。
- **调色刀**　如同美术创作中使用刮刀在调色板上混合颜料，然后直接在画布上涂抹。
- **涂抹棒**　使用短的线条描边涂抹图像的暗调区域以柔化图像。亮调区域变得更亮，以致失去细节。

2. 【画笔描边】滤镜

【画笔描边】滤镜主要使用不同的画笔和油墨进行描绘，产生各种不同的绘画笔触效果，此滤镜在RGB和灰度模式中可以使用，在CMYK模式和Lab模式中则不能运用。

- **成角的线条**　使用成角的线条重新绘制图像。用一个方向的线条绘制图像的亮区，用相反方向的线条绘制暗区。
- **墨水轮廓**　该滤镜是以钢笔画的风格，用纤细的线条在原细节上重绘图像。
- **喷溅**　模拟喷溅喷枪的效果。增加选项可简化总体效果。
- **喷色描边**　使用图像的主导色，用成角的、喷溅的颜色线条重新绘画图像。
- **强化的边缘**　强化图像边缘。设置高的边缘亮度控制值时，强化类似白色粉笔；设置低的边缘亮度控制值时，强化类似黑色油墨。
- **深色线条**　用短的、绷紧的线条绘制图像中接近黑色的暗区；用长的白色线条绘制图像中的亮区。
- **烟灰墨**　以日本画的风格绘画图像，看起来像是用蘸满黑色油墨的湿画笔在宣纸上绘画。这种效果使得柔化模糊边缘非常黑。
- **阴影线**　保留原图像的细节和特征，同时使用模拟的铅笔阴影线添加纹理，并使图像中彩色区域的边缘变粗糙。

3. 【素描】滤镜

该滤镜可以将纹理添加到图像中去，大多数需要工具箱中的前景色和背景色来配合使用。

- **半调图案**　在保持连续的色调范围的同时，模拟半调网屏的效果。

- **便条纸**　创建像是用手工制作的纸张构建的图像，以前景色和背景色形成纸张和图形的颜色，并自动加上纸张纹理效果。
- **粉笔和炭笔**　重绘图像的高光和中间色调，其背景为粗糙粉笔绘制的纯中间色调。阴影区域用黑色替换。炭笔用前景色绘制，粉笔用背景色绘制。
- **铬黄渐变**　将图像处理成好像是擦亮的铬黄金属表面。高光在反射表面上是高点，暗调是低点。应用此滤镜后，使用"色阶"对话框可以增加图像的对比度。
- **绘图笔**　使用细的、线状的油墨描边以获取原图像中的细节，多用于对扫描图像进行描边。此滤镜使用前景色作为油墨，并使用背景色作为纸张，以替换原图像中的颜色。
- **基底凸现**　变换图像，使之呈浅浮雕的雕刻状，突出光照下变化各异的表面。图像的暗调呈现前景色，而亮调使用背景色。
- **石膏效果**　塑造类似石膏效果的图像，使用前景色与背景色为图像着色，暗区凸起，亮区凹陷。
- **水彩画纸**　利用有污点的、像画在潮湿的纤维纸上的涂抹，使颜色流动并混合。模拟水彩画纸吸收颜料与水的效果。
- **撕边**　对于由文字或高对比度对象组成的图像尤其有用。此滤镜重建图像，使之呈粗糙、撕破的纸片状，然后使用前景色与背景色给图像着色。
- **炭笔**　重绘图像，产生色调分离的、涂抹的效果。主要边缘以粗线条绘制，炭笔是前景色，纸张是背景色。
- **炭精笔**　模拟图像上浓黑和纯白的炭精笔的纹理。在暗调部分使用前景色，在亮调部分使用背景色。为了获得更逼真的效果，可以在应用滤镜之前将前景色改为常用的炭精笔颜色（黑色、深褐色和血红色）。
- **图章**　用于黑白图像时效果最佳。此滤镜简化图像，使之呈现用橡皮或木制图章盖印的样子。
- **网状**　模拟胶片乳胶的可控收缩和扭曲来创建图像，使之在暗调区域呈结块状，在高光区呈轻微颗粒化。
- **影印**　模拟影印图像的效果。保留图像边缘，而中间色调要么纯黑色，要么纯白色。

4. 【风格化】滤镜

- **查找边缘**　用相对于白色背景的黑色线条勾勒图像的边缘，这对生成图像周围的边界非常有用。
- **等高线**　查找主要亮度区域的转换并为每个颜色通道淡淡地勾勒主要亮度区域的转换，以获得与等高线图中的线条类似的效果。
- **风**　在图像中创建细小的水平线条来模拟风的效果。
- **浮雕效果**　使图像产生凸起或凹下的效果，仿佛是一种浅浅的浮雕。
- **扩散**　根据选中的扩散选项搅乱选区中的像素，使选区显得聚焦不十分准确，产生透过磨砂玻璃的效果。
- **拼贴**　将图像分解为一系列拼贴，使选区偏移原来的位置。可以选取下列之一填充拼贴之间的区域：背景色，前景色，图像的反转版本，或图像的未改变版本，它们使拼贴的版本位于原版本之上并露出原图像中位于拼贴边缘下面的部分。

■ **曝光过度**　混合负片和正片图像，类似于显影过程中将摄影照片短暂曝光。

■ **凸出**　赋予选区或图层的3D纹理效果，将图像分成一系列大小相同但随机重复放置的立方体或锥体，如图8-31所示为几种不同的凸出效果比较。

原　图

图8-31　几种不同的【凸出】效果比较

■ **照亮边缘**　标识颜色的边缘，并向其添加类似霓虹灯的光亮（位于滤镜库内）。

8.2.5　校正性滤镜

1．模糊滤镜

【模糊】滤镜的作用主要是使图像看起来更朦胧一些，也就是降低图像的清晰度，使图像更加柔和，增加对图像的修饰效果，【模糊】滤镜包括以下几种细分的模糊命令。

■ **场景模糊**　用于制作照片的景深效果，可以在照片中添加若干个模糊程度不同的区域。

■ **光圈模糊**　相对于场景模糊需要设定多个控制点的方法，光圈模糊只要设置一个控制点就可以得到不错的景深效果。

■ **倾斜偏移**　适用于俯拍或镜头有倾斜的图片，可以模拟轴移效果。

■ **表面模糊**　在保留边缘的同时模糊图像，主要用于创建特殊效果以及去除杂点和颗粒，模糊后图像像素更加平滑，有点艺术照片的味道。

■ **动感模糊**　可以沿特定方向（−360°～+360°），以特定强度（1～999）进行模糊。此滤镜的效果类似于以固定的曝光时间给一个移动的对象拍照。通过对图中局部制作动感模糊效果，可以使静止的图像产生运动的错觉，如图8-32所示为一辆静止的汽车后半部分使用了动感模糊的效果示意。

■ **方框模糊**　该滤镜可以基于相邻像素的平均颜色值来模糊图像，可以调整用于计算给定像素的平均值的区域大小。

■ **高斯模糊**　使用可调整的半径值快速模糊选区，产生一种朦胧效果。打开【高斯模糊】对话框，如图8-33所示，其中【半径】值设置范围为0.1～250，数值越大则模糊效果越明显。

图8-32　静止汽车后半部分添加动感模糊的效果　　　图8-33　【高斯模糊】对话框

■ **模糊和进一步模糊**　没有任何控制选项，其效果都是消除图像中有明显颜色变化处的杂色，使图像看起来更朦胧一些，只是在模糊程度上有一定的差别，其作用结果都不是十分明显。

■ **径向模糊**　该滤镜可以模拟前后移动相机或旋转相机时产生的模糊效果。在如图8-34所示的对话框中可以使产生"旋转"或"缩放"式的模糊效果，还可以在模糊中心框中单击或拖移图案来指定旋转的中心点或发散的原点，图8-35所示是两种径向模糊效果的对比。

原　图　　　　　旋　转　　　　　缩　放

图8-34　【径向模糊】对话框　　　图8-35　【旋转】和【缩放】两种模糊效果对比

■ **镜头模糊**　可以向图像中添加模糊产生明显的景深效果，以使图像中的一些对象清晰，如同相机的拍摄效果，使另一些区域变模糊，类似于在相机焦距外的效果。

■ **平均**　该滤镜可以查找图像或选区的平均颜色，再用该颜色填充图像或选区，以创建平滑的外观。

■ **特殊模糊**　它在模糊的同时，保护图像中颜色边缘的清晰，只在色差小于阈值的颜色区域内进行模糊操作。

■ **形状模糊**　使用指定的图形来作为模糊中心。

2．锐化滤镜

【锐化】滤镜通过增加相邻像素的对比度来聚焦模糊的图像，以提高图像清晰度。【锐化】滤镜包括以下几种细分的锐化命令。

■ **USM锐化**　该滤镜的作用是对图像的细微层次进行清晰度强调，它采用照相制版中的虚光蒙版原理，通过加大图像中相邻像素间的颜色反差，来提高图像整

体的清晰效果，如图8-36所示为
【USM锐化】的对话框，主要参
数如下：

◆ **数量** 控制锐化的程度，数值
越大，则清晰度强调的效果越
明显。

◆ **半径** 即USM锐化时的运算范
围，【半径】数值越大，则清
晰度效果越直观。

◆ **阈值** 定义锐化的临界值，数
值越小锐化的程度越显著。

图8-36 【USM锐化】对话框

■ **进一步锐化** 作用力度比【锐化】滤镜稍微大一些。

■ **锐化** 可使图像的局部反差增大，以提高图像的清晰效果。

■ **锐化边缘** 可自动辨别图像中的颜色边缘，只提高颜色边缘的反差。

■ **智能锐化** 该滤镜具有【USM锐化】滤镜所没有的锐化控制功能，图8-37所示
为【智能锐化】对话框，主要参数如下：

◆ **数量** 用来控制锐化的程度。

◆ **半径** 用来控制锐化的范围。

◆ **移去** 设置对图像进行锐化的锐化算法。【高斯模糊】是【USM锐化】滤镜
使用的方法；【镜头模糊】将检测图像中的边缘和细节，对细节进行更精细
的锐化，并减少锐化光晕；【动感模糊】将尝试减少由于相机或主体移动而
导致的模糊效果。

◆ **更加准确** 需要更多时间处理文件，以更精确地移去模糊。

◆ 选择【高级】按钮可以显示【阴影】和【高光】选项，用于调整较暗和较亮
区域的锐化。

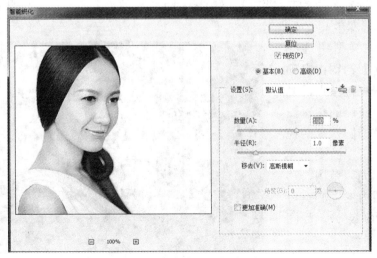

图8-37 【智能锐化】对话框

3．杂色滤镜

杂色又称为噪点，【杂色】滤镜的主要作用就是在图像中加入或去除噪点，可以通过此滤镜来修复图像中的一些缺陷，如图像扫描时带来的一些灰尘或原稿上的划痕等，也可用这些滤镜生成一些特殊的底纹。【杂色】滤镜包括以下几种的命令。

- **减少杂色**　使用该滤镜可以去除图像中的杂色，还可以消除JPEG存储低品质图像导致的斑驳效果，使用该滤镜去除杂色效果比较理想。
- **蒙尘和划痕**　可以去除图像中没有规律的杂点或划痕。它的对话框中有两项参数：【半径】和【阈值】，只要杂点的【半径】在给定的数值范围内，并且与周围像素的颜色差别大于给定的【阈值】，便可将杂点或划痕去掉，但使用此命令会降低图像的清晰度。
- **去斑**　该滤镜每使用一次，即可去除图像中一些有规律的杂色或噪点，但去除的同时会使图像的清晰度受到损失。
- **添加杂色**　该滤镜的作用是在图像中添加一些随机分布的杂点，使图像看起来有一些颗粒的质感。
- **中间值**　该滤镜可以去除图像中的杂点和划痕，它通过混合像素的亮度值来减少图像中的杂色，使用时会使图像变模糊。

8.2.6　纹理化与光效滤镜

1．渲染滤镜

【渲染滤镜】可以在图像中创建云彩图案、模拟灯光、太阳光等效果，还可以结合通道创建各种纹理贴图。【渲染滤镜】包括以下几种的命令。

- **分层云彩**　将工具箱中的前景色与背景色混合，形成云彩的纹理，并和底图以【差值】方式合成。
- **光照效果**　模拟光源照射在图像上的效果，其变化比较复杂。下面应用【光照效果】在图像中添加两束不同方向照射的舞台灯光。

01 打开一幅图像，执行【滤镜】|【渲染】|【光照效果】命令，打开如图8-38所示的【光照效果】对话框。

02 从光照类型中选择【点光】，图中自动生成一束椭圆形的光柱。在左侧的预览图中调节椭圆四周的控制点，可以改变光照方向和光照范围，移动椭圆内的中心点可以移动这束光，如图8-39所示。

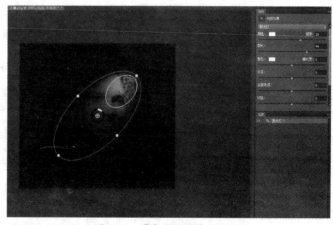

图8-38　【光照效果】对话框

图8-39 椭圆中心点可随意移动

03 调节对话框右侧参数，单击对话框中的颜色块可以选择光照颜色。

- ■ **光照类型** 设置灯光的样式，包括聚光灯、点光、无限光。
- ■ **颜色** 设置灯光的颜色。
- ■ **着色** 设置光照后图像的整体色调。
- ■ **光泽** 决定图像表面反射光线的多少。
- ■ **金属质感** 设置图片的金属质感。
- ■ **环境** 表示影响光照效果的其他光源，就像太阳光与荧光灯共同照射时的效果一样。其数值为正值时表示环境光较强，为负值时表示环境光较弱。

04 现在我们来增加另一束光，首先单击光照效果属性栏中"添加新的点光"按钮 ![]
即可在图中增添一个光源（拖至垃圾桶图标可将其删除），对话框中第二个光源的参数设置如图8-40所示，单击【确定】按钮后，最后图像中的光照效果如图8-41所示。

图8-40 设置第二个光源参数　　　　图8-41 图像中最后光照效果

- ■ **镜头光晕** 可以产生一种透镜接收光照时形成的光斑，通常用几个相关联的光圈来模拟日光的效果。在对话框中可以设置光照的【亮度】；选择【镜头类型】；还可以在预视区内用鼠标指定光斑的【光晕中心】。【镜头光晕】对话框如图8-42所示。
- ■ **纤维** 使用前景色和背景色创建编制纤维的外观。
- ■ **云彩** 由工具箱的前景色和背景色之间的变化随机生成柔和的云纹图案。

图8-42　【镜头光晕】对话框

2．像素化滤镜

【像素化】滤镜的作用是将图像以其他形状的元素重新再现出来，它不是真正地改变了图像像素点的形状，只是在图像中表现出某种基础形状的特征，以形成一些类似像素化的形状变化。【像素化】滤镜包括以下几种命令。

■ **彩块化**　使纯色或相近颜色的像素结块，可以使图像看起来像手绘的水粉作品，一般用于制作手绘效果和抽象派风格等艺术图像。

■ **彩色半调**　可以产生一种彩色半调印刷（加网印刷）图像的放大效果，即将图像中的所有颜色用黄、品红、青、黑四色网点的相互叠加进行再现的效果。可以设置网点的【最大半径】以及4个分色色版的【网角】等参数。这种效果在现在很流行，因为它很能代表时尚的潮流感，如图8-43所示。

图8-43　【彩色半调】滤镜效果

■ **点状化**　将图像中的颜色分解为随机分布的网点，如同点彩派绘画一样，并使用背景色作为网点之间的画布颜色。

■ **晶格化**　使像素结块，形成单色填充的多边形。

■ **马赛克** 使相邻的像素结为方形颜色块，是一种较常用的图像处理技法，可以调节单元方格的大小。

■ **碎片** 创建选区中像素的四个副本，将它们平均，并使其相互偏移，图像产生模糊不清的错位效果。

■ **铜版雕刻** 该滤镜可以将图像转换为黑白区域的随机图案或彩色图像中完全饱和颜色的随机图案，使画面形成以点、线或边构成的雕刻版画效果，如图8-44所示为几种【铜板雕刻】效果。

 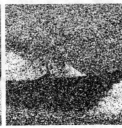 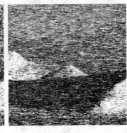 

精细点　　　　　　粗网点　　　　　　中长线　　　　　　长线

图8-44　几种【铜板雕刻】效果

3．纹理化滤镜

【纹理化】滤镜位于滤镜库中，它们可以通过纹理的添加表现图像的深度感和材质感，经常用于制作3ds Max的材质贴图。

■ **龟裂缝** 使图像生成网状的龟裂缝效果。

■ **颗粒** 设置多种颗粒纹理效果，添加杂点。

■ **马赛克拼贴** 将图像用马赛克碎片拼接起来。

■ **拼缀图** 形成矩形瓷砖的表面纹理。

■ **染色玻璃** 镶嵌彩色的玻璃效果。

■ **纹理化** 可将选择或创建的纹理应用于图像。

8.2.7　其他滤镜组

■ **高反差保留** 具有强烈颜色变化的地方按指定的半径来保留边缘细节，半径数值越大，保留的原始像素越多。

■ **位移** 该滤镜可以在水平或垂直方向上偏移图像，数值越大，像素偏移距离越大。

■ **自定** 该滤镜可以设计用户自己的滤镜效果。

■ **最大值** 该滤镜可以在指定的半径范围内，用周围像素的最高亮度值替换当前像素的亮度值，通常用来修改蒙版。

■ **最小值** 该滤镜具有伸展功能，可以扩展黑色区域，收缩白色区域。

8.2.8　Digimarc滤镜组

■ **嵌入水印** 该滤镜可以在图像中添加水印信息，需要先进行注册以获得一个标识号，然后连同著作版权信息一起嵌入到图像中。

■ **读取水印** 该滤镜主要用来读取图像中的数字水印内容。

8.2.9 滤镜库与智能滤镜

1. 滤镜库

滤镜库是一个集合大部分常用滤镜的对话框，使用【滤镜库】，可以累积应用滤镜，并可多次应用单个滤镜，还可以重新排列滤镜并更改已应用的滤镜的设置，以便实现所需的效果。执行菜单栏中的【滤镜】|【滤镜库】命令可打开滤镜库，如图8-45所示。

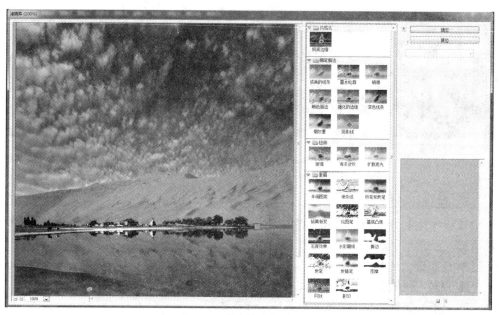

图8-45 【滤镜库】对话框

【滤镜库】中的滤镜效果是按照选择顺序应用的，单击 ▣【新建效果图层】按钮后，再在滤镜中选择一种效果，即可应用多个滤镜。还可通过在已应用的滤镜列表（对话框右下部）中将滤镜名称拖移到另一个位置来重新排列它们。还可以通过选择滤镜并单击 🗑【删除效果图层】按钮来删除已应用的滤镜。

2. 智能滤镜

智能滤镜基于智能对象，对任何智能对象使用的滤镜都是智能滤镜。智能滤镜效果出现在【图层】面板中应用这些智能滤镜的智能对象的图层下方，由于可以调整、移去或隐藏智能滤镜，使用智能滤镜可以自由地试验滤镜效果的叠加，而丝毫不会破坏图像的像素。

提示

除了【液化】、【图案生成器】和【消失点】之外，可以将任何Photoshop滤镜作为智能滤镜应用。此外，还可以将【阴影/高光】和【变化】调整作为智能滤镜应用。

01 在创建智能滤镜之前，首先需要将图层转换成智能对象。方法：选择相应的图层，然后执行菜单栏中的【滤镜】|【转换为智能滤镜】命令，或执行菜单栏中

的【图层】|【智能对象】|【转化为智能对象】命令亦可。

02 要将智能对象滤镜应用于整个智能对象图层，只需在【图层】面板中选择相应的智能对象图层，如图8-46所示，选择智能对象【花】，执行菜单栏中的【滤镜】|【扭曲】|【波浪】命令，在弹出的对话框中使用默认参数，单击【确定】按钮，此时在【图层】面板中将看到智能滤镜的内容，如图8-47所示。

图8-46 选择智能对象

图8-47 添加【波浪】滤镜

03 如果要将智能滤镜的效果限制在智能对象图层的选定区域，可以先创建选区，再执行【滤镜】菜单下的命令，此时在【图层】面板中将看到智能滤镜被遮盖，如图8-48所示，这与图层蒙版有些相似。

04 【智能滤镜】具有【混合选项】，编辑智能滤镜混合选项类似于在对传统图层应用滤镜时使用【渐隐】命令。在【图层】面板中，双击智能滤镜后的 图标，即可弹出智能滤镜【混合选项】对话框，如图8-49所示，可在此编辑其混合参数。

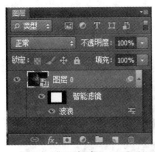
图8-48 选区内进行滤镜处理图层显示状态

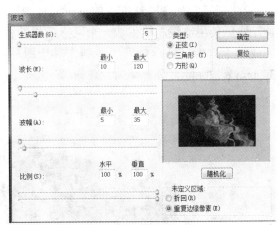
图8-49 滤镜的【混合选项】对话框

8.3 小结

滤镜是Photoshop的特色工具之一，可以改进图像并产生令人意想不到的画面效果。本章重点讲解了不同类型滤镜的使用常识和功能特色，要求能够在图像设计中灵活地运用各种滤镜，生成不同的肌理以及添加各种图像特效。

8.4 课后习题

1．在提供素材的基础上，请自己使用滤镜功能和色彩调整功能生成云彩的渲染效果，可以辅助使用涂抹、模糊等工具，参考效果如图8-50所示。文件尺寸为340mm×250mm，分辨率为72像素/英寸。

图8-50　云彩的渲染效果

2．请参考如图8-51所示的折页设计效果，将提供的新的人物素材处理为双色调，然后使用滤镜功能生成一个网点效果的背景，将其与人物图像进行合成，最后完成一个对折页展示效果图的制作（构图与色彩可进行重新设计）。文件尺寸为300mm×220mm，分辨率为72像素/英寸。

图8-51　折页设计效果

自动功能

第9章

本章重点:

■ 熟练掌握Photoshop中基本的文件恢复命令及
  快捷键

■ 了解历史记录面板的基本用法，能够以快照
  的方式保存图像状态

■ 能够通过动作板来记录操作，并实现对大量
  图像的批处理操作

9.1 常用自动恢复命令

Photoshop中大多数的误操作都可以还原。也就是说，可将图像内容恢复到操作的上一步，或者文件的上一次存储版本。常用的恢复命令和快捷键如下。

1. 恢复

执行菜单栏中的【文件】|【恢复】命令或者按F12键，能将被编辑过的图像恢复到上一次存储的状态，这是一种较为彻底的恢复方式，

2. 还原/重做

执行菜单栏中的【编辑】|【还原】命令或者按快捷键Ctrl+Z，可以还原前一次对图像所执行的操作。如果操作不能还原，则此命令将变成灰色状态。而执行菜单栏中的【编辑】|【重做】命令（或再一次按快捷键Ctrl+Z），则能重新执行前一次操作。

3. 前进一步/后退一步

此命令与【还原】|【重做】不同的是它可以多次执行【前进一步】（快捷键Shift+Ctrl+Z）或者【后退一步】（快捷键Alt+Ctrl+Z）命令，可将文件还原成处理前或处理后的数个状态。

9.2 历史记录面板的恢复功能

【历史记录】面板是用来记录操作步骤的，如果有足够的内存，【历史记录】面板会将所有的操作步骤都记录下来，可以随时返回任何一个步骤，查看任何一步操作时的图像效果。另外，配合历史画笔工具的使用，还可以将不同步骤所创建的效果结合起来。

执行菜单栏中的【窗口】|【历史记录】命令，打开【历史记录】面板，如图9-1所示。

图9-1 【历史记录】面板

1. 设置历史记录选项

01 根据软件内定的情况，在【历史记录】面板中只保留20步操作，当超过这个数量时，软件会自动清除前面的步骤以腾出内存空间，提高Photoshop的工作效率。如果有比较多的内存，可设定更多可记录的步骤，方法是执行菜单栏中的【编辑】|【首选项】|【性能】命令，弹出【首选项】对话框，如图9-2所示，在【历史记录状态】后面的数字框中输入需要的数值。

02 在【历史记录】面板右上角的弹出菜单中选择【历史记录选项】命令，会弹出
【历史记录选项】对话框，如图9-3所示。

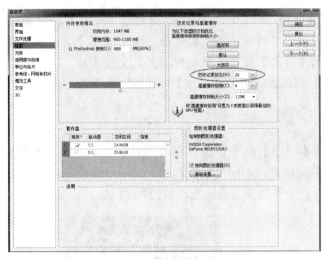

图9-2　【首选项】面板　　　　　　　　图9-3　【历史记录选项】面板

- **自动创建第一幅快照**　通常处于被选中状态，图像文件打开时面板最上端记录
  了初始状态。
- **存储时自动创建新快照**　可在每次执行存储命令时根据当时的图像状态生成一
  个快照。例如在操作图像的过程中执行了3次存储命令，在【历史记录】面板中
  可看到创建了3个快照，并以存储的时间作为快照的名称。
- **允许非线性历史记录**　可更改要记录的状态，但不删除其后的状态。
- **默认显示新快照对话框**　当创建新快照时，强制Photoshop显示快照对话框。
- **使图层可见性更改可还原**　当使用该选项时，历史记录可还原图层的可视性；
  否则，图层的显示与隐藏将不被【历史记录】面板所记录。

2．创建图像的快照

　　如果要保留一个特定的状态，可
选择【历史记录】面板右上角弹出菜
单中的【新建快照】命令，或直接单
击【历史记录】面板下的 📷 图标，这
样就会将当前选中的状态生成新的快
照，如图9-4所示。

　　快照不与图像一起存储，关闭
图像时将自动删除其快照。另外，
除非选择【允许非线性历史记录】
选项，否则选择一个快照并执行其
他操作，将会删除【历史记录】面
板中当前列出的所有状态。

图9-4　新的快照在【历史记录】面板的显示

9.3 动作的基本操作

有些情况需要对多个图像进行相同的处理，Photoshop通过【动作】面板提供了批处理功能，在操作图像过程中可以将每一步执行的命令都记录在【动作】面板中，在以后的操作中，只需单击【播放】按钮，就可以对其他文件或某一文件夹中的所有图像执行相同的操作。在Photoshop中，【动作】就是指一系列命令的组合，它是提高工作效率的一个有效途径。

1．动作面板

执行菜单栏中的【窗口】|【动作】命令，会弹出【动作】面板，如图9-5所示。面板中有一个【默认动作】文件夹，表明【默认动作】是一个动作组，单击文件夹右侧小三角就可将其中包含的动作列表显示出来，如图9-6所示。

图9-5 【动作】面板

图9-6 【默认动作】展开状态

■ 在【动作】面板的最左侧有一列方框，在方框中有"√"状的图标，表明此命令是打开，反之亦然。当某一动作中有关掉的命令时，此动作及动作所在组前的"√"图标呈红色。

■ 右边的 ▤ 图标是用来切换对话框开关的，如果有 ▤ 图标出现，当动作进行到此命令时，会弹出对话框，可进行数据设定。如果不需要变更对话框中的数据，可用鼠标单击 ▤ 图标使之消失。

■ 在【动作】面板最下方是一排小图标，这些图标从左到右分别表示：■【停止播放/停止记录】、●【开始记录】、▶【播放当前选中的命令】、□【创建动作组】、□【创建新动作】和 ▥【删除动作】。

关于动作的创建与使用的具体方法如下：

01 打开任意一幅图像，在【动作】面板右上角的弹出菜单中选择【新建组】命令

（或单击【动作】面板下方的 【新建动作组】图标），便会弹出【新建组】对话框，单击【确定】按钮，就可生成一个新的动作组，如图9-7所示。

02 在【动作】面板右上角的弹出菜单中选择【新建动作】命令（或直接单击面板下方 【新建动作】按钮），便会弹出【新建动作】对话框，如图9-8所示，在其中输入动作的名称，在【功能键】后面的弹出菜单中选择一个功能键，【颜色】后面的弹出菜单中可给新定义的动作选择一个显示颜色，单击【记录】按钮，返回到【动作】面板状态，现在开始动作的录制了。

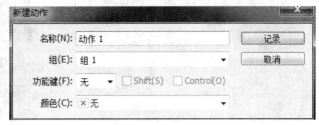

图9-7　新建动作组　　　　　　　　图9-8　【新建动作】对话框

03 此时选择各种命令进行操作时，就会被记录在【动作】面板中，下面我们依次对图像（如图9-9所示）执行如下操作。

- 选择工具箱中的 【矩形选框工具】，在其属性栏内将【羽化】值设为10像素，然后在图像中拖曳出矩形选区。
- 执行菜单栏中的【图像】|【调整】|【色相/饱和度】命令，在打开的对话框中勾选【着色】项并调节其他参数，使图像变为单一色调的效果。
- 执行菜单栏中的【选择】|【反向】命令将选区反转，然后按键盘上的Delete键将周边区域删除至白色。
- 执行菜单栏中的【选择】|【取消选择】命令，将选择范围取消。

04 在【动作】面板中单击 【停止记录图标】，图像处理结果如图9-10所示，在如图9-11所示的【动作】面板中记录了以上所有的操作。

图9-9　原图　　　　图9-10　图像经过系列处理后的效果　　　图9-11　【动作】面板状态

05 现在打开另外一张图像，如图9-12所示，在【动作】面板中选中刚才记录的动

173

作，然后单击【动作】面板中的 【播放当前动作】图标，会得到如图9-13所示的效果。

图9-12　为一张图像　　　　图9-13　执行【播放当前动作】命令后的效果

06 在记录操作命令过程中，有些操作是无法记录下来的。比如：画笔工具在画面上的绘制；海绵工具以及模糊、锐化工具的使用；一些工具属性的设置；还有一些预置的设定等都是无法记录的。这时需要通过执行【动作】面板右上角弹出菜单中的【插入菜单项目】命令来实现。

　　方法：选中插入位置的上一个命令（例如点中第一步：设置选区），然后选择【插入菜单项目】命令，弹出【插入菜单项目】对话框，如图9-14所示，先不要关闭对话框，在菜单中直接选择要插入的命令（【图像】|【调整】|【色相/饱和度】命令），最后单击【确定】按钮，现在每次播放时都会自动弹出【色相/饱和度】对话框。

图9-14　【插入菜单项目】对话框

07 如果希望单击 【播放当前动作】图标后，在某个命令处暂时停止操作，可首先选择此命令，然后再选择【动作】面板右上角弹出菜单中的【插入停止】命令，这样，就会弹出【记录停止】对话框，如图9-15所示，在对话框的【信息】栏中输入文字，如果在提示信息后允许继续下一步的操作，此处请选中【允许继续】选项。

08 另外，还可以控制动作的执行速度。方法：在【动作】面板右上角的弹出菜单中选择【回放选项】命令，在弹出的【回放选项】对话框（如图9-16所示）中，【加速】选项是内定的状态，保证动作以正常速度回放；【逐步】选项保证在执行每个命令时，都重绘画面；选中【暂停】选项时，可在后面的数据框中输入每个命令之间暂停的时间，以"秒"为单位。

图9-15　【记录停止】对话框　　　　图9-16　【回放选项】对话框

9.4　图像的自动批处理

在【动作】面板中记录的动作可对大量需要同样操作的文件进行批处理，下面我们运用批处理功能为20幅图片添加同样的命令。具体操作方法如下。

01 先把需要处理的20幅图片放置在同一个文件夹下（请读者自己准备）。

02 在【动作】面板中录制一个新的"动作1"，它包括将图片的色彩模式转为CMYK和将分辨率转为100ppi两步操作，下面我们要将20幅图片的色彩模式都自动转为CMYK，分辨率自动转为100ppi。

03 执行菜单栏中的【文件】|【自动】|【批处理】命令，弹出【批处理】对话框，在【播放】一栏中选择刚才录制好并存储的【组1】和【动作1】（如图9-17所示）。

04 在【源】处选择存放20幅图片的文件夹（选择【文件夹】选项，然后单击下面的【选择】按钮，在弹出对话框中选择需要处理的图像的文件夹）。

- **覆盖动作中的"打开"命令**　在【动作】面板中定义的动作中可能包含【文件】|【打开】之类的命令，如果要跳过它们，就勾选此选项。
- **包含所有子文件夹**　如果要对文件夹中的子文件夹执行同样的操作，就勾选此选项。
- **禁止显示文件打开选项对话框**　隐藏【文件打开选项】对话框。
- **禁止颜色配置文件警告**　用于关闭颜色信息的显示。

05 在【目标】处设置文件处理后的存储方式。弹出菜单中有3个选项：选择【无】会在执行动作后保持文件的开启状态；选择【存储并关闭】会在执行完动作后将文件存储并关闭，此操作会将原文件替换；选择【文件夹】可将修改后的文件存到另一个文件夹中，并使原图不受影响。

- **覆盖动作中的"存储为"命令**　在【动作】面板中定义的动作可能包含【存储为】之类的命令，如果要跳过它们，就勾选此选项。
- 在【文件命名】栏中选择重新命名的规则，并可选择名称的兼容性。

06 当所有的选项都定义好，单击【确定】按钮，软件会自动一张接一张地打开那20个图像文件，逐一进行修改色彩模式和分辨率的自动操作。

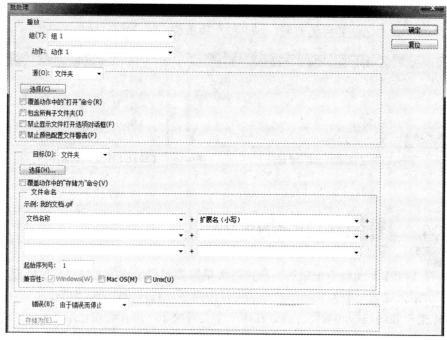

图9-17 【批处理】对话框

9.5 小结

本章讲解了Photoshop中的各种自动恢复和自动记录的功能，包括历史记录画笔工具、历史记录面板、动作面板等。另外，还讲解了如何在工作中对大量图像进行重复的处理操作，实现图像的自动批处理。

9.6 课后习题

1. 请自己找20张图片，对它们进行自动的快速批处理操作，比如修改色彩模式、分辨率、调整统一的色调、进行滤镜处理等。

2. 如何以"快照"的方式保存图像状态？

第2篇／Photoshop创新图像设计

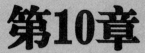

第10章 混合媒介图像设计

"行业中产生的变化，是人们对于创新风格的接受，以及新美学快速且连续的发展"。

——【美】Seldon Hunt

10.1 "混合媒介"风格的界定

　　所谓"混合媒介"的图像风格，是指一种在创作结果（或过程中）混合了多种技术与媒介的复杂图像艺术形式。

　　早在Photoshop成熟与风靡图像世界之前，实际上这种"混合媒介"的风格便伴随着"装配"、"拼贴"、"组合绘画"等后现代艺术概念而存在了，但是我们在计算机图形艺术中定义的"混合媒介"风格，它强调的是多种不同质元素的自由融合，这些不同质的元素包括：数码元素、摄影、手绘作品、自然形态、特种印刷、街头艺术、动态图形、影视特效等。成功作品的秘诀往往来自于数码和传统技术巧妙而悄无声息的艺术结合，形成一种新的尖端方法，以富有创意的新形式把概念形象化。

　　在现代图像设计领域中，最容易令人眼花缭乱的即是这种"混合媒介"的图像风格，在看似混乱甚至相悖的组合之下，常常会令人产生一种与西方文化与艺术的"距离感"，下面我们就来简单了解一下这种"混合媒介"风格形成的思想渊源以及它发展的大致脉络，这样有助于在创作时消除或减弱这种"距离感"。

10.1.1 "混合媒介"风格的影响来源

　　之一：艺术教育的"包豪斯方法"

　　1919年，Bauhaus（包豪斯）设计学校建立于德国魏玛，包豪斯精神的基础是艺术家、设计家以及工匠们一起努力把传统的课程障碍移除，它们改革了艺术设计教学，学生们学习各种各样的科目，学习科目包括纺织、摄影、排版、雕刻、几何、色彩、作文、建筑、演讲、家俱设计、广告等课程，很多跨学科的课程都提倡材料的混合与结合，使学生在混合的课程与训练中建立一种开放的思想，其宣言的精髓："唯一可以被学到的事情就是创造性的语言"。

　　之二：拼贴、装配与组合绘画

　　在现代艺术史中，"拼贴"与"装配"的概念最早是毕加索在立体主义绘画和雕塑中提出的，他试图以此来探讨艺术表现形式与现实之间的关系。而这一创作手法后来被达达主义者和超现实主义者所采用，他们也都视它为一种基本的创作语言，用以实现美学观念上的一些重要变化。

　　波普艺术家劳申伯格说："拼贴是创作无个性信息作品的方法。"他充分意识到了大众传媒所带来的信息混杂，并且通过自己对现成图像的混合将这种感受准确地传达了出来。例如，劳申伯格喜欢用印刷品来反映这个时代，他能利用一切形象来创作新的作品。他以一种巧妙的调侃的方式把它们堆积在一起，并称自己的艺术是"混合艺术"，如图10-1所示。

图10-1　波普艺术家劳申伯格的"混合艺术"

之三：卢克·莱恩哈特"冒险精神"建议

1973年，卢克·莱恩哈特（Luke Rhinehart）出版了《掷骰子的人》（The Dice Man），它是关于一个精神病学家的故事。他陷入了规律刻板的生活，所以决定让骰子来决定他的每一个决定。这个引人入胜的故事吸引了并将继续吸引年轻人的想象力，除了貌似提供了一种区别于大多数人生活的、主流的、世俗的生活方式外，更重要的是这本书还强调了充满着冒险和机会的，迷人的生活方式也是一种选择，它的态度和思想意识影响了图像制作中的冒险精神。它在后来的创新图像制作的运动发展中起到了一定的作用。正是媒介与材料的混合以及惊奇与冒险的元素，刺激着当今数码图像制作的业内人士。

之四：其他领域"混搭"之风的相互影响

混搭（Mix and Match），一个时尚界专用名词，指将不同风格、不同材质、不同身价的东西按照个人口味拼凑在一起，混合出完全个人化的风格。时尚与经典、嘻哈与庄重、奢靡与质朴、烦琐与简洁，个人化的自由搭配混合了不同时空、文化、风格、阶层的元素，用一种"非个性"的特点来彰显个人化的风格。自时装界开始，迅速蔓延到与时尚有关的饰品、美容，并进而作为一种生活方式和美学标志影响到其他领域，作为一种文化立场和意识形态表现出来的"混搭主义"与挪用、拼贴、混杂、组合、反讽等后现代惯用的手法不谋而合。

拉斯维加斯，美国最大的娱乐城，本来只是一个加州路上的绿洲，周边无尽的沙漠，在西班牙统治之后，这里似乎是一夜之间的变化，形成了一个混合的后现代城市，经典、前卫、异国、嘻哈等风格并存，当然也可以理解成严肃的融合。如图10-2所示是拉斯维加斯具有典型性的城市建筑组

图10-2 拉斯维加斯城市建筑中的后现代混合风格

合，欧洲经典形式、纽约的曼哈顿现代象征、巨大的游艺设施等被集合在一起。

20世纪60年代后，大量的西方艺术家和设计师们在音乐、电影、服装、建筑等跨界融合之中意识到设计形态本身的界限并不是绝对的，在作品中注入不同元素为视觉带来了新鲜感，使得世纪之交的混沌含糊地催生了一个多元主义的时代……这一切，都使图像设计领域中的混合风潮成为一种必然的风格。

10.1.2 早期数字图像的混合手法——摄影蒙太奇

在数字图像尤其是早期"混合"风格的探索过程中，一个不可不提的艺术家是Laurence Gartel（US b1956），1977年毕业于纽约视觉艺术专业，他的计算机实验

混合媒介图像设计

开始于1975年，包括一些最早的综合特效的应用。他的全部作品代表最早期的技术艺术实验，尤其是在影像合成方面。最初影像合成的手法是"拼贴"，实际上，在今天"拼贴"已成为数字图像艺术中一个很常用的术语，许多数字艺术的作品显然师承美术史上的拼贴派，早在立体派画家手中，拼贴术就一直是为加强画中的审美现实感所使用的一种技巧。"拼贴的语言"就是一种将不同质的元素在同一画面中的抽象手法，最终目的并不在于形式的变革，而是呈现给人们一个超越了日常经验的奇异世界。下面我们来看一看Laurence Gartel成型的拼贴实验。

90 年代初，桌面出版系统进入传统印刷与艺术设计领域，但当时图像捕捉设备和图像处理软件都还处于较低级的阶段，Canon 760 是一种可调节镜头的早期数码相机，25张640×480 pixels 的图片可以装在相机中的小磁卡上。当时的图像只有8bit和256色，而处理的软件是"Oasis"、"Studio 8"和"Studio 32"，这些是在Adobe Photoshop 真正控制市场之前的软件，然而这些早期的程序使数字艺术家已开始探索未知的图像领域。如图10-3所示的1991-Florida Series《佛罗里达系列》是关于Laurence Gartel去迈阿密的旅行的见闻，佛罗里达系列开创了所谓"new Gartel"的图像拼贴风格，画面结果故意保持着一种原始、诚实、实验性的构成风格；在他1995的作品《 Miami International Airport》《迈阿密国际机场》中，为了体现南佛罗里达的特点，他的拼贴风格也进一步复杂化，他拍摄了大约4000张不同的邻近城镇的图片，将详细的情景制成叙述性的抽象拼贴画，每张图像中有30～40张图片并置，表现了一种对多维存在的图像探索。

2000年，Elvis 大事记委任Gartel以他那种不可思议的拼贴艺术风格解释历史，他在数百张照片、物体、票据基础上完成了4 张独立的拼贴作品，如图10-4所示为其中的两张，目前该版本只限印50份。这种带有偶然性和无规则性的图像拆分与重组更可产生震憾人心的戏剧性效果，我们也可称这种风格为一种摄影蒙太奇风格的数字艺术（摄影蒙太奇最早的概念产生于19世纪的Henry Peach Robinson和Oscar Gustav Rejlander利用多重曝光的照片制作出的复杂叙事影像）。

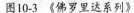

图10-3 《佛罗里达系列》　　图10-4 Laurence Gartel于2000年创作的Elvis系列数字拼贴艺术

当今的图像制作者已经很自然地视这种摄影蒙太奇手法为一种简单的图像技巧，计算机技术的发展使人们常常忽略了它深刻的艺术和思想渊源，而仅仅视它们为一种图像处理技术的进步。例如图10-5是KIA汽车的超现实主义现代广告作品，"有没有发现，每当你想买一辆车时，你在哪里都能看到它"，在极其繁复的画面中混合了上百张图片，以大胆的手法对图像进行破坏与重新的塑造，将科技意味和超现实的幻想气息融合在一种奇怪的冲突之中，构建了一个不可思议的图像世界。

图10-5　现代广告图像设计中呈现的复杂的摄影——蒙太奇风格

10.1.3　现代图像混合手法

随着电脑科技与信息技术的飞速发展，混合的手法已不再仅限于早期的拼贴，潮流和思想、新兴技术和商业性创新成果的结合促成了全新创作手法的诞生。

被新的介质拓宽了的"混合媒介"手法，成为了年轻的计算机艺术家尤其是数码插画家们在当下很流行的风格，它挖掘传统介质之上的素材与当下物质和意识景观的关系，仿佛传统介质与数码像素的对话和辩论。年轻的艺术家利用计算机软件无可比拟的技术优势将达达主义以来所有意念上的幻想转换成为完全逼真的视觉形象，最大程度地刺激着观众的视觉。

1．数码与手工元素的结合

美国建筑师文里丘说："对艺术家来说，创新可能就意味着从旧的现存的东西中挑挑拣拣"。对于"混合媒介"图像作品，成功的秘诀往往来自于数码和传统技术巧妙而悄无声息的艺术结合，例如图10-6中选取的3张现代混合作品，都是摄影作品、数码元素（在计算机软件中生成的材质与图形）与传统绘画笔触的混合，反映了一种在数码时代中"手工美学"的流行。

现在年轻的创意人员支持更加人性化的方法，尽管他们使用的工具仍然是数字的，混合是一个非常好的途径来实现这两种美学的交融。应用传统工具绘画出特殊的笔触和纹理，利用水与颜料的交融来产生自然的水印及流动的印迹，利用泼溅颜料来获得随机的难以名状的形态……然后将这一切扫描到计算机中，与摄影或数码元素进行混合，图像中的手工作用会使作品回归到一种更加开放与真实的状态。

澳大利亚的插画家Sarah Howell是近几年来活跃于时尚世界中的顶极插画师，自从接触了Photoshop以后，渐渐挖掘出了自己的潜能。她的图像风格是显著而时髦的：拍摄精良的照片加上素描的彩色有机图形的有趣处理，她自己形容此风格为"迷人而丰富的后波普艺术，结合了一点不相称的狂野色彩"。

图10-6 图像中的手工作用会使作品回归到一种更加开放与真实的状态

　　分析一下她的设计制作过程：一开始会添加层层扫描的图片，用水洗或旋涡的效果来污染服装或其他元素，下一步是通过绘画和图案扩展这些区域，接着添加精致的细节——这是个很奇特的非科学过程，她的作品是复杂的拼贴画，"我喜欢矛盾的东西，总是觉得有冲动将两种不应该搭配在一起的颜色混合起来，或者将不和谐的纹理搭配在一起"，她总是在照片上层叠照片，生成纹理，同时添加自己的素描，如图10-7所示。

　　图10-8选取的是一张游戏宣传的画面，其中融合了传统水墨、线描、图片等，并添加了计算机光效，大量的二、三维及动画设计的软件可以根据游戏的实际要求创造出离奇古怪的虚拟场景，使游戏者身处于一个不熟悉的带有冒险性的视觉世界中，这些场景不仅可来自当前现实，也可重建已成废墟的古迹，甚至是纯粹想象出来的太虚幻境。

图10-7　Sarah Howell在照片上层叠颜色，生成纹理，
　　　　同时添加自己的素描

图10-8　游戏宣传的混合画面

2. 中西方观念混合

　　图10-9所示的插画作品中充满了熟悉的鱼、百合花、水纹、蜻蜓等线描画，带有些许中国传统纹样的意味，然而它们又是以一种绝对陌生的方式组合在一起，大量手绘的、计算机生成的线条自然融合在一起，摄影人像在混合而形成的虚拟幻境

之中若隐若现，以一种多元化的拼合来表达艺术家的美学观念、情感以及作为生命个体对世界的认知。

现在许多西方艺术家在创作中吸取了一些中国文化资源，其作品里或多或少地渗透了某些中国化的内容和形式，多元化发展的增强，插画的多边融合性决定了与其他艺术形式的联系越来越紧密。例如Fiona Hewitt是一个英国插画师，但是他的插画中包含着很多的中国元素，很有中国五六十年代儿童插画的味道。最明显的就是表意趣味的中国字，有的时候甚至有点让人摸不到头脑，也恰恰是因为这样，反而为他的插画平添了一份只可意会不可言传的古朴的趣味，如图10-10所示。

图10-9　中国传统纹样的陌生组合方式

关于中西方观念混合在图像中的表现是个非常宽泛的领域，这里就不作过多讲解了，但是，在将来缤纷多彩的图像设计世界里，那些具有深厚而且很有特色的区域文化和传统艺术形式构成感的图像。会在图像融合的大趋势中占据重要的地位，它们和新的数码手段一起创造着一个个性化与多元化的新时代。

图10-10　英国插画师作品中包含着很多的中国元素

3. 新的数码元素的加入

新的数码元素是指在计算机软件中直接生成的特殊元素，例如很重要的一项——在矢量图形软件中绘制的矢量图形，作为CG一个重要组成部分，矢量图形具有数码技术对图形描述的"硬边"表现风格，它从自然中抽象出几何概念，将繁复的世界转变为点、线、面以及各种数学构成形式，对特定对象加以大胆变形和装饰化处理，或将不同对象的局部特征进行适度的组合，将对象纳入抽象化的程式中使之偏离原来的外观。矢量图形中包含着大量的数学运算法则，是一种比较理性的图形艺术，如图10-11所示的这张海报，在传统手工和颜料制作出的墨水痕迹之上，叠加了极其规范与理性的矢量放射状重复图形，洒脱的写意与严谨的排列却构成了极具现代感的新鲜画面（与此海报风格相类似的制作方法参看本章第10.2.2节内容）。图10-12也是非常典型的运用大量矢量素材等进行混合构成的广告作品。

图10-11　矢量图形与自然痕迹的混合　　　　图10-12　矢量素材混合广告作品

2007年，在平面设计中，堆砌矢量图的数码艺术创作手法已经过时，结合数码摄影、3D的数码图像时代已经到来，数码图像艺术找到了其存在的主体性，甚至为视频动画的创作提供了素材资源。当与3D结合之后，许多过去的"不可能"瞬间成为了可能，拼贴艺术既面临着严峻的挑战，又获得了借用其他图像来重组图像的前所未有的良好时机和氛围。

这种新概念的"拼贴"我们又称为多介质的融合，因为它在传统拼贴的摄影图片、手绘稿等的基础上，原始素材中增加了2D和3D的数码元素，数码艺术元素是这种新的拼贴作品的核心所在。

例如英国的Nik Ainley，是这两年非常有名的年轻数码艺术家，他自学软件进行创作（Photoshop，ILLustrator，poser，Xara3D，Bryce），他的数字图像风格被称为"3D拼贴画"，极其复杂的PS合成作品中总会加进在三维软件中生成的虚拟形象与场景、矢量软件中完成的装饰图形以及一些小软件中生成的数码元素，这些素材在他的画面中产生了神秘与华丽的视效，如图10-13和图10-14所示。

他自称在创作时95%的情况下都会用到Photoshop，他在Photoshop里进行极速地构思和创作。他认为，数码插画重要的是有数码艺术元素，而不是仅仅借助数码软件进行创作。

更多相关作品请参看网站：www.shinybinary.com

图10-13　Nik Ainley创作的"3D拼贴画"

图10-14　数码艺术元素是这种新的拼贴作品的核心所在

10.1.4　混沌美学

　　数码技术带来新主题，开创了一系列全新的工作方式，并定义了一种全新的视觉美感，当混合的范畴在新技术与新观念的推动下不断拓宽时，一种更"混乱的"美学出现了。

　　在数字图像艺术领域中，有一种非常显著的风格就被称为"混沌式图像"。

　　所谓"混沌（Chaos）"是指在显然毫不相干的事件之间，存在潜伏的内在关联性。混沌学的专家将理论的焦点放在潜藏的秩序、细微的差异、事物的"敏感性"以及无法预测之事物可能产生新事物之各种"规则"的研究，混沌学也可以被看作一种非线性的、随机性的、自由演化的无序的科学。看一看自然界中的艺术品，往往没有特定的尺度与规律性，它们是天然、随意性的、追求野性的、未开化的混沌的原始形状——热带雨林、沙漠、灌木、荒原、溶岩、海岸、星系、涡流的滚动、山脉的起伏……从这些自然形态之中，我们可以体会到混沌美学的含义。

　　当混合的繁复性达到一定的程度，就会形成这种所谓的"混沌式图像"，这一类图像在画面表现上最为费力，逻辑也最模糊，特征是许多相关或不相关的影像元素，彼此以不明确的规则相互大胆混杂重叠，其中也常用到文字与线条作为影像元素，形成非线性的、随机性的、动荡的、模糊不清的图像风格。20世纪60年代兴起的摇滚乐、迷幻药，以及80年代的MTV，应是酝酿此类风格的重要因素，另外也受到电子传播技术景观极深的影响。

　　例如，早期James FAURE WALKER的作品中（图10-15），已经开始尝试在图片、线条等的不断推叠中使影像既可以清晰，也不妨彻底无法辨认，构成元素可以有逻辑，也可以完全不知所云，只是纯视觉构图的光影媒介。在混沌之中，这一类图像经常具有较强的装饰与烘托、陪衬性格、表达一种强烈的情感。它们常常没有或故意不标识明确的主题；另一方面，混沌派影像质感繁复、色调丰富，最能令人品味良久，如图10-16所示。

186

图10-15　早期James FAURE WALKER的混沌风格作品　　　图10-16　质感繁复的混沌派影像

　　混沌派作品表现的优劣完全取决于设计者本身的视觉造诣与影像处理技巧，同时对影像素材的要求也极高。例如大量Photoshop所制作的混沌派作品中，便是利用不同的图像素材进行一次次半透明重叠的试验，配合功能强大的图层混合模式功能，这些模式是对图像像素点进行复杂的数学运算，往往可生成随机的意外的合成效果，并可创造出大量崭新的图像肌理，这些肌理仿佛是一些利用自然形态而形成的造型，具有极大的偶然性、不可预测的神秘性和创作手法的无限性。意外性越大，则越容易在形成的形态中感觉到强烈的激情与不可思议的神秘魅力。

　　在图像的交融之中，结合着互不相容事物的程式与材料，美与丑、粗糙与光滑、优雅与粗鲁、琐碎与明了……全部都交融在一起，利用不确定性并使之成为作品的主题。如图10-17和图10-18所示，那种鲜艳、快乐、朦胧的影像呈现出一种全新的感觉，一种难以言语的自然、即兴的美学，模糊与随机性成为了图像的一种潮流与经典，这种态度解放了所有传统意念的追随者，比较接近达达主义或那些关于荒诞玄学的学说，即兴的创作和自由地游走，视觉意图几乎是唯一的企图。

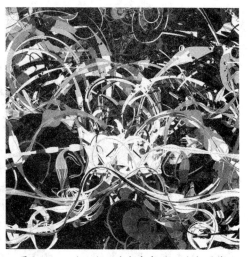

图10-17　层叠的图形与笔划形成的一种　　　　　图10-18　利用编码艺术生成的混沌式图像
　　　　　　即兴式的图像风格

有人提出混合图像的禁忌是无主题，有人说混合图像的最高境界是融合。设计师McFaul麦克福尔谈起他的混合作品时说："比起美学效果，我更着迷于创作过程。"的确，混合在过程中隐藏着无限的未知的可能性，它创作过程如同爵士乐家在即兴作曲一般，是一种复杂的、乱中有序的现代有机风格。

10.2 Photoshop "混合媒介"案例讲解

10.2.1 混合风格插画与海报设计

这一节选用了两个应用混合风格原理设计的简单作品，第一张是多种图像素材拼合而成的插画，第二张海报的不同之处在于混合中介入了泼墨手绘素材，以及Illustrator制作的矢量重复图形，混合的制作过程要稍微复杂一些。

1. SugarSin糖果包装插画

01 首先，执行菜单栏中的【文件】|【新建】命令，弹出如图10-19所示的对话框，将文件名设为"SugarSin糖果包装插画"，【宽度】为57厘米，【高度】为32厘米，【分辨率】设为150像素/英寸，【颜色模式】设为CMYK，其他为默认值，最后单击【确定】按钮，工作区状态如图10-20所示。

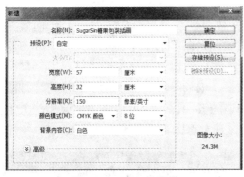

图10-19 建立新文档

图10-20 工作区状态

02 本例的制作方法很简单，只要注意各种元素之间是否搭配、协调即可。为了避免顺序混乱，请按照素材编号的大小依次从左到右导入。首先，单击图层面板中的 【创建新组】按钮，将组命名为【黑白素材】，如图10-21所示。然后打开配套光盘中提供的素材"1摩天轮.png"文件，将已经退好底的摩天轮素材复制粘贴入主背景中，并将新图层命名为"1摩天轮"，将其拖入【黑白素材】组内，如图10-22所示。

图10-21 新建"黑白素材"组

图10-22 将图层移入组内

03 继续导入序号为前20的素材，依序号从左到右排列，图层均位于组【黑白素材】内，调整大小和位置后，效果如图10-23所示。

图10-23　全部黑白素材排列效果

04 继续单击图层面板中的 ▤ 【创建新组】按钮，将组命名为【彩色素材】，如图10-24所示。然后开始导入序号21至序号36的素材文件，图层均位于组【彩色素材】内，调整大小和位置后，效果如图10-25所示。

图10-24　新建"彩色素材"组　　　　　　图10-25　彩色素材排列效果

05 接下来开始进行细节的调整，首先修改中间部分风景画的显示范围，新建图层，命名为"三角形蒙版"，单击工具箱中的 ▣ 【多边形工具】按钮，在属性栏中修改边数为3，方式为像素，如图10-26所示。

图10-26　多边形工具属性栏设置

06 拖动鼠标画出一个等边三角形，如图10-27所示，调整位置和大小后，将前景色设置为黑色，然后按Alt+Delete键即可将三角形填充为黑色。将三角形图层移到"12山峰"图层的下方，在按住Alt键的同时，将鼠标移到【图层】面板中两个图层之间的细线处，单击鼠标后，即可创建一个剪贴蒙版，如图10-28所示，上面的山峰图像被剪贴到三角形的形状之中，如图10-29所示。

07 新建图层，命名为"周边三角形"，继续绘制多个黑色等边三角形，将它们按三角形的形状排列在山峰的周围，如图10-30所示。

图10-27 绘制等边三角形

图10-28 创建剪贴蒙版

图10-29 山峰被剪贴到三角形形状中

08 修改铅笔分布的角度和位置：使用工具箱中的 ■【矩形选框工具】选中一支铅笔后，执行【编辑】|【自由变换】命令调整角度，每支铅笔依次按此方法操作，形成放射状散布的效果，并将铅笔图层移到"黑白素材"组的下方。注意：若不是在"黑白素材"组内，则即可形成遮挡的效果，如图10-31所示。

图10-30 周边三角形的绘制

图10-31 铅笔的分布效果

09 打开 "37条纹.png" 素材文件，将其复制粘贴到主背景中，图层位于【黑白素材】组中，调整大小和位置，将其放在嘴唇图形的下面，如图10-32所示。执行【编辑】|【自由变换】命令，将条纹素材旋转45°，使用工具箱中的 ■【椭圆选框工具】绘制一个比嘴部稍小的圆形选区，如图10-33所示，单击图层面板下方的 ■【添加图层蒙版】按钮，即可得到如图10-34所示效果。

图10-32 条纹素材

图10-33 旋转后绘制椭圆选区

图10-34 圆形蒙版效果

10 同理，继续绘制另一部分风景图的显示范围，由于这部分风景图需要和长颈鹿形成前后遮挡的关系，故采用图层蒙版的方法来进行显示范围的修改。在图层面板中，将长颈鹿图层置于山峰图层的下方，然后在山峰图层上绘制一个圆形选区，如图10-35所示，单击图层面板下方的 【添加图层蒙版】按钮，得到如图10-36所示的效果。

图10-35　长颈鹿和风景的前后遮挡关系

图10-36　添加圆形图层蒙版后效果

11 再将刚才的黑白条纹素材复制粘贴一份，命名为"37条纹副本"，将其置于山峰和长颈鹿图层的下方，调整大小和位置，如图10-37所示。按住Ctrl键单击山峰图层蒙版的缩略图，可得到刚才的椭圆形选区，最后，单击图层面板下方的 【添加图层蒙版】按钮，黑白条纹被装入椭圆形内，如图10-38所示。现在图层的顺序如图10-39所示。

图10-37　条纹素材的
位置和大小

图10-38　对条纹素材添加
相同的图层蒙版

图10-39　图层面板内的排列顺序

12 彩虹的绘制：创建新图层，命名为"红"，使用工具箱中的 【椭圆选框工具】建立椭圆选区后，填充红色，然后将红图层拖动到图层面板下方 "创建新图层"按钮上复制一份，命名为"橙"，将其填充为橙色。

13 按快捷键Ctrl+T调出变形框，然后按住Shift+Alt键的同时，向内拖动一个角控制点，使橙色圆形中心对称地向内缩小。同样的操作方法，继续复制橙色图层，命名为"黄"，填充为黄色，依此类推，继续绘制绿色和蓝色圆形，最内侧的圆填充为白色。将所有圆形图层按Shift键选中，按快捷键Ctrl+E合并所有图层，命名为"彩虹"。

14 使用 【矩形选框工具】在"彩虹"层的下半部绘制一个矩形选区，按Delete键去掉彩虹下半部分。制作彩虹的分解步骤如图10-40所示。

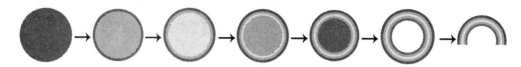

图 10-40　彩虹绘制步骤图

15 复制多个彩虹图层，调整大小和位置。最后效果如图10-41所示。

16 现在开始进行整体调节，首先选中【黑白素材】组，单击图层面板下方 ◎ 【创建新的填充或调整图层按钮】，选中【黑白】选项，即可得到黑白素材图层组整体的黑白效果，而彩色素

图 10-41　多个彩虹的大小和位置

材依旧保持彩色不变，形成有趣的色彩对比，如图10-42所示。最后，执行【视图】|【标尺】命令打开标尺，分别在坐标19厘米处和38厘米处按住鼠标拉出参考线，将宽度为57厘米的图像三等分，对不同的素材进行微调，使图像分割后仍能保持素材的完整。使用工具箱中的 ╱ 【直线工具】沿着参考线拉出两条直线，这幅简洁的拼贴风格的插画便完成了，如图10-43所示。

图 10-42　添加黑白调整图层

图 10-43　平面部分完成效果

17 下面，我们来利用这幅插画，制作一个包装袋的立体展示效果。执行菜单栏中的【文件】|【新建】命令，将文件名设为"SugarSin糖果包装"，【宽度】为57厘米，【高度】为32厘米，【分辨率】设为150像素/英寸，如图10-44所示，单击【确定】按钮生成新文件。执行【文件】|【置入】命令，置入先前制作好的包装平面图，调整大小和位置。为了方便与平面插画中的白色相区分，我们

将背景设置为一种淡灰色，参考值为C23M18Y18K0，效果如图10-45所示。

18 依照参考线使用 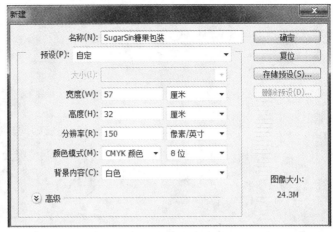【矩形选框工具】选中左边第一部分，然后按快捷键Ctrl+J即可将选区内的图像自动复制为一个新的图层，命名为"左部分"，然后选中中间第二部分，继续按快捷键Ctrl+J，分离出来的图层命名为"中部分"，选中右边部分，按快捷键Ctrl+J后命名为"右部分"，效果如图10-46所示。最后删除原素材图层，图层面板如图10-47所示。

图10-44 新建文件对话框

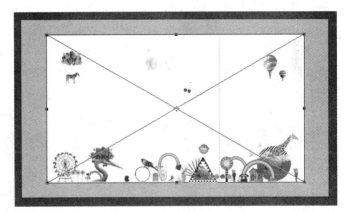

图10-45 置入素材后的效果

图10-46 素材三等分后效果

图10-47 图层面板展示图

19 接下来首先对左边部分进行自由变换，执行【编辑】|【自由变换】命令，按住Ctrl键对节点进行拖动，即可得到如图10-48所示的变形效果。然后单击工具箱中的 【钢笔工具】按钮，绘制出包装盒侧面立体部分的轮廓，如图10-49所示，路径面板中出现了一个工作路径，如图10-50所示。

图10-48　变形后的效果　图10-49　绘制立体部分轮廓　图10-50　路径面板中出现了一个工作路径

20 单击路径面板下方 　【将路径作为选区载入】按钮，将路径转化为选区。新建图层，命名为"左部分侧面"，使用工具箱中的 　【渐变工具】对选区进行填充，单击属性栏中的 　按钮，弹出如图10-51所示的对话框。设置参考色分别为C50M100Y20K0和C5M85Y0K0，然后按如图10-52所示的方向在选区内拉出渐变。

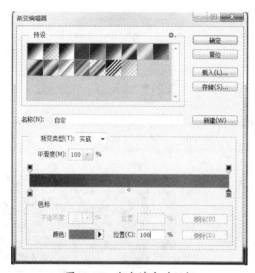

图10-51　渐变填充对话框　　　　　图10-52　从下到上拉出渐变

21 使用工具箱中的 　【多边形套索工具】，如图10-53所示在包装袋侧下部绘制出一个三角形选区，填充相同颜色的渐变，方向如图10-54所示。同理，继续绘制剩下一个内侧面的明暗细节，填充相同的渐变，但方向略有变化，最后效果如图10-55所示。

22 新建图层，命名为"左部分阴影"，选择 　【椭圆选框工具】，在其属性栏内设置【羽化】值为100，在包装盒底部绘制一个椭圆形选区，如图10-56所示，然后填充颜色为深灰色，得到如图10-57所示的自然投影效果。再新建一个图层，命名为"左部分阴影2"，选择小号软边画笔，前景色为C0M0Y0K80，在纸袋贴近地面的部分绘制一些轻微的阴影，如图10-58所示。

194

图10-53　三角形选区

图10-54　渐变的方向

图10-55　包装袋侧面的明暗效果

图10-56　椭圆形选区的绘制

图10-57　填充深灰色后得到
投影效果

图10-58　使用小号画笔绘制紧贴
地面的阴影

23 其他两个包装袋同理，依照透视的规律进行立体部分的塑造，最后效果如图10-59所示。

图10-59　三个包装袋立体部分的塑造效果

24 接下来添加文字，内容为SugarSin，字体为Arial，大小为48点，进行透视变换后放置到每个包装袋上，最终效果如图10-60所示。

图10-60　最终立体展示效果

2. 泼墨风格现代海报

上一节我们曾经说过，在现代"混合媒介"作品中，应用传统工具绘画出特殊的笔触和纹理，利用水与颜料的交融来产生自然的水印及流动的印迹等，然后将这一切扫描到电脑中，与摄影或数码元素进行混合，图像中的手工作用会使作品回归到一种更加开放与真实的状态。这一节我们选择了一个传统泼墨手工制作与矢量图形的混合实例。

01 首先用毛笔蘸取墨汁在一张水彩纸（或是宣纸）上绘制出一个圆形的墨色晕染图形，保留墨汁过多所产生的随机的墨点或墨线，效果如图10-61所示，然后将其扫描后导入Photoshop中作为一种特殊的图像素材。

02 扫描图像偏灰，先进行明暗度的调整。方法：执行菜单栏中的【图像】|【调整】|【亮度/对比度】命令，在弹出的对话框中设置参数如图10-62所示，然后单击【确定】按钮，图像效果如图10-63所示。

图10-61　用墨汁绘制墨色晕染图像

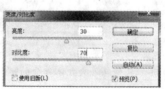

图10-62　【亮度/对比度】对话框

图10-63　进行明暗度调整后的效果

03 接着执行菜单栏中的【图像】|【调整】|【曲线】命令，在弹出的【曲线】对话框中调整其ＣＭＹＫ通道，将右上角代表黑色的端点垂直向下拉一段距离，将左下角代表白色的端点向右移动一段距离，如图10-64所示，使其图像的亮度整体提升，调整完单击【确定】按钮，效果如图10-65所示。接下来，在【图层】面板中"背景"图层上双击鼠标，将其转换为普通图层"图层0"，如图10-66所示。

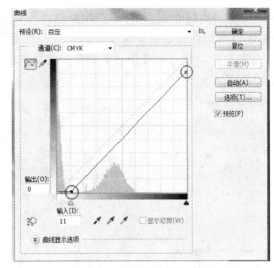

图10-64　调整【曲线】参数

图10-65　调整【曲线】后效果　图10-66　将背景层转换为普通图层

04 下面对泼墨形状进行退底处理。方法：选中工具箱中的【魔棒】工具，保留其默认设定值，在图像的空白处单击，并按住Shift键将所有的白色区域都选中，如图10-67所示，然后按Delete键将白色区域全部清除为透明，如图10-68所示。最后，将调整好的素材文件存储为"泼墨素材.psd"。

图10-67　将白色区域全部选中　图10-68　将白色区域清除掉　图10-69　创建海报psd文件

05 素材调整完成后，开始海报的正式制作。首先，执行菜单栏中的【文件】|【新建】命令，在弹出的对话框中设置如图10-69所示的参数，将"文件名"设为：泼墨效果时尚海报，单击【确定】按钮，工作区状态如图10-70所示。

06 将刚才"泼墨素材.psd"图像文件中的墨水形状复制粘贴到新建的文件中，按快捷键Ctrl+T对图像进行自由变形，调整其大小和角度，并放置在画面的中上部，如图10-71所示。然后在【图层】面板中将新生成的图层更名为"泼墨素材1"，如图10-72所示。

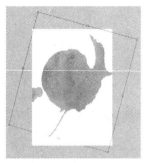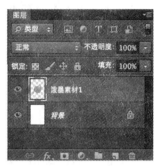

图10-70　新创建的工作区状态　图10-71　对泼墨素材进行自由变换　图10-72　将图层名称改为"泼墨素材1"

07 现在为墨点添加颜色，首先选中"泼墨素材1"图层，执行菜单栏中的【图像】|【调整】|【色相/饱和度】命令，在弹出的对话框中设置如图10-73所示参数，先勾选右下角的【着色】项，然后调整色相、饱和度和明度数值，为灰度图像上色，最后单击【确定】按钮。原来深灰色的墨迹变成了一种玫瑰红色，这种调色方式很重要的一点是它保留了原始纸张的自然纹理与起伏，如图10-74所示。

图10-73　【色相/饱和度】对话框中进行着色　图10-74　原来深灰色的墨迹变成了红色

08 接下来制作两个复制的泼墨点，将它们进行透叠以形成复杂的颜色混合效果。方法：先选中"泼墨素材1"图层，将其拖至面板下方的【新建图层】按钮上，此图层被复制成为一个新图层，将其更名为"泼墨素材2"，如图10-75所示。执行菜单栏中的【图像】|【调整】|【色相/饱和度】命令，在弹出的对话框中设置参数如图10-76所示，单击【确定】按钮后，这个复制的泼墨形状被渲染成保留纸张纹理效果的蓝色调。调整蓝色图形的大小与角度，形成如图10-77所示的重叠关系。

图10-75　创建"泼墨素材2"图层

09 现在两层图形间重叠关系较为生硬，需要通过调节图层混合模式使二者融合在一起。方法：选中"泼墨素材2"图层，在面板左上方图层【混合模式】的下拉菜单中选中【正片叠底】，此时蓝色与红色两层泼墨图形相互叠加在一起，两种颜色的交集处呈现出奇妙的蓝紫色，如图10-78所示。

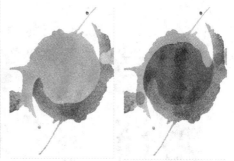

图10-76　在【色相/饱和度】对话框中进行着色　　图10-77　蓝色图形效果　　图10-78　两色交集处呈现出蓝紫色

10 同样的方法，再将泼墨素材复制一层，将其着色为明亮的黄色调，位置稍微偏向左上方，如图10-79所示，在【图层】面板中也同样选择【正片叠底】混合模式进行叠加，三色叠加产生了更为繁复而微妙的混色效果，如图10-80所示。

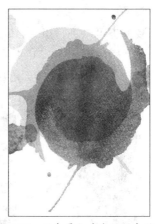

图10-79　再将泼墨素材复制一层并着色　　图10-80　三色叠加产生的混色效果

11 到此步骤为止，三色手工墨迹的混合基本完成了，接下来开始制作海报的另一种重要的混合元素——矢量放射状线条，这种规则的、锐利的重复图形非常适合于在Illustrator软件中进行绘制。具体方法如下：打开Illustrator图形软件，新创建一个空白文件。由于所需绘制的矢量放射状线条是白色的，因此我们先要创建一个深色的背景才能清晰地辨别它。方法：在工具箱中选择■【矩形工具】，将其填色设为黑色，然后在工作区中拖曳鼠标形成一个黑色矩形色块，如图10-81所示。

图10-81　创建黑色矩形色块

12 选择工具箱中的 ✐【钢笔工具】，在画面的中上部绘制一个较为锐利的白色等边三角形，如图10-82所示，下面要制作沿同一圆心不断旋转复制的多个小三角形，这要用到Illustrator中最常用的"多重复制"法，这种方法在制作重复排列图形时使用频率较高。方法：先用 ▶【选择工具】将小三角形选中，然后选择工具箱中的 ◯【旋转工具】，此时鼠标的状态呈"十"字状，移动鼠标到如图10-83所示的位置，按住Alt键单击，在确定旋转中心点的同时会弹出如图10-84所示的【旋转】对话框，在其中输入"－5"度，最后单击【复制】按钮，得到顺时针方向上的第一个复制单元。

图10-82　绘制白色细长三角形　图10-83　设置旋转中心点　图10-84　【旋转】对话框中定义复制的角度

13 接下来可以进行Illustrator中神奇的多重复制了，反复按快捷键Ctrl+D，白色的三角形沿着同一个中心点，按照前面所定义的旋转角度（5度）被自动进行复制，如图10-85所示，当三角形自动旋转复制满360°时，停止按键，此时可见白色的细长三角形组成了一个放射状的圆形图案，效果如图10-86所示。

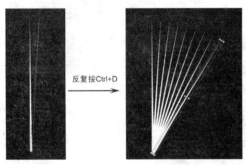 

反复按Ctrl+D

图10-85　反复按快捷键Ctrl+D进行旋转复制　　图10-86　放射线圆形效果

14 最后执行菜单栏中的【文件】|【导出】命令，在弹出的【导出】对话框中设置参数如图10-87所示，将文件保存为Photoshop格式（*.PSD），单击【保存】按钮，在接下来弹出的【Photoshop导出选项】对话框中设置参数如图10-88所示，最后单击【确定】按钮，这样矢量图形素材就被转换为Photoshop的图像格式。当然，有时为了快速地实验拼合的效果，也可以在Illustrator中复制图形，然后直接粘贴入Photoshop文件中。

15 将白色放射状的矢量图形粘贴入水彩海报背景中，调整其大小并放置在画面中部，密集的放射状矢量图形在画面中心形成了聚光的效果，在传统手工和颜料制作出的墨水痕迹之上，叠加了极其规范与理性的矢量放射状重复图形，洒脱的写意与严谨的排列构成了极具现代感的新鲜画面，效果如图10-89所示。

16 下面开始海报文字的编辑，在工具箱中选择█【文字工具】，然后【字符】面板中设置参数如图10-90所示，将【字体】设为Helvetica-Black-semibold；【字符大小】设为12点；【字符间距】设为200；并将其【填色】设置为一种天蓝色，其余为默认值。接着在白色放射线圆形的中上部输入文字"THE"如图10-91所示，此时在【图层】面板中将自动生成文字图层"THE"。

图10-87　设置【导出】对话框参数

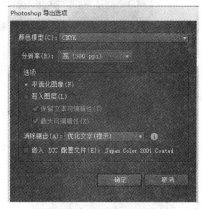

图10-88　设置【Photoshop】导出选项参数

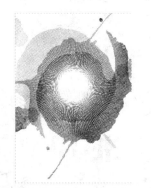

图10-89　将矢量图形置入海报文件中

图10-90　设置字符参数

图10-91　输入"THE"字样文字

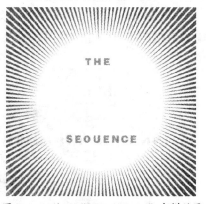

图10-92　输入"SEQUENCE"字样效果

17 应用同样的字符参数在"THE"文字下方再输入"SEQUENCE"字样，如图10-92所示。接下来在【字符面板】中设置海报大标题文字参数，如图10-93所示，将

【字体】设为：Helvetica-Condensed-Black-se；【字符大小】设为60点；【字符间距】设为0；【水平缩放】设为80%；并将其【填色】设置为黑色，其余为默认值。在白色放射状圆形中部输入英文"HELLO"，效果如图10-94所示。

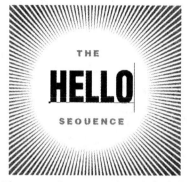

图10-93 设置海报大标题字符参数　　图10-94 "HELLO"标题文字效果

18 下面将3个文字图层对齐。方法：在图层面板中按住Shift键将这三个图层都选中，如图10-95所示，然后执行菜单栏中的【图层】|【对齐】|【水平居中】命令，这样这三排文字就会自动水平居中对齐了，如图10-96所示。

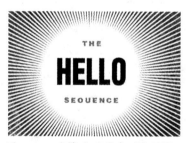

图10-95 将三个文字图层同时选中　　图10-96 文字水平居中对齐效果

19 在海报的下方添加一行附属信息，请读者参考图10-97所示自行添加。

WITHE FINLAND AND LUSH PROGRESS | JUNE 1.2010 | CAFE ELEVEN | ST.AUGUSTINE.FL

图10-97 附属信息文字效果

20 因为原始手工制作的墨迹面积较整，缺少一些散布的凝固在纸上的小颜色点，我们在Photoshop中来弥补这一点。方法：新创建一个图层，选取工具箱中的【画笔工具】，在如图10-98所示的【画笔】面板左侧列表中勾选【湿边】项，这项功能可以给画笔增加水彩画笔的效果，并将【硬度】设为50%，我们先选取一种颜色在图中右下方位置绘制几个深浅不一的颜色点，绘画时可以左右稍微拖动鼠标以改变颜色点的形状，使其不要过于规则，如图10-99所示，运用【湿边】后笔触四周颜色会留有一圈稍微深一些的边缘，主要是为了模仿颜料在纸上渗透的真实印痕。

图10-98　设置画笔参数

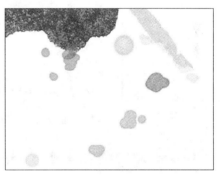

图10-99　绘制彩色小墨点

21 接下来，改变颜色深浅、透明度与笔刷的大小，在图中绘制出许多大小不一的散点，如图10-100所示。最后，还可以换用 【橡皮擦工具】对墨点内部的形状进行细节修整，例如擦出左上角墨点内部中的飞白效果，如图10-101所示。在制作混合风格的作品中，手工的素材往往需要进行后期的数码加工润色。

图10-100　绘制大小不一的散点

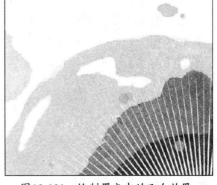

图10-101　绘制墨点中的飞白效果

22 到此为止，这就将传统手工墨水痕迹与规范理性的矢量图形相混合的海报制作完成，最终效果如图10-102所示。

图10-102　海报最终完成效果

10.2.2　"混合"作品中涉及的复杂退底

　　图像混合必然面临多元素的处理与拼合，比较复杂的勾选与退底，例如非常细微的边缘、人物飘飞的头发等是最难以精确选取的，这是混合中所面临的一个很实际的难题。在现代时尚杂志、海报、广告设计中经常都要求在更换背景的同时，完好地保留模特飘逸的长发，因此本节特地选取了一个杂志封面的案例。教大家应用【调整边缘】工具来选取琐碎细密的头发，它与【快速选择工具】结合是很棒的选区工具组合。

01 首先打开配套光盘中的素材原稿"女模特.jpg"，如图10-103所示，为了在图像退底的过程中留有余地，先要将图像原始的背景层创建一个副本，将图像背景层拖到【图层】面板下方的 █【创建新图层】按钮上，生成"背景副本"层，如图10-104所示。

02 由于女模特的上衣与背景颜色差异不大，我们应用工具箱中的 █【快速选择工具】将女模特部分圈选出来，琐碎的飘飞的头发丝部分先不用考虑，只圈出大致部分即可，如图10-105所示。

提示

　　在使用【快速选择工具】的过程中，可以按键盘上的"["和"]"键不断地修改笔刷的大小；选多的部分可按住Alt键减去。

图10-103　素材原稿"人物图像.jpg"

图10-104　创建背景副本层

图10-105　将头发大致外轮廓
部分圈选出来

03 接下来选区绘制好后，单击属性栏中的 调整边缘 【调整边缘】按钮，打开【调整边缘】对话框，在对话框上方【视图】下拉菜单中可以选择不同的背景来预览效果，如图10-106所示。为了更好地发现选区中不理想的部分，建议选择与选区亮度差别很大的背景，比如黑色（按"F"键可以循环切换视图）。调整对话框中的"边缘检测"处的【半径】值，此功能可以设置现有选区边缘的范围，首先调整到40像素，如图10-107所示，我们可以看到选区范围柔和了许多，如图10-108所示。

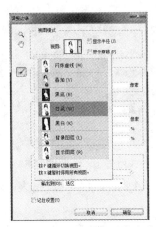
图10-106　设置不同的预览效果

图10-107　半径大小的设置

图10-108　选区范围更加柔和

04 半径的范围设置是否合适？可以单击对话框上方的【显示半径】复选框，按"F"键直至切换到白底模式后，就可以预览半径的设置。根据自己的需要微调半径的滑块，比如40像素，这就意味着Photoshop将在你的选区边缘外40像素的范围内寻找更多的细节。

提示

如果勾选【智能半径】复选框，可以让Photoshop智能地调整所选区域。如果选区边缘很锐利，半径值会自动减小，如果Photoshop检测到边缘附近的一些头发细节，半径就会在原始选区的基础上自动变大一些，如图10-109所示。

05 接下来开始进行专门的抠取头发的动作，为了更好地显示选区的范围，将【显示半径】复选框取消勾选，然后按"K"键将视图设置为黑白模式。单击【边缘检测】对话框左侧的 【调整半径工具】，它可用来扩展检测区域。现在在头发的边缘周围进行涂刷，将会揭露出一部分原始的背景，Photoshop会自动从背景中选取出头发丝。如果有一些部分比如人物右肩膀与头发丝结合部分漏选了，如图10-110所示，还可以按住Alt键切换为【抹除调整工具】，涂刷以对这个区域进行修复。最后在黑底视图模式下的效果如图10-111所示。

图10-109　显示半径后效果　　　图10-110　将灰色区域涂白　　　图10-111　调整选区后效果

 注意

对话框中还有一些其他选项：
- 【平滑】用来平滑边缘的锯齿，但选取头发的时候并不适合采用此选项。
- 【羽化】可以使选区更加自然和真实，通常设置为0.3像素即可。
- 【对比度】设置会加强柔软的边缘，通常利用半径设置即可取代这个功能。
- 【移动边缘】可以根据数值的大小来向内或向外转变整个选区。
- 【净化颜色】复选框只有在对象处于彩色背景时才有用处。

06 选区调整好之后，接下来在对话框下方的"输出到"下拉菜单中选择【图层蒙版】项，并单击【确定】按钮，即可利用图层蒙版将人物从背景中抠取出来，我们可以看到新建了一个带有蒙版的图层，如图10-112所示，人物退底后被自动置于透明背景之上，如图10-113所示。

图10-112　带有蒙版的图层　　　图10-113　人物退底效果图

07 现在设置杂志封面的渐变色背景图：首先执行菜单栏中的【文件】|【新建】命令，在弹出的对话框中设置如图10-114所示，将【文件名】设为时尚杂志海报，【宽度】设为21.3厘米，【高度】设为30.3厘米，【分辨率】设为300像素/英寸，最后单击【确定】按钮，工作区状态如图10-115所示。将刚才退好底的女模

特图像素材用【选择工具】直接拖入此文件中，调整其大小并放在画面的中部
位置，如图10-116所示。

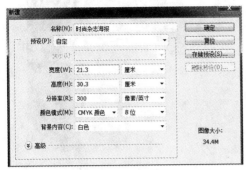
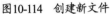

图10-114　创建新文件

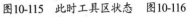

图10-115　此时工具区状态

图10-116　素材置入画
面后效果

08 杂志封面背景设计为一种"紫色—黄色"的线性渐变，以形成其整体基调。方
法：首先选中"背景"图层，然后选择工具箱中的 【渐变工具】，单击其属
性栏中的 图标，在弹出的【渐变编辑器】对话框中设置一种"紫色—黄
色"的渐变，如图10-117所示，紫色的参考色值为：C65M85Y20K0，黄色的参
考色值为C0M0Y13K0，单击【确定】按钮后在"背景"图层中由右下至左上拖
动鼠标拉出一条斜线，如图10-118所示，这条斜线确定了渐变的方向和颜色分
布，渐变效果如图10-119所示。

图10-117　【渐变编辑器】对话框

图10-118　由右下至左上拉渐变

图10-119　渐变填充效果

09 现在放大头发局部位置，我们可以看到头发丝周围仍存在原始背景带来的白色
痕迹，如图10-120所示，接下来要消除这些痕迹。方法：在图层面板下方单击
【添加图层样式】按钮，选择【内发光】选项，单击对话框顶端的色卡，打开
拾色器，使用吸管选取头发中最接近整体颜色的区域的颜色作为发光的颜色。
如果头发的颜色比较浅而亮，则混合模式为默认的滤色。如果头发较暗，则混
合模式为正片叠底。本例中混合模式设置为【正片叠底】，【透明度】与【大
小】数值可根据白色背景侵入头发的多少来调整，这取决于背景的亮度。完成
这些设定后，单击【确定】按钮，如图10-121所示，我们可以看到现在头发周围
的白色被去除了，如图10-122所示。

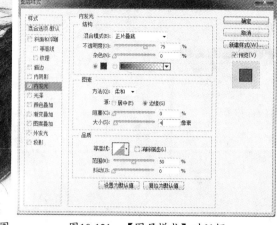

图10-120　发丝周围　　　　图10-121　【图层样式】对话框　　　　图10-122　头发周围背景
　　　　　残留痕迹　　　　　　　　　　　　　　　　　　　　　　　　　　　颜色去除效果

10 作为混合媒介风格的图像设计来说，画面中必然要出现各种不同质的素材，下面开始添加背景花纹图案，这些图案是根据模特的衣服色彩及封面的整体格调选定的，将它们逐一贴入背景中。方法：打开配套光盘中提供的素材文件"绿色图腾1.psd"，如图10-123所示，将其选取并粘贴入封面主画面中，调整其大小如图10-124所示。接下来，在【图层】面板中将植物图层拖至如图10-125所示位置，并将其图层名称改为"绿色图腾1"，此时绿色植物被置于女模特图像的背后，如图10-126所示。

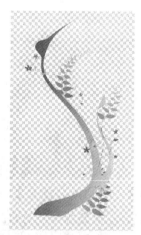

图10-123　素材"绿色图腾1.psd"　　图10-124　调整植物的位置与大小　　图10-125　调整图层位置

11 接着打开配套光盘中提供的素材文件"绿色图腾2.psd"，如图10-127所示，也将其选取并粘贴入封面主画面中，调整其大小、角度以及其图层上下顺序，得到如图10-128所示的效果。

12 继续往背景中添加纹理素材。打开配套光盘中提供的素材文件"黑色花纹1.psd"，如图10-129所示，将其选取并粘贴入封面主画面中靠右侧位置，在【图层】面板中将它的位置也调至人物层的下面，效果如图10-130所示。

图10-126　绿色植物被置于人物背后

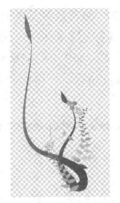

图10-127　素材"绿色图腾2.psd"

图10-128　将素材贴入图中并调整层次关系

图10-129　素材"黑色花纹1.psd"

图10-130　将花纹贴入封面靠右侧位置

图10-131　贴入素材"蝴蝶.psd"

13 同样的方法，陆续将剩余的"蝴蝶.psd"和"花朵.psd"素材也复制并粘贴入文件中，并放置于合适的位置，请读者参照图10-131及图10-132自行添加。现在所有环绕在人物周围的素材都添加完毕，其完整的组合效果如图10-133所示，所有素材的图层顺序如图10-134所示。

图10-132　贴入素材"花朵.psd"

图10-133　所有素材的组合效果

图10-134　图层顺序

14 素材添加完成后，发现主图像也就是女模特不够突出，下面我们来为其添加

【外发光】图层样式效果，使其从复杂的背景图案中脱颖而出。方法：首先选中"图层1"，然后单击【图层】面板下方的 *f*【图层样式】按钮，在其弹出的菜单中选择【外发光】样式，如图10-135所示，打开【图层样式】对话框，在其对话框中设置参数如图10-136所示，得到如图10-137所示的效果，模特的周围出现了自然柔和的白色光晕。

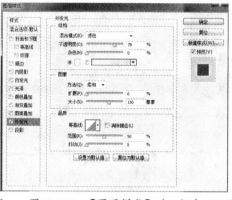

图10-135　选择【外发光】样式　　图10-136　【图层样式】对话框中　　图10-137　外发光效果

　　　　　　　　　　　　　　　　　　　　　设置【外发光】参数

15 最后的工作事项是封面文字的编排，首先制作杂志醒目的名称。方法：选择工具箱中的 **T**【文字工具】，在【字符】面板中设置字符参数如图10-138所示，将【字符大小】设为143点，将【字体】设为Helvetica，并选择Bold样式，将【字符间距】设为0，其余为默认值，接着在画面的上方输入英文文字"BEAUTY"，如图10-139所示。

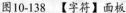

图10-138　【字符】面板　　　　　　图10-139　输入杂志标题文字

16 对于时尚杂志封面来说，杂志的名称是一个亮点，是人们视觉集中注目的一个焦点，因此需要为文字添加一些特殊效果。方法：选中标题文字图层，先执行菜单栏中的【图层】|【栅格化】|【文字】命令，将文字图层栅格化为普通的图像层，以便于后面为其添加更多的图像特效。接下来，用 ■【魔棒工具】按住Shift键将所有的文字都选中，然后选择 ■【渐变工具】，单击属性栏中的 ■ 按钮，在弹出的【渐变编辑器】对话框中设置如图10-140所示参数，定义一种由"浅灰色—白色"的渐变，单击【确定】按钮，按住鼠标键在文字上拉

出从上至下的线性渐变，效果如图10-141所示。

图10-140　设置渐变参数

图10-141　文字灰白渐变效果

 提示

栅格化后文字的属性如字体字号等就不能再进行修改了，文字只具有图像的特性。

17 在保持文字选区的状态下，接着给文字添加描边效果。方法：执行菜单栏中的
【编辑】|【描边】命令，在弹出的对话框中设置如图10-142所示参数，单击
【确定】按钮，文字添加了一圈白色的纤细精致的描边。

18 接下来，单击【图层】面板下方的 *fx*【图层样式】按钮，在弹出的菜单中选择
【投影】样式，然后在弹出的对话框中设置如图10-143所示参数，读者也可以尝
试不同的参数组合，最后单击【确定】按钮，文字的描边和投影效果如图10-144
所示。

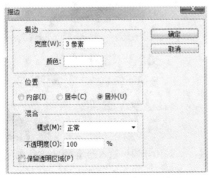

图10-142　【描边】对话框参数

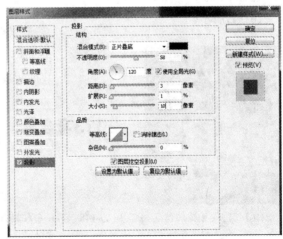

图10-143　【图层样式】对话框中设置【投影】参数

19 标题文字配合封面的整体格调，要尽量处理为雅致和含蓄的风格，最后，再给文字添加柔和的内发光效果。方法：单击【图层】面板下方的 fx.【图层样式】按钮，在弹出的菜单中选择【内发光】样式，接着在弹出的对话框中设置如图10-145所示参数，单击【确定】按钮，文字表面光泽的微妙变化如图10-146所示。

图10-144　文字的描边和投影效果

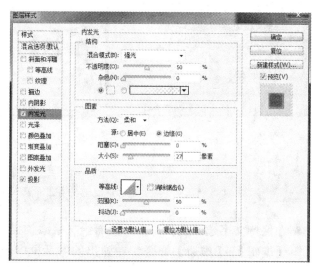

图10-145　【图层样式】对话框中设置【内发光】参数

20 下面开始添加杂志封面的辅助信息，当然，这些信息文字如果没有特效处理，也可以在排版软件如Indesign中添加。方法：打开【字符】面板设置第一种辅助信息文字字符参数，如图10-147所示，参考色值为：C85M60Y100K45，接着在"BEAUTY"文字下方输入文字"2013年3月号"，如图10-148所示。接着，再输入其他文字内容，注意每行文字是一个独立的文字图层，如图10-149所示。

图10-146　文字内发光效果

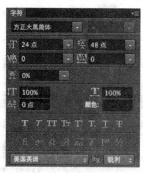

图10-147　设置辅助信息文字参数

图10-148　第一行辅助信息文字效果

图10-149　输入所有辅助信息文字

21 所有辅助信息文字目前还没有对齐，下面让所有文字层统一左对齐。方法：在【图层】面板中将这几个文字图层按Shift键都选中，如图10-150所示，然后选中

混合媒介图像设计

工具箱中的 ▶▷【移动工具】，此时工具属性栏中会出现一系列对齐按钮，单击其中的【左对齐】按钮，如图10-151所示，所有文字自动左对齐，效果如图10-152所示。

图10-150　将辅助信息文字　　　图10-151　单击【左对齐】按钮　　　图10-152　辅助信息文字
　　　　　图层全部选中　　　　　　　　　　　　　　　　　　　　　　　　　　　左对齐效果

22 到此为止，这个时尚杂志封面的案例就全部完成了，封面整体效果如图10-153所示。

图10-153　封面最终完成效果

10.3 小结

图像的合成面临着复杂元素的处理与混合，由此诞生了"混合媒介"的图像风格，它是一种在创作中混合了多种技术与媒介的复杂图像艺术形式。本章通过讲解由多种素材拼合而成的插画、海报、杂志封面等案例，来重点讲解复杂图像合成中常用的工具与处理技巧。

10.4 课后习题

1. 请参照如图10-154所示的插画，将提供的素材进行适当的艺术加工，拼接成一只拟人化的驯鹿。文件尺寸为185mm×260mm，分辨率为72像素/英寸。

2. 请参照如图10-155所示的插画，将提供的素材巧妙自然地拼合到一起（进行创造性的重新设计与组合），制作出一幅超现实主义风格的混合插画。文件尺寸为300mm×225mm，分辨率为72像素/英寸。

图10-154 课后习题1插画

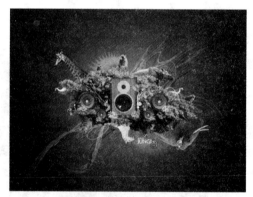

图10-155 课后习题2插画

现代"光"元素的运用

第11章

"生活中的一切，无非就是光与影"

—— 弗兰克·赫霍尔特

在很多文明中，人们互相传说的故事，以及他们的仪式、宗教和科学，很多都是用他们对光的想法而建立的，好像是只要了解光，就可以了解一切真相。大约150年前，光不再居住在天上，开始住在物质世界里，驾驭人造光揭露了光本身的许多秘密，它完全改变了我们对光的看法，也完全改变了我们对世界的看法。随着科技的进步人类不断地在更多的领域操纵光，然而，我们很难完全了解光，正如一些科学家所说："我们对光的奥秘了解得越多，这些奥秘也变得越大。"

在本章中我们主要探讨的是在图像设计中的"人造光"，这是一些又具体又虚拟的光，它们并非来源于灯光与自然，今天的数码特技可以使各种图像在人为的情况加上不可思议的光，它们是一些幻象，是科技的体现，有时也是疯狂思想的总结，它们给设计带来新的活力。

11.1 数码"光"元素在设计中的拓展

早在包豪斯的一些艺术家比如Ludwig Hirschfeld-Mack，就曾经对光这一问题进行过实验，而在20世纪50年代末到60年代初，对光线的变幻效果以及光和运动艺术进行综合探索的艺术团体非常多，在这些艺术家中，有一些人通过对人工照明光线的控制创造出奇特的视觉效果，这种控制包括将照明设备与机械动力相结合产生光幻效果，或者通过对电灯的排列来产生一些"光"的图案，一种结合光和运动、创造虚拟光图像的艺术开始被发展。

11.1.1 20世纪的早期光艺术

可以断定当代技术艺术的灵感至少有七个不同来源。排于首位的摄影和电影，其次是概念艺术中的知识、信息方面，还有环境层面的大地艺术，第三个主要的来源是"光艺术"，它具有电力和稍后发展的电子特征。

1. 光艺术展览

1967年，有来自二十个国家的八十位艺术家在荷兰的恩荷芬市梵亚培美术馆，举行了一个大规模的"艺术·光·艺术"展览，光艺术由此在欧美艺坛兴盛起来。这项展览所以题名为"艺术·光·艺术"具有双重的意义，它是指这种作品都是一种被艺术化的光；但从另一角度看来，有了光，才有艺术，因此称为光艺术。

这个展览会像电影中古怪的科学家们的实验室一样，仅有极微弱的照明，昏暗室内四周的壁面上，跳动、闪烁着各种光彩的一幅幅画面。参观者置于闪光之中走，就像置身于万花筒中一般。随后还有一些光艺术家们运用电气的光制舞台效果，他们运用光与物体的交错运动，在舞台上展开一个律动的空间，他们说："电气的光彩对我来说，就像画家专门使用的颜料管一样。"

评论家们从绘画史的眼光来看待讨论这种新艺术，认为在艺术中，对于光的运用不是新鲜的，所有的艺术家都曾以不同的方法运用光。例如印象派画家就特别注重于外光的描写，但是这种描绘方法，往往受到许多限制，不能表达理想中的光效果。现在，"光艺术"的出现，可说解决了这些困扰艺术家的问题，从事创作光艺术的画家们，利用科学文明所提供的新素材，例如水银灯、萤光灯及弧光灯，创作出一种充满艺术性的光造型，使艺术进入了新的纪元。

2. 激光艺术

激光的技术品质一直被许多艺术家用于全息摄影，而它的图形特征在少数几个艺术家作品中找到了美学运用。激光又称镭射，它是20世纪以来，继原子能、计算机、半导体之后人类的又一重大发明。

激光是一种颜色最单纯的光。它具有与一般光线不同的特征，平时我们见到的灯光，大都是向四面八方发光的漫射光，但激光却不同，它是大量原子由于受激辐射所产生的发光行为。激光在传播中始终像一条笔直的细线，发散的角度极小，一束激光射到38万千米外的月球上，光圈的直径充其量只有2千米左右。另外它在发射方向的空间内光能量高度集中,它的亮度比普通光的亮度高千万倍,甚至亿万倍,可以在一瞬间产生出巨大的光热,成为无坚不摧的强大光束,如图11-1和图11-2所示。激光的这些单纯而极端的图形特征也同时激发了艺术家的灵感。

图11-1 激光传播中始终像一条笔直的细线

图11-2 激光具有单纯而极端的图形特征

例如激光艺术家Paul Earls使用激光束中的物理特性来实现他的艺术目标,他形容激光"它被感受的特性是属于一种现场的、颤动的、生命在光中的东西"。激光图像创造于眼和脑之中,它作为线解释快速的光运动,这些二维图像通过跃动和变调可以感受三维性。Earls通过对音乐和声音使用的扩展、对比、旋转图像去获得这种效果,如图11-3所示。

现代图像设计中,有一种源自于激光图形特征的直线光的创作思路,即在暗或亮的背景环境中创作出类似于聚光灯或激光器发射出的锐利的光线,如图11-4所示是设计项目"Jumper Posters"系列海报中的两幅,动态人物置身于锐利的、颜色单纯的、直线运动的光芒之中,这种画面中蕴含着一种如Paul Earls所说的"生命在光中的东西",这是激光为造型艺术带来的新观念。

图11-3 激光艺术家Paul Earls的激光艺术

图11-4 设计项目"Jumper Posters"系列海报中
锐利的光芒

3. 探索光的曲线轨迹

最早对数字图像艺术的研究可以被追溯至1952年。Ben F.Laposky(1914—2000. USA),他是一个来自爱荷华州的数学家兼艺术家,这位最早的计算机艺术革新者于1950年使用一种类似的计算机和一种电子阴极管示波器创造了世界上第一个数字图像《Electronic Abstractions》,如图11-5所示,这种电子示波器图像产生于多重电子光束显示的轨迹，示波器阴极发射的高速电子穿过荧光屏，被记录在胶片上，轻盈的波纹结构导致了画面上重叠的数学曲线。这些艺术可看出是受到早期现代艺术的抽象画的影响。

1956年，Herbert W.Franke（1927—Austria/Germany）在维也纳创作了他的示波图，如图11-6所示，他的作品深受Ben F.Laposky "电子抽象平行线"风格的影响，那些由实验示波镜产生的图像也都是些离奇的平行线艺术，如同记录下光线的轨迹一般，他把他的作品建立在将计算机分析应用于绘画的基础上。按他的说法，两种趋向直接导致了计算机艺术。他写了一本书《Computer Graphics - Computer Art》（《计算机图像——计算机艺术》）是关于这个新学科的最早著作。

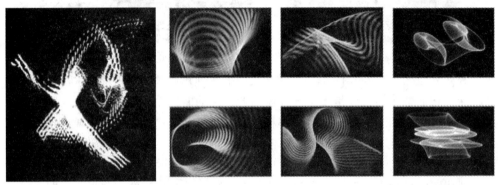

（左）图11-5　Ben F.Laposky于1950年创造的世界上第一个数字图像《Oscillon Number Four》

（右）图11-6　Herbert W.Franke在维也纳创作了他的示波图作品《Lightforms》

可见，对光的轨迹的好奇与抽象化是计算机艺术的起点，现在我们都知道，拥有一台能完全使用手动功能或具有快门优先模式的相机，尤其是能使用更慢的快门速度，选择合适的时间（午夜时分是拍摄光轨迹最好的时间）和创造性的视角，你就可以尽情试验在暗光下的长时间曝光效果所生成的光的轨迹，如图11-7所示。

在现代计算机图像艺术中，记录和再现光的轨迹仍然是一大主题，许多艺术家在作品中将光的曲线轨迹进行了创造性的拓展，例如图11-8所示中普通的灯光夜景经过颜色渲染之后，在灯光与路面上增加了许多大跨度的优美弧线光，这些自由流畅的曲线光所产生的颤动之韵律美，早已将人造的"光线轨迹"移至了艺术的领域，为光的动态绘画开拓了想象的空间。

图11-7　长时间曝光得到的摄影作品（记录光的轨迹）　图11-8　光仿佛在进行一种动态的绘画

图11-9 "光线轨迹"从光源和产生光的自然环境中脱离出来，成为了一种独立的造型元素

再比如图11-9所示的宣传册封面中，"光线轨迹"从光源和产生光的自然环境中脱离出来，成为了一种独立的新材料与新素材，成为设计中主要的而非辅助的造型元素。

4. 光效应艺术

欧普艺术（Optical Art）又被称为"光效应艺术"和"视幻艺术"，它是继波普艺术之后，在西欧科学技术革命的推动下出现的一种新的风格流派。事实上，欧普艺术就是要通过绘画达到一种视知觉的运动感和闪烁感，使视神经在与画面图形的接触过程中产生令人眩晕的光效应现象与视幻效果。欧普艺术家以此来探索视觉艺术与知觉心理之间的关系，试图证明用严谨的科学设计也能激活视觉神经，通过视觉作用唤起并组合成视觉形象，以达到与传统绘画同样动人的艺术体验。

虽然光效应绘画盛行的时间不长，至20世纪70年代就走向了衰落。但作为后现代美术的一个分支创造了一种幻景，这种幻景又从当代社会发生着密切的联系。60年代末、70年代初欧美画坛上出现的所谓"光派"，就是与之相联系的一个画派，此派接受了光效应艺术家对光的运用和表现的手法，在创造直接运用电光来制造艺术效果。有时甚至在整个展览会上全是霓虹灯，通过精细、巧妙的布置来吸引观众。还有一些艺术家利用激光干涉现象造成的立体幻觉，即"全息摄影"来创造作品。

如图11-10所示AUDI和SONY的现代广告中，都运用了欧普艺术的"光效应"原理来产生令人眩晕的光效应现象与视幻效果。在作品中，它们使用黑白对比或强烈色彩的几何抽象，在纯粹色彩或几何形态中，以强烈的刺激来冲击人们的视觉，令视觉产生错视效果或空间变形，使其作品有波动和变化之感。

对此有兴趣的读者可以检索与欧普艺术相关的艺术家与作品。

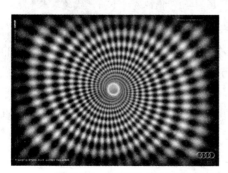

图11-10 AUDI和SONY现代广告中运用了欧普艺术的"光效应"原理

219

"光艺术"艺术家们创造了象征现代文明的崭新艺术之"光",它完全打破了过去的艺术观以及传统的色彩学观点,将科学文明与艺术表现进行了完美的融合。

11.1.2　现代计算机图像设计中的光艺术

计算机图像设计中的光艺术可大致分为两类,一种是对自然光效的模拟,这种手法主要用来弥补摄影在时间、现场与气候等方面的限制;另一种是将软件中创造的虚拟光效作为创意的核心或亮点。

1. 计算机模拟自然光效

自然光又称天然光,天然光源和一般人造光源直接发出的光都是自然光。它具有以下特点:

- **明暗度**　明暗度表示光的强弱,它随光源能量和距离的变化而变化。
- **方向**　只有一个光源,方向很容易确定,而有多个光源诸如多云天气的漫射光,方向就难以确定,甚至完全迷失。
- **色彩**　光随着不同的光的本源,并随着它穿越的物质的不同而变化出多种色彩。自然光与白炽灯光或电子闪光灯作用下的色彩不同,而且阳光本身的色彩,也随大气条件和一天时辰的变化而变化。

模拟自然光要在尽量遵循自然光特点的前题下,适度地进行创造性的发挥,甚至可以创造出一些在真实中无法拍摄到的光的特效,以弥补摄影在时间、现场与气候等方面的限制。例如图11-11所示的海底光效是在Photoshop中添加的,到真实场景中拍摄如果条件不允许的情况下,我们常常采取软件后期模拟自然光效的方法。其原理是先生成类似水波的黑白纹理,将其移到靠近水面的位置进行透视变形,如图11-12所示,然后与海洋背景进行融合的处理,并利用动感模糊制作出透过水面的光效。

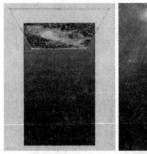
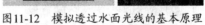

图11-11　在Photoshop中添加的海底光效　　　图11-12　模拟透过水面光线的基本原理

如图11-13的HONDA汽车广告中,汽车从虚拟的道路上驶来,空中是虚拟的云层、月光、闪电与雨雪等效果,这幅画面中的闪电属于很典型的模拟自然光的案例。闪电是雷雨云体内各部分之间或云体与地面之间,因带电性质不同形成很强的电场的放电现象,由于闪电通道狭窄而通过的电流太多,这就使闪电通道中的空气柱被烧得白热发光,并使周围空气受热而突然膨胀,广告画面中色彩与形态都真实地保持了闪电的自然特征,然而又对其进行了适度的夸张和带有创意的组合。

再比如图11-14所示的电影海报(局部画面)中,首先模拟了强光透过玻璃上的窟窿向外涌射的效果,当光从人物的后面照过来时,人物处于逆光状态,因此在海报中还真实地将背光人影处理成一个黑色的剪影效果，光在背光人像的边缘勾勒出一个明亮的轮廓，这种光叫做"轮廓光"。这张海报中光显然是电脑后期处理的结果，但是它基本遵循着射光、逆光、背光剪影等自然效果，在模拟自然光的同时，创造出了较一般光线下更为生动夸张的高反差影像效果。

图11-13　在汽车广告中创造性地模拟了闪电的自然效果

图11-14　模拟射光、轮廓光和人物逆光剪影效果

2．图像上的虚拟光概念

（1）以图片为核心添加局部光效

局部光是指被摄景物只有某一局部或区域被光线照亮。这种光线也被形象地称为"舞台光"，它像舞台上的追光灯一样移动，照亮着被摄主体。局部光常能产生不同凡响的光线效果。摄影中有一著名行话叫"亮处为精"，意思是说当你观看一幅画面时，你总是会情不自禁地被画面中最亮的部分所吸引，这是人们的一种视觉习惯。在数字图像艺术中，局部光不仅包括前面提到的舞台光，还包括散点光以及各种形状的光斑等，使用局部光的光线效果就是集中地把画面中需要表现的景物照亮。

例如图11-15所示中人物主体周围添加上了聚集在一起的白色光点，这些光点有着大小、虚实和疏密的差异，因此使视觉上的光在局部产生了聚散作用，强调了人物的轮廓。再看图11-16中红色的舞台光照亮了人物的腿部，细小高亮的光点散布（或聚集）于此，使观者会在第一时间注意到聚光的位置，因而达到了目的，使图中的运动鞋成为了视觉的中心，它是作品中最想要表现的景物。而图11-17中模特的身体周围是各种奇异的、浮动的局部光，它获得了一种仿佛是用光作画的短暂视效，带有个性化与情绪化的表达。

图11-15　光点强调人物的轮廓

图11-16　亮光点使运动鞋成为视觉中心

图11-17　一种用光作画的短暂视效

（2）抽象图形所构成的光效

光本身就是一种抽象艺术，英国的约翰·海莱一直潜心研究他构想中的活动棱镜，经过光的照射，可以呈现出极为美丽的粉红、翠玉和深紫等色彩，这些色彩产生出富有变化的几何形的抽象造型，那种微妙的色彩所呈现出的情感，用颜料根本无法表现出来。因此抽象图形，例如抽象的、随意的线条或高亮的色块，成为创造数码光效的一些常用手段。

先来看看抽象的线，"线"在平面造型上具有十分重要的作用，它是物体抽象化表现的有力手段，具有卓越的造型力。图形图像软件一般都很擅长于制作变化的曲线轨迹（这些软件都有矢量绘图工具可以绘制流畅的曲线型，Photoshop具有添加外部光效、内部光效、舞台灯光、光斑、散点光等多种特技），例如在黑暗的背景之中，明亮的线条变化仿佛光的舞蹈轨迹一般动人，如图11-18所示。再来看看图11-19，这是一幅商业广告，它主要的创意来源于对光的一种想象，在设计中，围绕着核心基本图形，光在自由地发散并向外部空间蔓延，产生了一种散漫的美感。实际上在大量以光作为创意点的广告中，那种动人的力量并不是来自于抽象图形与光效本身，而是人们对光的崇尚与想象。就像19世纪爱迪生兴建全世界第一家公用电力供应厂，在他革命性的想法下开始推销电力，其实很多人想买爱迪生的灯泡不是因为有需要，而是他们有一个对光明世界的幻想。

图11-18　明亮的线条仿佛光的舞蹈轨迹一般动人　　　图11-19　以抽象的光为创意点的广告作品

图像的艺术具有在真实时间中的瞬时传统，而计算机图像艺术的特定风格建立在一个真实和虚拟之间的分界点上，计算机是非自然的、写作的特权空间，人们必须翻转创作的传统状况，允许作品在虚拟和自然之间的边界上实践，例如图11-20所示的奇异画面，它没有遵循光的惯常思维，而是采用了一种数码技术对图形描述的"硬边"表现风格，将对象纳入抽象化的程式中，但又使之基本保持着可辨别的自然外观，但是奇怪的是硬边的线条和纯净的色块也构成了一个奇妙的光的世界，每一个形象都仿佛是一个发光体……光在以各种形式激发人们的幻想，多数人一直到死都不时在幻想，这是人们长期忽略的一个事实。许多探索光的艺术品超越了可视的现实世界，已经使我们对意识的工作机理有了新的领悟，这种艺术创造揭示了人类意识可以放心地去探索的另一种真实性。

现代"光"元素的运用

图11-20　硬边的线条和纯净的色块也构成了一个奇妙的光的世界

（3）多元素复杂混合的光效

前面一章我们讲过在计算机图形艺术中定义的"混合媒介"风格，它强调的是多种不同质元素的自由融合，这些不同质的元素包括：数码元素、摄影、手绘作品、自然形态、特种印刷、街头艺术、动态图形、影视特效等……在这其中，光也是一项重要的现代数码元素，在许多混合媒介风格的作品中，都有非常强烈的光的体现。

这里介绍一位来自英国德文郡的年轻的设计师Pete Harrison，他的设计在2006年崭露头角，大多数作品都是用Photoshop和Illustrator创作的，22岁时就创建了自己的服装品牌FUNKRUSH，并且把设计运用到了自己的服装上，个性十足。他在运用数码光进行后期繁复的混合方面非常独特，在他的大部分作品中，光作为一种非常主观的元素，将画面处理得虚幻而迷离。如图11-21所示，黑白人像摄影、矢量装饰纹理、图案、光与透明渲染色彩的集合形成迷幻的氛围，混合了光元素（尤其是弥漫全图的多种光元素）的作品往往会令画面主体沉浸于虚无的想象或梦境中一样，这种手法常用来处理带有神秘感的人物图像。

图11-21　这种混合光效常用来处理带有
神秘感的人物图像

图11-22　四处进射的光元素用来体现
音乐家的叛逆精神

图11-22用四处进射的光元素来体现音乐家的叛逆精神，光的方向性、线性属性、虚实以及颜色等都具有鲜明的性格，Pete Harrison将各种光在画面中大胆地重组以挑战一切既成的规则，表现了一种狂放的想象和大胆的创造精神，这张名为"Electric SIlence"的作品中，那些光效甚至成了音乐中将多重矛盾集于一身的直接

反映。其实数字图像艺术这种新式的美学艺术借鉴了多样的创作灵感和技术，在视觉艺术领域与当代音乐一样历经了兴起、实验和融合的整个过程，很多创作思想本身就源自于当代音乐（如朋克音乐）的影响，体现了流行文化发生的变化。

读者对Pete Harrison的混合光效艺术感兴趣，可以在他的网站上欣赏更多的数码光艺术作品

（4）文字光效

带有光效的文字只是文字设计中很小的一部分，它们大都出现在黑暗的背景之上，用来与文字中的内容与情绪相呼应。如图11-23所示作为文章"StarLight Express"（星光表现）的标题，文字处理为光效非常贴切与适合。而图11-24是以一种特殊的三维线框立体字（矢量软件与字体软件都可以生成这种三维线框结构）为基础，在Photoshop软件中添加上了霓虹灯般的发光效果，使整个三维结构成了一个多点的发光体。诸如此类的发光文字样式目前已经汇入主流的设计理念中而被广泛应用。

图11-23　文字标题的发光效果　　　图11-24　在一种特殊的三维线框立体字上添加的发光效果

11.2　光效制作实例

正如英国摄影家弗兰克·赫霍尔特所说："生活中的一切，无非就是光与影。"虽然现代的人们都知道，光带来的很多东西都是幻象，但是人类远古以来最深的潜在意识中，光和真理是分不开的，因此尽管虚拟的抽象的光打破了图像世界的真实，但它们仍然具有撼动人心的力量。

11.2.1　光盘光效果制作

光是一种抽象的艺术，通过对光效色彩的处理，可以产生出富有变化的几何形的抽象造型，是物体抽象化表现的有力手段，具有卓越的造型力。本例通过给光盘添加外部光效、内部光效、舞台灯光、光斑、散点光等多种特技来将生活中普通常见的物体置于一种梦幻的气氛中，具有奇特的艺术效果。

01 执行菜单栏中的【文件】|【新建】命令，在弹出的对话框中设置文件的【宽度】为5.5厘米，【高度】为5厘米，【分辨率】为300像素/英寸，【颜色模式】为RGB，如图11-25所示。将【文件名】设置为"光盘光效果制作"，单击【确

定】按钮,工作区状态如图11-26所示。

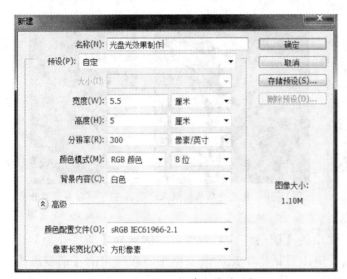

图11-25　新建文件对话框

图11-26　工作区状态

02 首先打开配套光盘中的素材原稿"光盘.jpg",将已经退好底的光盘素材复制粘贴到新文件中,形成的新层命名为"光盘",调整大小和位置,如图11-27所示。接下来开始制作光盘上流光溢彩的效果:将"光盘"图层复制为"光盘副本"图层,双击"光盘副本"图层,在弹出的【图层样式】对话框左侧选择"渐变叠加"选项,如图11-28所示,【混合模式】为颜色加深,然后单击对话框中部的渐变色条,在弹出的【渐变编辑器】对话框(如图11-29所示)中设置一种四色渐变(颜色由红色—深红色—粉色—橙色),光盘随着渐变叠加折射出绚丽的效果,如图11-30所示。

03 接下来对光盘部分区域进行不同的光效处理。首先按住Ctrl键单击"光盘"图层缩略图,即可得到光盘的选区。然后选中工具箱中的 　【多边形套索工具】,在属性栏中选择 　"与选区交叉"模式,在光盘左上角绘制出一个四边形选区,即可得到一个交叉后重合的扇形选区。按快捷键Ctrl+X后,再按快捷键Ctrl+Shift+V即可将选区内容原位粘贴到一个新图层上,如图11-31所示;命名为"碎片1"。

图11-27　光盘素材

图11-28　渐变叠加参数设置

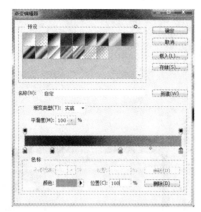

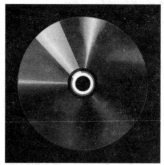

图11-29　渐变颜色设置　　　　图11-30　光盘叠加后的效果　　图11-31　将碎片分离出来
成为一个新图层

04 双击"碎片1"图层，在弹出的【图层样式】对话框左侧选择【渐变叠加】选项，如图11-32所示，然后单击对话框中部的渐变色条，在弹出的【渐变编辑器】对话框（图11-33）中设置一种三色渐变（由绿色—黄色—橙色），其中黄色【位置】值为30%，橙色【位置】值为80%，混合模式为【强光】，不透明度为80%，单击【确定】按钮后，效果如图11-34所示。

图11-32　渐变叠加参数设置　　　图11-33　渐变颜色设置　　　图11-34　光盘碎片渐变
叠加后的效果

05 同样的方法，请继续绘制其他碎片形状和色彩效果，请注意渐变的颜色值和角度的不同，其中右下角碎片为紫色和白色的交替渐变，角度分别为45°和-95°，请读者根据自己对颜色的喜好设计光盘及碎片的颜色，如图11-35所示。

06 接下来为光盘添加向外的发光效果。双击"光盘副本"图层，在弹出的【图层样式】对话框左侧选择【外发光】选项，调整【扩展】为8%，【大小】为30像素，其余均为默认值，如图11-36所示。添加外发光效果后的光盘如图11-37所示。

07 使用工具箱中的  【加深工具】和 【海绵工具】对光盘面与碎片进行修饰，加强边缘与外发光的对比，使色彩感更为强烈，如图11-38所示。

图11-35　其余碎片的叠加效果

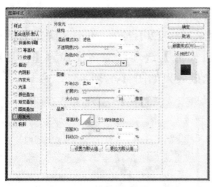

图11-36 外发光参数设置

图11-37 添加外发光效果

图11-38 进行细节修饰

08 现在开始绘制背景中的晕染色块。新建图层，命名为"晕染色块"，置于光盘图层的下方。选择工具箱中的 ⌀ 【套索工具】，在其属性栏中将【羽化】值设为50px，然后在画面的左下角绘制一个不规则形状选区，如图11-39所示，将工具箱中的前景色设置为深红色，按快捷键Alt+Delete填充颜色，即可得到一种局部发光的模糊效果，如图11-40所示。

09 也可以使用工具箱中的 ✎ 【画笔工具】绘制晕染色块，在工具属性栏中设置画笔的【硬度】为0%，【大小】为100～300px，【不透明度】为60%，【流量】为80%，然后在画面的各个局部进行涂抹，颜色可以稍加变化，在背景中添加看似随意的局域光效，如图11-41所示。

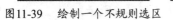

图11-39 绘制一个不规则选区

图11-40 填充红色

图11-41 局部光效的制作

10 接下来贴入礼品盒、屏幕、光盘等素材，调整大小和位置，效果如图11-42所示。接下来，将光盘复制多份，依次对每一个小光盘图形执行【编辑】|【变换】|【透视】命令，调整控制手柄进行变形，得到如图11-43所示的组合效果。

图11-42 贴入素材

图11-43 光盘的变形效果

11 通常，对贴入的素材进行渐变叠加的处理，可以使其更好地融入到背景中，光盘属于反光强烈的金属材质，因此要在其上叠加环境色反光。方法：首先双击其中一个光盘图层，在弹出的【图层样式】对话框左侧选择【渐变叠加】选项，在对话框中设置【混合模式】为点光，样式为【角度】，如图11-44所示，然后单击对话框中部的渐变色条，在弹出的【渐变编辑器】（图11-45）中设置一种两色循环渐变（参考色值为R130G0B15到R255G220B220，单击【确定】按钮后，在【图层样式】对话框左侧再选择【外发光】选项，混合模式为【正片叠底】，发光颜色为红色，如图11-46所示，光盘效果如图11-47所示。

图11-44　渐变叠加参数设置

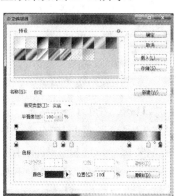

图11-45　渐变颜色设置

图11-46　外发光参数设置

图11-47　光盘反射效果

12 同样的方法，再依次处理其他的小光盘，在修饰过程中可以按住Alt键拖动图层样式到另一层上，便可复制应用该层的样式，效果如图11-48所示。第二组光盘同理，但不同的是，【渐变叠加】图层样式对话框中混合模式为【线性加深】，使这一组光盘颜色整体偏暗，外发光颜色为淡黄色。两组光盘效果如图11-49所示。

13 同理，对礼品盒等其他小素材进行位置和大小的变换后，也进行渐变叠加和外发光等处理，效果如图11-50所示。

图11-48　复制样式到其余光盘上　图11-49　两组光盘效果对比　图11-50　对素材进行处理后效果

14 接下来开始绘制光盘中心的放射光。方法：单击工具箱中的【椭圆选框工具】，在属性栏中设置【羽化】值为30像素，然后在光盘中心按住Alt+Shift键绘制从中心向外发射的正圆形，如图11-51所示，新建图层，命名为"中心放射光"，按Alt+Delete键填充明亮的黄色（前景色），如果第一次颜色太浅可以再执行一次填充操作，效果如图11-52所示。

15 双击"中心放射光"图层，在弹出的【图层样式】对话框左侧选择【外发光】选项，设置扩展值为1%，大小为20像素，得到如图11-53所示的强烈的向外扩散的虚光效果，也可将该层的【不透明度】设置为80%，透出光盘的纹理。

图11-51 绘制椭圆选区

图11-52 填充淡黄色效果

图11-53 添加外发光图层样式

16 使用工具箱中的 T【文字工具】，在画面中输入文字"SMART"，在属性栏中设置【字体】为Calibri，【字号】为50点。再次单击鼠标，输入另一行文字"NOW THAT'S WHAT WE CALL"，【字体】为Calibri，【样式】为粗斜体，【字号】为10pt，效果如图11-54所示。

17 接下来开始对文字进行修饰，首先将两个文字图层都复制一份，执行【文字】|【栅格化文字图层】命令，隐藏原文字图层。按快捷键Ctrl+T对文字进行变形和旋转操作，稍微拉长字母SMART的高度，效果如图11-55所示。

18 按Ctrl键单击"SMART"图层，得到文字的选区，新建图层，命名为"文字光斑"，然后使用工具箱中的 ✎【画笔工具】，在属性栏中设置画笔大小为100px，【硬度】为0%，【不透明度】为80%，前景色为红色，使用该画笔笔触在文字选区内局部涂抹，使文字产生局部的色泽，效果如图11-56所示。

图11-54 添加文字

图11-55 对文字进行旋转

图11-56 给文字添加局部色泽

19 接下来开始绘制画面中的点状光斑。首先新建图层，命名为"点光"，选择 ✎【画笔工具】，执行【窗口】|【画笔】命令打开画笔面板，开始在画笔面板中进行一系列参数的设定：

■ **画笔笔尖形状** 【硬度】为0%，【直径】为40px，【间距】为250%，如图11-57所示。

■ **形状动态** 【大小抖动】设为100%，其余保持默认值，如图11-58所示。

■ **散布** 【散布】设为1000%，【数量】设为1，【数量抖动】设为80%，其余保持默认值，如图11-59所示。

图11-57　画笔形状设置　　　图11-58　形状动态参数设置　　　图11-59　散布参数设置

　　将工具箱中的前景色设为白色或者是淡黄色，然后在画面中光束的周围进行随意的绘制，跟随鼠标移动会出现大小不一的散漫的点光，效果如图11-60所示。

20 总体画面大致完成，接下来开始进行一些细节的调整，比如在礼品盒与文字下方制作晕染色块，以便更好地衬托文字，如图11-61所示。

21 最后开始绘制曲线光效果。在绘制曲线光的过程中注意光线的路径围绕文字运动，使光线与文字产生巧妙的互动。

图11-60　添加点光效果　　　图11-61　添加晕染色块衬托效果

方法：新建图层，命名为"曲线光1"，使用工具箱中的 ✐【钢笔工具】绘制出如图11-62所示的路径，路径面板如图11-63所示。

图11-62　路径的绘制　　　　图11-63　路径面板

22 进行路径描边操作。方法：选中工具箱中的 ✐【画笔工具】，在【画笔】面板中选择画笔的笔尖形状，如图11-64所示，大小为8像素，硬度为0%，不透明度为80%，将工具箱中的前景色设为白色。接下来，打开【路径】面板，在面板右上角的弹出菜单中选择【描边路径】命令，在弹出的【描边路径】的对话框（图11-65）中选择【画笔】选项，单击【确定】按钮，沿路径进行白色描边，如图11-66

所示。

23 继续对这束光再进行细节修饰，双击"曲线光1"图层，在【图层样式】对话框中选择【外发光】样式，并设置如图11-67所示参数，【扩展】设为4%，【大小】设为：10像素，其余为默认值，单击【确定】按钮，弧线的周围即可出现柔和的黄色外发光效果，如图11-68所示。

图11-64 画笔笔尖形状设置

图11-65 描边路径对话框　　图11-66 路径进行描边后效果

图11-67 外发光参数设置

图11-68 添加外发光后效果

24 现在开始处理线条与光盘、字母的前后遮挡关系，让线条看起来像围绕着光盘旋转一样。单击图层面板下方的 ▢ 【添加图层蒙版】工具，然后使用 ✎ 【画笔工具】对其进行修饰（添加蒙版的好处是只修改原图层的显示范围，而不必在原图层上直接进行修改）。设置前景色为黑色，画笔大小为100像素，硬度为0%，不透明度和流量均为80%，然后轻轻地在曲线光的两端进行涂抹，使光线两端隐入背景之中，效果如图11-69所示。

25 同样的方法，继续绘制其他曲线光线，并进行两端的虚化修饰，描边的粗细要有所不同，在修饰过程中可以灵活地根据需要调整画笔的大小和透明度，最后效果如图11-70所示。

图11-69 淡化边缘效果

图11-70 整体的曲线光效果

26 为了让晕染更加自然，营造烟雾飘缈的效果，可以使用滤镜的云彩功能。方法：新建图层，命名为"烟雾"，置于最上方。将工具箱中的前景色设为深红色，背景色设为白色，然后执行菜单栏中的【滤镜】|【渲染】|【云彩】命令，得到如图11-71所示的效果。为了加强对比度，执行菜单栏中的【图像】|【调整】|【色阶】命令，调整对话框如图11-72所示，增加对比度后的烟雾效果如图11-73所示。

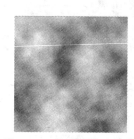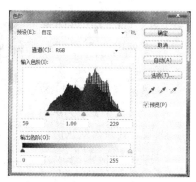

图11-71　添加烟雾后效果　　图11-72　色阶对话框参数设置

27 设置"烟雾"图层的【混合模式】为"叠加"，【不透明度】为80%。到此步骤为止，这个以炫丽的光效为主题的作品就制作完成了，效果如图11-74所示。

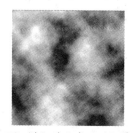

图11-73　增加对比度后的烟雾效果　　图11-74　光盘整体完成效果

11.2.2　CD包装设计中抽象线条所形成的光感

　　一些美国的光艺术家们说"光是我们这个时代的语言"，他们所指的"光"不再只是来源于灯光与自然，而是一种又具体又虚拟的现代光感元素，本节主要研究的是这种现代光感元素中直线光的创作思路，即如何在暗或亮的背景环境中创作出类似于聚光灯或激光器发射出的锐利的光线。这种直线光效在音乐的包装设计中运用较多，如图11-75所示，通过光的形态来决定画面（音乐）的基调或是感觉，借以表现出另类的、强烈的、梦幻的或具有科技感的审美态度，强烈的情绪和音乐的本质通过光的形式释放出来，恰到好处地塑造出了个性化的音乐风格。

图11-75　直线光效在音乐的包装设计中运用较多

本节的案例选择了一张以平行直线光为主要设计元素的CD包装——《LADY AMY CD封套设计》，在制作上主要涉及的知识点是：应用【渐变叠加】方法为图像着色；晕染色块的制作；几种直线光的实现方式；光斑与散点光的制作；环形光晕的绘制、利用【图层样式】改变颜色和发光效果等。因为该案例制作步骤较为复杂，因此将其分为三部分进行讲解。

1. 人物及植物纹理的光效处理

01 首先，执行菜单栏中的【文件】|【新建】命令，在弹出的对话框中设置如图11-76所示的参数，单击【确定】按钮，工作区状态如图11-77所示。

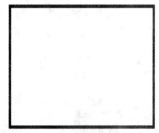

图11-76　建立新文档　　　　图11-77　新创建的工作区状态

02 先来制作简单的背景，一般来说，深暗的背景更能衬托出明亮的光线，并有助于眼睛捕捉到光线的细微变化，但这张CD的音乐包装设计定位于另类唯美的风格，而且还要为女歌手创造出梦幻的视觉氛围，因此背景不宜过于深暗，选择一种浅灰色的渐变较为恰当。方法：单击【图层】面板下方的 ![icon] 【创建新图层】按钮，并将新建图层命名为"灰白渐变层"，如图11-78所示，然后选择工具箱中的 ![icon] 【渐变工具】，单击工具栏中的 ![icon] 【点按可编辑渐变】按钮，在弹出的【渐变编辑器】对话框中设置一种"浅灰色—白色"的渐变，如图11-79所示，单击【确定】按钮后，在工作区中由上至下拉出一条直线，得到如图11-80所示的渐变效果。

图11-78　新建"灰白渐变层"　　图11-79　设置浅灰色渐变参数　　图11-80　填充灰白渐变效果

03 背景色彩铺设完成后，开始将素材图像逐步贴入图中，先将歌手图片置入并定位。方法：打开本书配套光盘中提供的素材"模特退底图.psd"文件，这张图像

已经事先完成了人物退底的操作（关于人物图像的退底方法请参看本书第10章
10.2.2节内容），将人物图像复制并粘帖入灰色渐变的背景图中，调整大小并放
置到合适的位置（如图11-81所示）。

04 接下来对人物图像进行阶调与色彩的大致调整，为了增强图片的立体感与视觉
层次，先执行菜单栏中的【图像】|【调整】|【亮度/对比度】命令，在弹出的对
话框中设置如图11-82所示的参数，提升亮度与对比度（也可以尝试稍微夸张的
明暗对比，以便更突出后面要增添的光效），图像轮廓变得更加清晰，色彩也
更为鲜亮，如图11-83所示。接下来，再执行菜单栏中的【对象】|【调整】|【曲
线】命令，在弹出的【曲线】对话框（图11-84）中进行分通道调节，先将品红
通道和黄通道的曲线在中间调位置稍微降低一些，再将青通道和黑通道的曲线
在中间调位置稍微提升一些，单击【确定】按钮，图像的色彩偏冷（只有微妙
的变化，不能大幅度调整），与整个CD封套的色调相协调。

 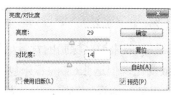 

图11-81　将退好底的图像粘贴　　　图11-82　设置【亮度/对比度】　　　图11-83　加大反差
　　　　　入文件中　　　　　　　　　　　　参数　　　　　　　　　　　　　后的效果

05 为了增强女性图像的柔美与梦幻感，在制作直线光效之前可以先将其轮廓处理
得柔一些。方法：执行菜单栏中的【滤镜】|【模糊】|【镜头模糊】命令，在弹
出的对话框中设置如图11-85所示的参数，在左侧的预览框中可以看出人物图像
变得更为柔和了。

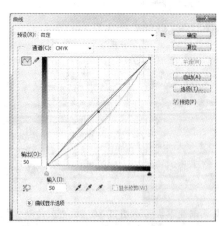 

图11-84　分通道调节【曲线】参数　　　　　图11-85　设置【镜头模糊】参数

06 接下来要在【图层样式】面板中为图像添加神奇的发光效果，【外发光】功能

现代"光"元素的运用

可以很好地在对象边缘产生柔和的光效。方法：首先选中人物图像所在层，然后单击【图层】面板下方的 fx. 【添加图层样式】按钮，在弹出的对话框中设置外发光参数，如图11-86所示，单击【确定】按钮，效果如图11-87所示，人物的外围变亮，出现了强烈的白色虚光效果。

图11-86　设置【外发光】参数　　图11-87　人物的外围变亮，出现了强烈的白色虚光效果

07 人物背景中需要添加大量的装饰纹理，这里选择的是各种曲线优美的植物纹理，用以缓解直线光所带来的锐利感觉。方法：打开配套光盘中提供的素材"藤蔓1.psd"文件，将图中的植物图像复制粘贴入主背景中，并将新图层命名为"藤蔓1"，如图11-88所示，效果如图11-89所示。接下来，执行菜单栏中的【编辑】|【变换】|【水平翻转】命令，使图形左右翻转，并将其移至画面的右下方位置，如图11-90所示。

图11-88　创建新图层　图11-89　将"藤蔓1.psd"纹理置入画面　图11-90　将图形进行水平翻转

08 植物原始素材的色调为草绿色，与画面整体不是很协调，因此需要改变它的整体色调（改变色调的方法有很多种，这里应用图层样式调整法）。方法：单击【图层】面板下方的 fx. 【添加图层样式】按钮，在弹出的对话框中设置【渐变叠加】参数，如图11-91所示，单击对话框中的【渐变】图标，在弹出的【渐变编辑器】对话框中设定渐变颜色，如图11-92所示，其中左侧色标的色值为C50M50Y50K0，右侧色标的色值为C70M80Y90K60，单击【确定】按钮，回到【图层样式】面板，然后再次单击【确定】按钮，植物的颜色变成了由深棕色到浅棕色的渐变效果，如图11-93所示。其余的素材图"藤蔓2.psd"、"藤蔓3.psd"也采用同样的方法处理，使植物柔和的枝蔓形成仿佛缓慢地向外延伸的效果，如图11-94所示。

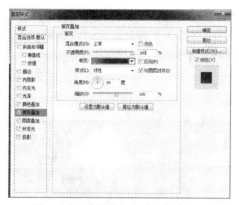

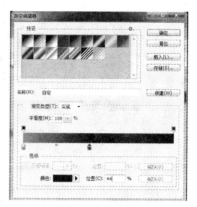

图11-91 设置【渐变叠加】参数　　　图11-92 设置两色渐变

图11-93 植物的色相改为了深棕色　　图11-94 添加其余的植物纹理素材

09 对于同类素材的处理不能采取千篇一律的方法，因此对于底层的素材往往要添加模糊处理，使叠加素材层次富于变化。方法：将素材"藤蔓3.psd"内容复制并粘贴入背景中，如图11-95所示，应用与步骤8同样的方法，将植物形态也改变为棕色调，

如图11-96所示。接下来执行菜单栏中的【滤镜】|【模糊】|【高斯模糊】命令，在弹出的对话框中设置参数，如图11-97所示，最后单击【确定】按钮，效果如图11-98所示。

图11-95 粘贴入新的植物图形素材 图11-96 将植物形态也改变为棕色调

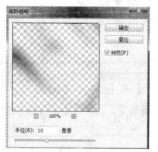

图11-97 设置【高斯模糊】参数　　图11-98 对植物图形进行【高斯模糊】后的效果

10 到此步骤为止，为了便于后面的图层管理，可以先将所有同类元素归入一个图层组。方法：单击【图层】面板下方的 ▭ 【创建新组】按钮创建"藤蔓组"，

236

然后将所有包含藤蔓素材的图层全部移至这个组内，如图11-99所示。

11 现在画面缺乏稳定厚重的暗调，植物的形态使画面产生了飘浮感，因此接下来要在画面右下部区域创建局部暗调区域，使画面重心稳定，这里我们通过绘制一些晕染色块来实现。方法：将配套光盘中"残破的背景.psd"内容复制并粘

贴入背景中形成新的图层，将该层命名为"晕染色块1"，并置于藤蔓组的下方，图形颜色较浅，如图11-100所示，需要也将其改变为深棕色调。打开【图层样式】面板添加【渐变叠加】效果，如图11-101所示，设置稍微深一些的渐变颜色，最后单击【确定】按钮，得到如图11-102所示效果。最后，应用"高斯模糊"命令将其处理为模糊效果，如图11-103所示。

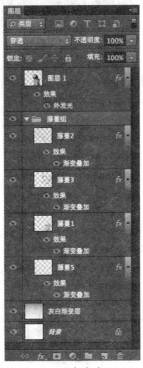 

图11-99 创建藤蔓图层组　图11-100 置入浅色的素材图形

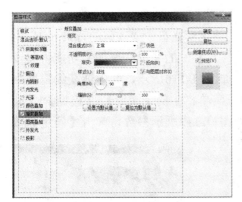  

图11-101 设置【渐变叠加】参数　　图11-102 将图形改变为深棕色调　图11-103 进行【高斯模糊】处理

12 将图层"晕染色块1"复制两份，移至人物图层的上面，如图11-104所示，在人物右下方形成富有层次的阴影效果，如图11-105和图11-106所示。

13 现在开始浅色晕染色块的处理，将素材"藤蔓4.psd"内容复制并粘贴入背景中，并移至画面的左下方，同样为其添加【图层样式】中的【渐变叠加】效果，将其改变为一种紫红色调，其中渐变编辑器中的多色设置如图11-107所示，

得到的紫红色调的植物图形如图11-108所示（读者也可以自己选择颜色）。最后，应用【高斯模糊】命令将其处理为模糊效果，如图11-109所示。

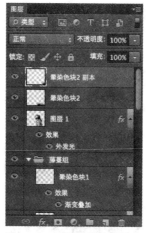

图11-105　人物下方形成阴影

图11-106　人物右下方形成富有层次的阴影效果

图11-104　将图层复制两份

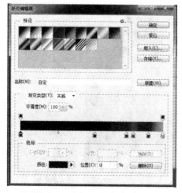

图11-107　设置多色渐变

图11-108　应用【渐变叠加】将素材改为紫红色调

图11-109　进行【高斯模糊】处理

14 继续创建各种不同色调的晕染色块。方法：将配套光盘中"残破的背景.psd"内容复制并粘贴入背景中，同样应用【图层样式】中的【渐变叠加】功能将其设置为蓝紫色调，然后将其移至人物左侧，如图11-110所示，其中渐变编辑器中的多色设置如图11-111所示。接下来，执行菜单栏中的【滤镜】|【模糊】|【动感模糊】命令，在弹出的对话框中设置如图11-112所示参数，单击【确定】按钮，蓝紫色块产生了向上的动感，如图11-113所示，最后再添加一定程度的【高斯模糊】效果，使颜色的扩散稍微柔和一些，如图11-114所示。

图11-110　添加蓝紫色调的色块

图11-111　设置多色渐变

238

图11-112 设置【动感模糊】参数

图11-113 蓝紫色块的动感
模糊效果

图11-114 对蓝紫色块再进行
高斯模糊的处理

15 最后，再绘制一些品红色的圆形光晕。方法：创建新图层"粉色光晕"，选择工具箱中的  【画笔工具】，在工具属性栏中设置参数如图11-115所示，选择硬度为0的画笔，将工具箱中的"前景色"设置为一种品红色（参考色值为C5M95Y10K0），然后在画面右下方位置绘制圆形色块，如图11-116所示。接下来，再选择工具箱中的 【橡皮擦工具】，设置一种半透明的大笔刷，然后在较大的色块中心进行自由涂抹，如图11-117所示，这样可以修饰出各种光晕的效果。

图11-115 设置画笔工具属性栏参数

图11-116 绘制品红色圆形色块

图11-117 自由涂抹出
光晕效果

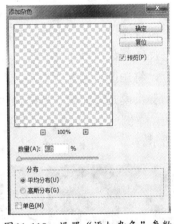

图11-118 设置"添加杂色"参数

16 细节的处理非常重要，接下来再为光晕增添一些杂点肌理的效果。方法：执行菜单栏中的【滤镜】|【杂色】|【添加杂色】命令，在弹出的对话框中设置如图11-118所示，单击【确定】按钮，光晕上出现了密集的杂色肌理，如图11-119所示。接下来，将"粉色光晕"层的填充度降低至70%，使得品红颜色的色彩饱和度稍微降低一些，以便更好地与背景相融合。

17 最后，在【图层】面板中创建新图层组“晕染色块组”，将包含晕染色块的所有图层都移至该组中。晕染色块的绘制在背景图像中增添了暗调区域，使画面重心稳定，并且为后面即将添加的光效铺设了衬托的阴影。整体效果如图11-120所示。

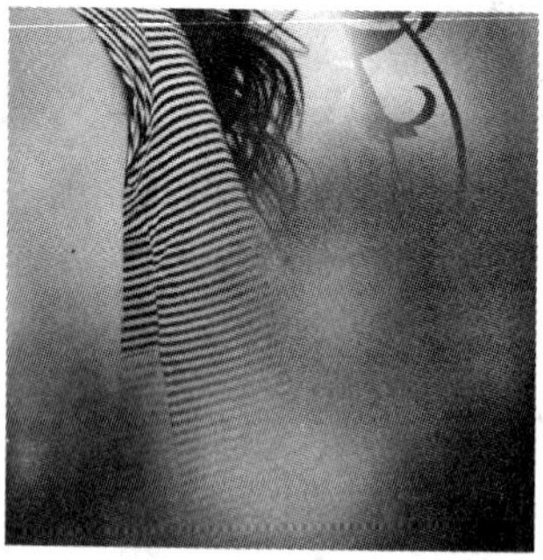

图11-119　光晕上出现了密集的杂色肌理

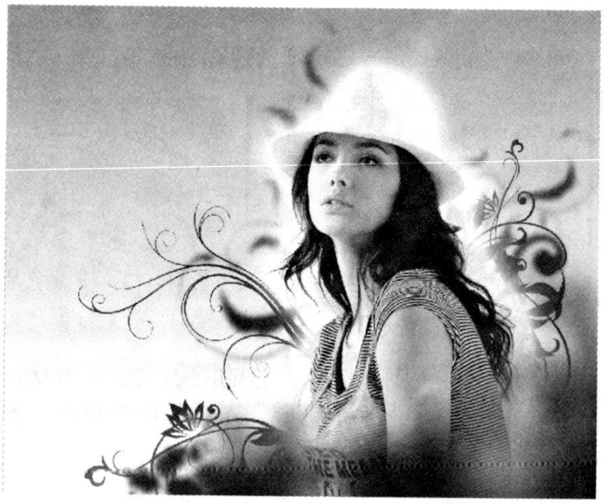

图11-120　晕染色块的绘制在背景图像中增添了暗调区域

2. 直线光效果的制作

01 前面的渲染与铺陈工作完成后，下面可以开始本案例的第二部分——直线光效果的制作。每条直线光束的绘制方法基本可分为3个步骤：（1）创建光线本体色块；（2）涂抹出光线的外轮廓；（3）添加外发光、内发光等图层样式效果。

首先绘制画面左上角的一道蓝白光束。方法：打开【图层】面板，在“晕染色块组”的上方创建“直线光组”，并在“直线光组”内创建“浅蓝光1”图层，如图11-121所示。选择该图层，应用工具箱中的【矩形选框工具】绘制出一个矩形选区，如图11-122所示，将前景色设为白色，然后执行菜单【编辑】|【填充】命令，将选区内填充为白色，如图11-123所示。接着按快捷键Ctrl+T使选区转换为自动变换模式，拖动变形框边角的控制手柄（也可以在属性栏内直接输入旋转角度数值，本例所有直线的旋转角度为－47°），使其旋转并移动至画面左上角，如图11-124所示。

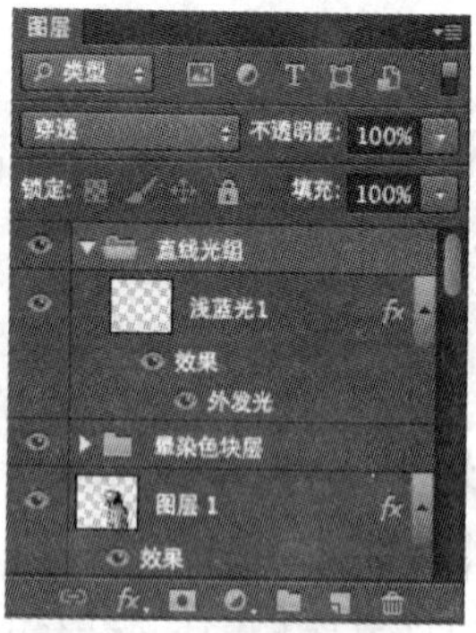

图11-121　创建新图层组和新图层

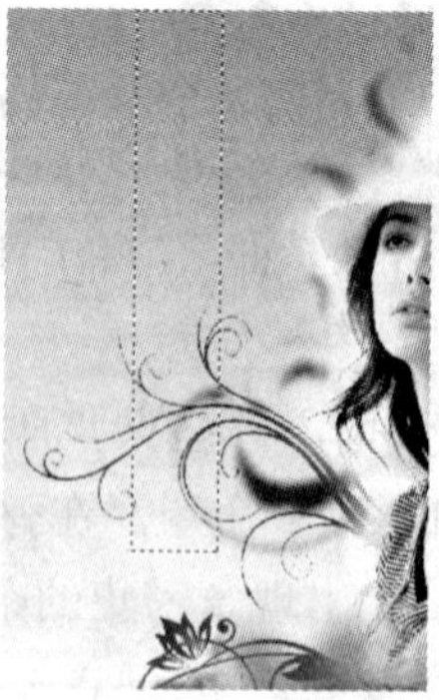

图11-122　创建矩形选区

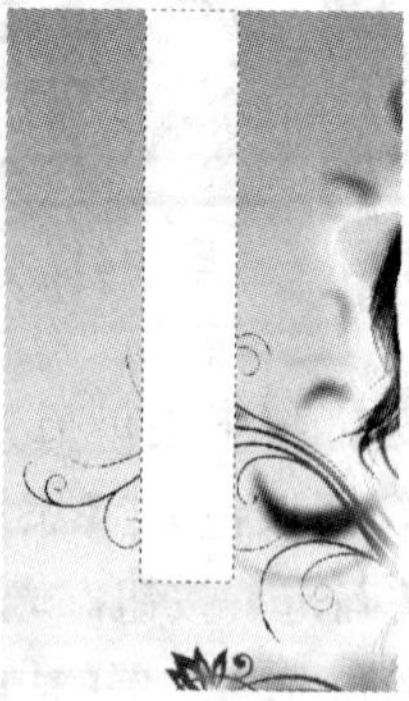

图11-123　矩形选区填充为白色

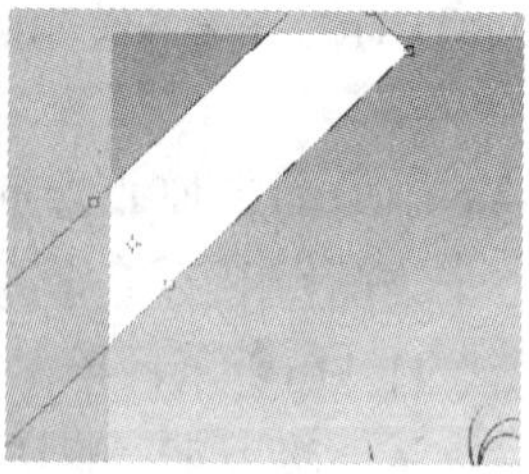

图11-124　白色矩形色块旋转－47°

02 现在需要将白色色块修改成光束的形状，因为每条光束的外形是有差异的，因此采用具有一定主观因素的涂抹方法来实现。方法：选择工具箱中的 【橡皮擦工具】，并在工具属性栏内设置如图11-125所示，注意：【不透明度】和【流量】的数值大小决定着涂抹的具体效果，读者可根据自己的需求设定数值，然后拖动鼠标直接在白色色块的右上方沿✓方向进行涂抹，将多余的白色部分抹去，使其呈现光束的形状，效果如图11-126所示。

03 再为白色光束添加一层浅蓝色光晕，使其更具有层次感，方法：选择"浅蓝光1"层，单击【图层】面板下方的 *fx* 【图层样式】按钮，在弹出的对话框中选择【外发光】样式，并在弹出的【图层样式】对话框中设置参数如图11-127所示，光的颜色设为一种浅蓝色（参考色值为C45M0Y20K0），最后单击【确定】按钮，白色光束的外围环绕上了一层浅蓝色的柔和光晕（如图11-128所示）。

图11-125　设置橡皮擦属性栏参数

图11-126　将白色色块涂　　　　图11-127　设置【外发光】参数　　　　图11-128　添加浅蓝色
　　　　抹成光束形状　　　　　　　　　　　　　　　　　　　　　　　　　　　　的柔和光晕

04 接下来在面积较大的蓝白光束下面添加一束细长的直线光，较细的直线具有秀气、敏锐和神经质的特性。方法：新创建一个图层，命名为"蓝色直线光"，然后选择工具箱中的 ✓【直线工具】，并在属性栏中设置参数如图11-129所示，接下来沿着与蓝白光束平行的方向画出一条细长的白色直线（如图11-130所示）。接下来给直线添加外发光效果，打开【图层样式】面板，在其中设置如图11-131所示参数，光的颜色设为一种浅蓝色（参考色值为C15M0Y0K0），最后单击【确定】按钮，白色直线外围也出现了浅蓝色的光晕，两道光束在视觉上形成强烈的反差（如图11-132所示）。

图11-129　设置直线工具选项栏参数

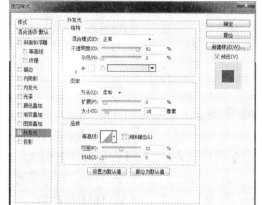

图11-130 绘制平行的   图11-131 设置【外发光】参数   图11-132 白色直线外
        白色细直线   发光效果

05 在这个CD封套的设计中，运用了大量的直线光效，在设计上要尽量做到每一道
直线光都有变化（大幅度或微妙的变化），这样才能使观者发现那些外表相似的
直线光束其实具有丰富的对比因素。下面我们再来添加两条虚线状的光，方法与
上一步创建"蓝色直
线光"相同，绘制两
条平行直线，如图11-
133所示，在添加外发
光图层样式后，使用
工具箱中的 ✎ 【橡皮
擦工具】将直线的局
部抹去即可，效果如
图11-134所示。

图11-133 绘制极细的平行直线   图11-134 白色虚线外发光效果

06 画面里还需要一些极细的射线光，用橡皮擦涂抹法不是很好控制，因此改用
【描边路径】的功能来实现。方法：创建新图层"橙色射线光"，先选择工具
箱中的 ✎ 【钢笔工具】在虚线光旁边绘制一条 ✓ 方向的直线路径，如图11-135
所示，然后选择 ✎ 【画笔工具】，在其属性栏内将【硬度】设为100%，"主直
径"为2像素，再将前景色设置为橙色（参考色值为C0M65Y90K0）。接下来，
再次选择 ✎ 【钢笔
工具】，在所描绘的
路径附近单击鼠标右
键，在弹出的菜单
中选择【描边路径】
项，打开如图11-136
所示的【描边路径】
对话框，在其中选择
【画笔】模式，并勾

图11-135 绘制一条直线路径   图11-136 设置【描边路径】参数

242

选【模拟压力】项（该选项可以使线条两端逐渐淡出），最后单击【确定】按钮，路径自动变成了一条两端渐隐的细长的橙色射线。同样的方法，给橙色射线添加外发光效果并移至合适的位置，如图11-137所示。

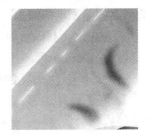

图11-137　橙色射线两端淡出到背景中

07　接下来的光束我们尝试改变其【混合模式】，制作光效时【混合模式】常常会带来意想不到的效果，方法：新创建图层"蓝色大面积光"，在人物头部右上方绘制一条细长的白色射线光束（用大的笔刷，按住Shift键从右上至左下绘制），效果如图11-138所示，然后打开【图层样式】面板，在其中设置如图11-139所示的外发光参数，光的颜色设为一种浅蓝色，注意要将【混合模式】更改为【线性减淡（添加）】，白色射线光束的外围环绕的浅蓝色光晕变得更为浓烈，并与背景重叠发生深浅的变化，仿佛光渗透到了图像之中一般，如图11-140所示。

图11-138　创建细长白色
射线光束

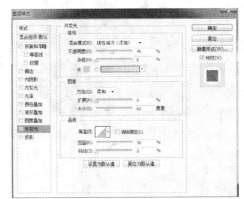

图11-139　设置【外发光】参数

图11-140　光线与背景发生
重叠效果

08　同样的方法，在图中继续添加各种不同效果的直线光，制作步骤不再赘述，读者可根据自己的喜好尝试改变光束的混合模式、粗细、颜色、虚实程度等属性，还可以复制一些光束图层以形成更为繁复的叠加效果，如图11-141所示。剩余的光束请读者根据之前介绍的方法自行绘制完成，效果如图11-142所示。

图11-141　复制光束图层形成更繁复的叠加效果

图11-142　光束的整体效果

3. 光效文字与光点的添加

01 接下来添加CD光盘封面上的文字信息，为了配合封套的整体效果，文字信息可以巧妙地设置与光束平行，并且也具有光感效果。方法：创建新图层"标题文字背景"，选择工具箱中的 ▣【文字工具】，并在【字符】面板中设置参数如图11-143所示，【颜色】设为白色，然后键入英文唱片名"LADYAMY"，如图11-144所示，将

文字进行旋转后移动到如图11-145所示位置（为了要精确对齐，可以在选项栏内直接输入旋转角度的数值，本例所有直线的旋转角度为一47°），最后给它添加浅蓝色外发光效果。

图11-143　设置字符参数　　　图11-144　输入标题文字信息

02 同样的方法在其标题文字下面再添加一行辅助信息文字，旋转角度也是—47°，为了起到衬托的作用，在辅助文字的下方绘制一段直线光，如图11-146所示。

图11-145　旋转文字并添加外发光效果　　　图11-146　添加辅助信息文字

03 最后，还要为画面添加一些大大小小的光斑，散点光会在两面中形成精巧的疏密感。方法：创建新图层组"光斑组"，然后在"光斑组"中创建一个新图层"白色光斑"，选择工具箱中的 ▨【画笔工具】，在选项栏内将画笔【硬度】设为0%，【主直径】设为65px，前景色为白色。接下来，在画面左上方位置绘

制一个白色圆点，然后为其添加外发光图层样式，普通的白色圆点形成了一个醒目的点光源，如图11-147所示。同样的方法再添加其他两处光斑，效果如图11-148所示。

图11-147　白色圆点周围出现了强烈的光晕　　　图11-148　其余两处圆点光斑效果

04 下面介绍多圈环绕光晕的绘制方法。方法：创建新图层，先用画笔工具绘制出一个小圆点作为光斑本体，然后打开【图层样式】面板，在其中选择【外发光】样式，参数的设定与之前不同的是——多圈环绕的效果主要由【等高线】参数的设置来完成。单击【等高线】图标，在弹出的对话框中修改【映射】线

条为曲线型，如图11-149所示，最后单击【确定】按钮，白色小圆点的外围出现
了两层光晕，效果如图11-150所示。

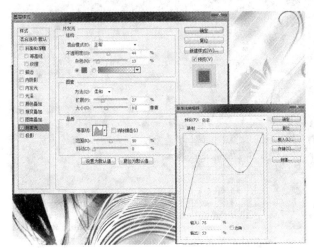

图11-149　调节【等高线】参数　　　图11-150　白色小圆点的外围出现了两层光晕

05 同样的方法，在画面右下方添加一个较大的红色多层光晕效果的光斑，如图11-
151所示，需要特别指出的是，这种效果要在【图层样式】（外发光）对话框中
要选择如图11-152所示的特殊【等高线】类型。

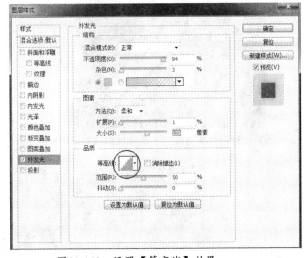

图11-151　多层光晕效果的粉色光斑　　　图11-152　设置【等高线】效果

06 现在画面中还需要添加一些较为细小的光斑群，选择工具箱中的 【画笔工
具】，并打开【画笔】面板，设置画笔参数如图11-153～图11-155所示，通过对
画笔【笔尖形状】、【形状动态】、【散布】等参数的设置，使得画笔可以直
接绘制出不规则的、具有随机效果的细小光斑群，然后用 【画笔工具】在画
面局部进行绘制，得到如图11-156和图11-157所示的散点效果（还可以给细小
光斑群添加白色外发光）。现在，缩小画面，来看一看CD包装盒封面的完成效
果，如图11-158所示。

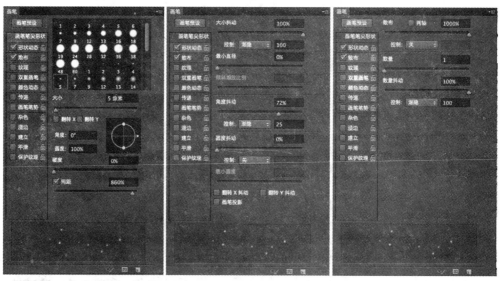

图11-153　设置【笔尖形状】　　图11-154　设置【形状动态】　　图11-155　设置【散布】
　　　　　参数　　　　　　　　　　　　　　参数　　　　　　　　　　　　　　参数

图11-156　在画面右下方画出随机的散点

图11-157　在画面左侧画出随机的散点

图11-158　CD包装封面的最终效果

现代"光"元素的运用

11.2.3 运动宣传海报中繁复的后期光效

光本身就是一种抽象艺术，因此抽象图形，例如抽象的、随意的线条或高亮的色块，成为创造数码光效的一些常用手段。本案例是模仿制作一张运动海报，这张海报中光效比较复杂，既有大面积的背景块面光，又有弧线光、散点光、扭曲的连续射线光，还有多重的阴影处理，以及人物与光线相互缠绕所形成的具有方向感与运动感的整体效果，因此是制作过程较复杂的综合案例。

1. 背景光影的制作

01 首先，执行菜单栏中的【文件】|【新建】命令，在弹出的对话框中设置如图11-159所示参数（由于海报尺寸较大，此处按比例缩小制作印刷设计稿），将【文件名】设为：运动宣传海报，单击【确定】按钮，工作区状态如图11-160所示。

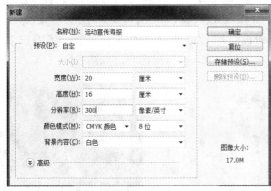

图11-159　新建文件　　　　　　　　　图11-160　工作区状态

02 先制作背景色渐变，在【图层】面板上选中"背景"图层，选择工具箱中的 ▨【渐变工具】，单击其属性栏中的 ▬▬▬ 图标，在其弹出的对话框中设置参数如图11-161所示，设置一种由"深蓝—黑色"的渐变，其中深蓝色的参考色值为C90M60Y35K0。然后在画面中由左上至右下拖动鼠标，如图11-162所示，填充如图11-163所示的径向渐变。

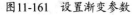

图11-161　设置渐变参数　　　图11-162　径向渐变方向示意　　　图11-163　画面渐变效果

03 在【图层】面板中新建一个图层，命名为：浅蓝色晕染色块，如图11-164所示。然后选择工具箱中的 ✎【画笔工具】，在其属性栏中设置画笔的【硬度】为0%，【大小】为800px，【不透明度】为60%，【流量】为80%，将其【填色】设置为一种灰蓝色，参考色值为C85M65Y40K0，然后在画面的右上角从右上到左下进行涂抹，效果如图11-165所示。

图11-164　新建图层

图11-165　在画面右上角进行涂抹后的效果

04 同样在此图层内，选择工具箱中的 【椭圆选框工具】，在其属性栏中将【羽化】值设为50px，然后在画面的右下角绘制一个椭圆形的选区，如图11-166所示，接着将前景色设置为与上一步相同的灰蓝色，执行菜单栏中的【编辑】|【填充】命令，在弹出的对话框中设置参数如图11-167所示，单击【确定】按钮，画面中出现了羽化边缘的蓝色晕染椭圆色块，如图11-168所示。

图11-166　绘制椭圆选区

图11-167　【填充】对话框参数

图11-168　填充羽化选区的效果

05 现在开始另一个晕染色块的绘制，再新建一个图层，命名为"蓝绿渐变晕染色块"，在上一步绘制的椭圆色块左侧再绘制一个羽化椭圆选区，如图11-169所示。然后选择 【渐变工具】，在【渐变编辑器】对话框中设置一种由"亮绿色—浅蓝色"的线性渐变（其中亮绿色的参考色值为C30M0Y60K0，浅蓝色的参考色值为C65M0Y5K0），填充后得到如图11-170所示效果。最后，在【图层】面板中将图层的【不透明度】改为90%，得到如图11-171所示的叠加效果。

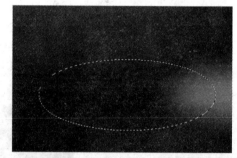

图11-169　绘制另一个羽化椭圆选区

06 同样的方法，在画面的左上角再绘制一个类似投射光的形状，形状可

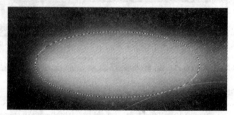

图11-170　填充由亮绿色到浅蓝色的线性渐变

以用【套索工具】或【钢笔工具】绘制，加羽化值后填充为带透明度的红色，如图11-172所示。画面背景中的大色块分布简单制作完成。

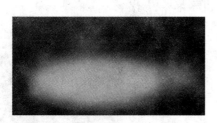

图11-171　两个椭圆形成的虚光叠加效果

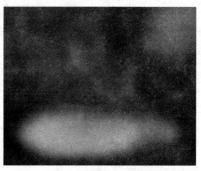

图11-172　画面背景中简单的大色块分布

2. 扭曲的抽象线条光制作

01 这种扭曲的抽象线条光是本案例的重点，这种重复排列却又发生着规律性扭曲变形的线条是Illustrator软件的强项，最好在Illustrator中制作出线条，然后再复制到Photoshop中加光影特效。

图11-173　用【钢笔工具】绘制一条曲线路径

打开Illustrator软件，新创建一个文档，在画面中用 【钢笔工具】绘制一条扭曲的弧线形路径，如图11-173所示，路径的【描边】先暂时设置为红色（到Photoshop中再改为白色），然后再绘制出一条方向相反的曲线，如图11-174所示。

图11-174　再绘制出一条方向相反的曲线路径

02 接下来，用工具箱中的 【选择工具】按住Shift键将这两条曲线同时选中，然后执行菜单栏中的【对象】|【混合】|【建立】命令，原始的两条曲线中间出现了几条规则排列的曲线，如图11-175所示，但现在线条排列过于稀疏，因此要对其进行数量和角度的设定。执行菜单栏中的【对象】|【混合】|【混合选项】命令，在弹出的对话框（图11-176）的下拉菜单中选择【指定的步数】，然后输入数值：16，单击【确定】按钮后，可见两条曲线中间自然生成了规律排列的扭曲曲线，如图11-177所示。

图11-175　【混合】默认状态下生成的曲线效果

图11-176　设置【混合选项】参数

03 在Illustrator中执行【文件】|【导出】命令，在弹出的【导出】对话框设置参数如图11-178所示，将【文件名】设为：扭曲射线，【保存类型】设为Photoshop(*.PSD)，单击【保存】按钮，在接着弹出的对话框中设置导出选项如图11-179所示，单击【确定】按钮，这样扭曲射线光就由Illustrator中的文件转换为Photoshop中的普通素材文件了，需要时可反复调用。

图11-177 两条曲线中间自然　图11-178 设置【导出】对话框参数　图11-179 设置【Photoshop
　　　生成了规律排列的　　　　　　　　　　　　　　　　　　　导出选项】对话
　　　扭曲曲线　　　　　　　　　　　　　　　　　　　　　　　框参数

【提示】

　　我们也可以采用快速便捷的方法，将Illustrator中绘制的曲线全部选中后，按快捷键Ctrl+C复制，到Photoshop的文件中按快捷键Ctrl+V直接粘贴。

04 将曲线素材文件置入（或粘贴入）"运动宣传海报.psd"文件中后，调整其大小与位置，如图11-180所示，然后执行菜单栏中的【图像】|【调整】|【饱和度】命令，在弹出的对话框（图11-181）中将【明度】设置为+100，单击【确定】按钮，红色的射线变成了白色（也可以调整为稍微有一定色彩倾向的浅色），效果如图11-182所示。

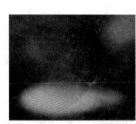  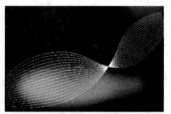

图11-180 将曲线素材文件　图11-181 设置【色相/饱和度】参数　图11-182 红色的射线
　　　粘贴入背景文件中　　　　　变成了白色　　　　　　　　　　变成了白色

05 此时的射线两端过于生硬，与背景图像融合得不够自然，使线两端淡出到背景中的方法有多种，例如应用 ⊘【套索工具】（在属性栏内先设置羽化数值）圈选出两端的选区，然后按Delete键进行删除；另外，也可以选择 ✐【橡皮擦工具】（在其属性栏中将画笔【大小】设为300，【硬度】设为0，【不透明度】设为40%，【流量】设为50%），然后在扭曲线条的两端进行涂抹，直至形成自然的渐隐效果，如图11-183所示。

06 为了使白色线条能更好地与背景色系相呼应，最好在线条中填充渐变颜色效果。方法：选中线条所在图层，然后单击【图层】面板下方的 fx. 【图层样式】按钮，在其弹出菜单中选择【渐变叠加】样式，并在弹出的【图层样式】对话框中设置参数如图11-184所示，重要的是将【渐变】色设置为一种复杂的多色渐变（如蓝色、白色、粉色混合的渐变），参考的渐变色条如图11-185所示，最后单击【确定】按钮，白色的线条内被填充了一层柔和的渐变色，线条不再生硬地浮在背景之上，而是生动地渗透入背景色之中，如图11-186所示。

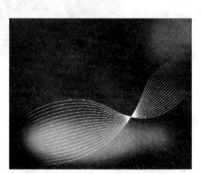 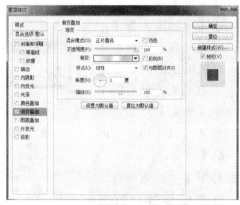

图11-183 使曲线两端渐隐入背景中的效果　　图11-184 在【图层样式】对话框中设置渐变叠加参数

图11-185 渐变色条状态　　　　图11-186 渐变叠加后线条颜色渗透入背景色中

07 为了强调密集曲线的聚光效果，还要制作一些表示局部强光的弧线光。首先新建一个图层，命名为"弧线形光线"，然后选择 ✍ 【钢笔工具】，在如图11-187所示位置绘制一条曲线路径。接下来，选中工具箱中的 ✍ 【画笔工具】，在【画笔】面板中选择画笔的笔尖形状，如图11-188所示，工具箱中的前景色设为白色。

 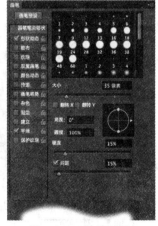

图11-187 绘制一条弧形路径　　　图11-188 画笔面板

08 准备工作完成后，打开【路径】面板，在面板右上角的弹出菜单中选择【描边路径】命令，在弹出的【描边路径】对话框（图11-189）中选择【画笔】选项，并勾选【模拟压力】项，勾选此项命令可以让描边的线条两端逐渐变细消失。最后，单击【确定】按钮，得到如图11-190所示的白光效果。

> **提示**
>
> 要想描出两端逐渐变细消失的线条，在【画笔】面板中左侧要点中【形状动态】项。

图11-189 【描边路径】的对话框　　图11-190 描边路径后的效果

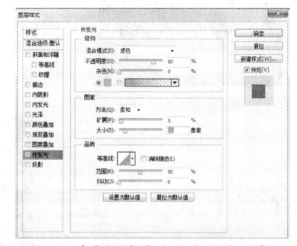

图11-191 在【图层样式】对话框中设置外发光参数

09 接下来对这束光再进行细节修饰，打开【图层样式】对话框，在其中选择【外发光】样式，并设置如图11-191所示参数，【颜色】设置为一种橙黄色，单击【确定】按钮，弧线的周围出现了很强烈的黄色外发光效果，如图11-192所示。

10 同样的方法，制作画面左上方一条亮红色外发光效果的弧线光，请读者参照图11-193效果自行绘制。

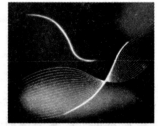

图11-192 添加了【外发光】　　图11-193 弧线外发光效果
之后的效果

3. 添加人物与足球图像元素

01 接下来开始贴入画面的主体即人物和足球图像，先从人物开始，打开配套光盘中的素材文件"踢足球的人.psd"，如图11-194所示，将其贴入背景文件内，调整其大小和方向如图11-195所示。为了使人物能够和背景颜色协调和呼应，同样为其添加【渐变叠加】图层样式（该操作非常重要！），参数设置如图11-196所示，将【混合模式】

设为叠加，【渐变】色设为一种由"浅红—蓝色"的渐变，最后单击【确定】按钮，人物被叠加上了一层自然柔和的红蓝渐变，尤其是靠近红光区域的腿部，现在仿佛有一种被环境光渲染的效果，如图11-197所示。

图11-194 素材文件"踢足球的人.psd"

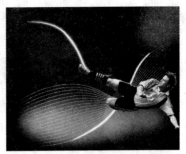

图11-195 "踢足球的人.psd"置入画面后效果

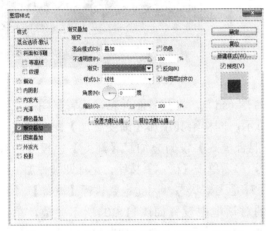

图11-196 设置【渐变叠加】图层样式参数

图11-197 人物仿佛被环境光渲染的效果

02 人物虽然是跃起踢球的动态，但姿势过于稳定，还需要局部添加动感。方法：选中此图层，用【套索工具】（加羽化值）圈选如头发、腿等局部区域，执行菜单栏中的【滤镜】|【模糊】|【动感模糊】命令，在弹出的对话框中设置如图11-198所示参数，单击【确定】按钮，效果如图11-199所示。

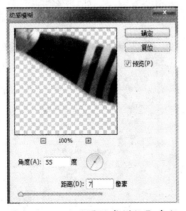

图11-198 设置【动感模糊】参数

图11-199 动感模糊后人物效果

03 最后再给人物添加轻微的【外发光】效果，使其从繁复的背景中凸显出来。打开【图层样式】对话框，设置【外发光】样式参数如图11-200所示，将【混合模式】设置为线性光，【颜色】设置为一种浅红色，最后单击【确定】按钮，得到如图11-201所示的效果。

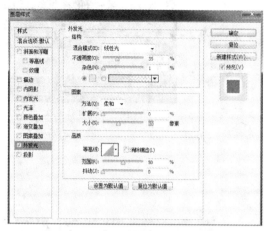

图11-200　设置【外发光】样式参数

图11-201　人物外发光效果

04 打开配套光盘中提供的素材文件"足球.psd"，将其复制并粘贴入背景图的左上方，调整其大小与角度如图11-202所示，同样给其添加【渐变叠加】图层样式，其参数设置如图11-203所示，将【混合模式】设为叠加，【渐变】色设为一种由"橙色—浅红—蓝色"的线性渐变，最后单击【确定】按钮，足球即被叠加上了一层自然柔和的橙蓝渐变色。由于足球是飞舞状态，因此也要执行【滤镜】|【模糊】|【动感模糊】命令，在弹出的对话框中设置如图11-204所示参数，单击【确定】按钮，足球具有了强烈的动感并带有橙蓝色调，如图11-205所示。

提示

　　由于背景具有颜色变化的光照效果，因此每样贴入背景中的素材都需要调整色彩关系，本例利用【渐变叠加】图层样式为每个素材图形叠加上一层渐变色，用于模拟环境光的影响。

图11-202　将足球图形贴入画面后效果

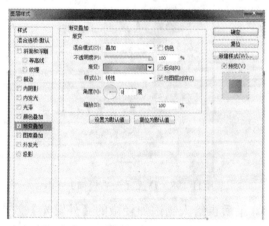

图11-203　设置【渐变叠加】图层样式参数

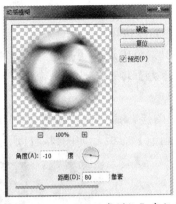

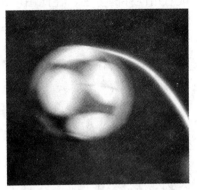

图11-204　设置【动感模糊】参数　　图11-205　足球图像添加动感的效果

4. 绘制弧线光、点光与投影

01 现在绘制人物与足球之间缠绕的复杂弧线光，这是整个画面的视觉中心。首先新建一个图层，命名为"缠绕的弧线光"，置于足球图像下面一层（人物图像所在层的上一层），选择工具箱中的 🖊 【钢笔工具】，在人物脚部与足球之间绘制出一条曲线型的闭合路径，如图11-206所示，然后按快捷键Ctrl+Enter使路径转换为选区，并将选区填充为白色，如图11-207所示。

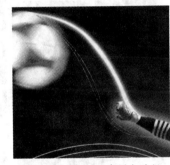
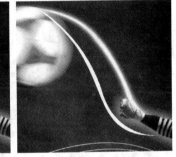

图11-206　绘制曲线闭合路径　图11-207　将曲线选区填充为白色

02 打开【图层样式】对话框，在其中选择【外发光】样式，设置如图11-208所示参数，将【混合模式】设置为线性减淡（添加），【颜色】设置为白色，单击【确定】按钮，弧线周围即出现了红色外发光效果，如图11-209所示。

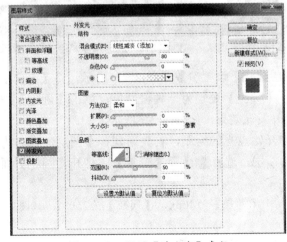
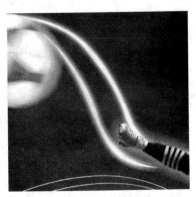

图11-208　设置【外发光】参数　　　　图11-209　外发光效果

03 接着用同样的方法，在此图层中将剩余的弧线光绘制完成，方法不再赘述，请读者参考图11-210自行绘制。其中较细的光线也可以先用 [笔] 【钢笔工具】绘制一条曲线路径，然后在【路径】面板弹出菜单中选择【描边路径】命令，在弹出的【描边路径】对话框中勾选【模拟压力】项，勾选此项命令可以让描边的线条两端逐渐变细消失。

04 现在弧线光显得有点单一，再新建一个图层，命名为"线性烟雾光"，置于"缠绕的弧线光"图层的上方，打开【画笔】面板，如图11-211所示，首先选择【画笔笔尖形状】这一项，设置一种类似烟雾的笔刷，此处选择的是"rabies_star"笔刷（注：如果软件自带的笔刷不能达到预期的效果，就需要借助外挂笔刷库的效果，读者也可根据个人喜好来设置合适的笔刷），然后在缠绕的弧线光上方画出两道粗线光效，如图11-212所示，这种笔刷绘制出来的笔触很缥缈类似烟雾。接下来，调整画笔的大小与透明度绘制出更多的笔触，形成有层次的烟雾光，效果如图11-213所示。

图11-210　弧线光整体效果　　图11-211　设置【画笔】参数

图11-212　烟雾光效果　　图11-213　所有烟雾光绘制完成效果

05 接着给烟雾光添加【外发光】图层样式，设置参数如图11-214所示，将【混合模式】设置为线性减淡（添加），【颜色】设置为一种橙红色，单击【确定】按钮，烟雾光周围即出现了橙红色外发光效果，如图11-215所示。

06 弧线型的光线绘制完成后，现在开始点光的绘制，首先新建一个图层，命名为"点光"，将其置于图层面板的顶层。选择 [笔] 【画笔工具】，打开【画笔】面板进行一系列的参数设定：

- **画笔笔尖形状**　【硬度】为0%，【直径】为40px，【间距】为250%，如图11-216所示。
- **形状动态**　【大小抖动】设为100%，其余保持默认值，如图11-217所示。

■ **散布** 【散布】设为1000%，【数量】设为1，【数量抖动】设为80%，其余保持默认值，如图11-218所示。

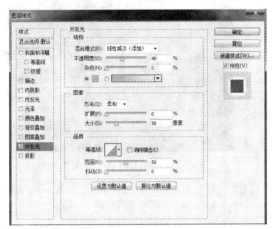

图11-214 设置【外发光】参数

图11-215 橙红色外发光效果

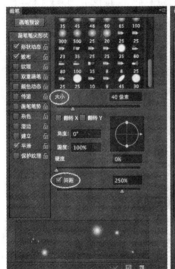

图11-216 设置【画笔笔尖形状】
　　　　　参数

图11-217 设置【形状动态】
　　　　　参数

图11-218 设置【散布】
　　　　　参数

　　将【画笔】的颜色设为白色，然后在画面中光束的周围进行随意的绘制，跟随鼠标移动会出现大小不一的散漫的点光，效果如图11-219所示。

07 接下来给所有的点光也添加【外发光】图层
　　样式，设置参数如图11-220所示，将【混合模
　　式】设置为线性减淡（添加），【不透明度】
　　设为100%，【颜色】设置为一种红色，【方
　　法】设为柔和，【扩展】设为1%，【大小】
　　设为35像素，其余为默认值，最后单击【确
　　定】按钮，得到图11-221所示的效果。

图11-219 点光原型效果

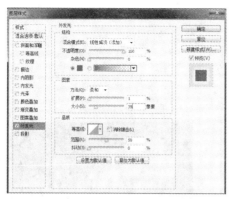

图11-220　设置点光【外发光】参数

图11-221　点光的红色外发光效果

08 为了画面发光区域与人物衣服颜色有所呼应，还需给发光区域再添加一个橙黄色的晕染色块。首先新建一个图层，命名为"橙色晕染色块"，并置于图层面板的顶层，用 ⬭【套索工具】绘制一个（【羽化】值为80）的椭圆选区，并将其填充为橙黄色，如图11-222所示，在【图层】面板上修改此图层的【混合模式】为叠加；【填充】改为70%，如图11-223所示，此时晕染色块与下面图层的内容完全融为一体，效果如图11-224所示。

图11-222　添加橙黄色晕染色块

图11-223　【图层】面板参数

图11-224　色块与弧线光融合效果

09 为了给画面营造一种空间感，最后要给画面中某些图像元素添加投影效果。首先新建一个图层，命名为"投影"，将其置于"扭曲射线"的下一层，如图11-225所示，然后用 ✐【钢笔工具】在画面的下方绘制一条弧形的闭合路径，并按Ctrl+Enter键将其转换为选区，如图11-226所示。接下来，将选区填充为黑色，如图11-227所示，执行【滤镜】|【模糊】|【高斯模糊】命令，在弹出的对话框中设置如图11-228所示参数，单击【确定】按钮，黑色的弧形色块形成了自然的虚影效果，如图11-229所示。

图11-225　新建"投影"
图层

图11-226　绘制弧形闭合路径
并转换为选区

258

 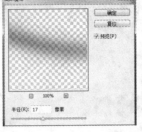 

图11-227 将选区填充为黑色　图11-228 设置【高斯模糊】　图11-229 黑色的弧形色块形成
参数　　　　　　　　　　了自然的虚影效果

10 最后将人物的投影形
状绘制出来（用钢笔
工具），同样的方法
将它处理成虚影的效
果。最终广告画面完
成的效果如图11-230
所示。

图11-230　画面最终完成效果

259

11.3　小结

　　本章主要学习图像设计中奇妙的"虚拟光效"，案例中讲解了外部光效、内部
光效、舞台灯光、直线光、曲线光、光斑、散点光等多种特技制作方法，将生活中
普通常见的物体置于一种梦幻的气氛之中，创造出个性化的数码光效。

11.4　课后习题

　　1．请在提供的普通摄影照片上绘制出富有梦幻色彩的光线，参考效果如图11-
231所示（光的位置与色彩可进行重新设计）。文件尺寸为470mm×260mm，分辨
率为72像素/英寸。

图11-231　富有梦幻色彩的光线参考效果

2．图11-232是一本宣传册的封面图像，请在Photoshop中绘制出黑暗中缠绕的弧线光。文件尺寸为320mm×200mm，分辨率为72像素/英寸。

图11-232　宣传册的封面图像

第12章

材质的创造与现代肌理运用

"我喜欢将数学与自然的美丽结合，我也喜欢无法控制每一个微小细节的感觉，这是个不断有新灵感和变化出现的过程。"

————Danny Franzreb

12.1 设计中材质与肌理的运用

肌理，通俗地说是指图像中的一些纹理或特殊材质，当指定它作为艺术作品的某种特定表现形式时，在这个看似简单的艺术形式背后，隐藏着艺术家对材料敏锐的感知经验和丰富多样的创作行为，它反映了艺术家为达到某种特殊艺术创新所发挥出的创新思维与无与伦比的控制力。

本章主要介绍运用数码图像技术所创造的现代新肌理，我们知道，Photoshop软件的一大特色便是能够无中生有地创造出无穷多种新肌理，另外，本章我们还要介绍一些由生成艺术所开发出的新肌理，新技术的发展不断地拓宽了肌理艺术创作中的表现空间，使作品本身的形式和材料构成新的视觉美感。

12.1.1 肌理的概念与形态

"肌理"是指物体表面的组织纹理结构，即各种纵横交错、高低不平、粗糙平滑的纹理变化，是表达人对设计物表面纹理特征的感受。一般来说，肌理与质感含义相近，对设计的形式因素来说，当肌理与质感相联系时，它一方面是作为材料的表现形式而被人们所感受，另一方面则体现在通过先进的工艺手法，创造新的肌理形态。不同的材质，不同的工艺手法可以产生各种不同的肌理效果，并能创造出丰富的外在造型形式。

在艺术作品中，肌理一般有两种主要形态：

（1）自然肌理，指不经艺术家之手已存在着的纹理组织，如石纹、木纹、布纹或纸纹等。

（2）人工肌理，指由艺术家的人为作用而产生的纹理组织，如笔触、墨迹、水痕、刀迹、凿痕等。

无论是哪种形式的绘画，都追求一种"笔触"美（肌理美），在自然状态的启迪下，现代的画家们从多个方面寻求和利用肌理的途径去表现种种图像、色彩和质感。

1．传统绘画中的肌理创造

我们先来看一看中国画，国画家运用各种工具材料、媒介以及很多方法来寻找肌理语言的可能性。例如张大千的"泼墨、泼彩"的手法的新颖、大气磅礴的效果是现代肌理运用的范例，如图12-1所示；刘国松创造性地发明了纸筋法，在绘画后撕去纸筋，别出心裁地表现岩石，使肌理效果丰富而独到，形成了一种特别的山水肌理，如图12-2所示。其他中国画的肌理法还有飞白法、拓印法、渲染法、立粉法、"洗、擦、拓"肌理运用法、树皮皴法等等，不同的工具、方法和观念创造出不同的肌理语言。

一些现代的油画，将油画颜色堆得极厚，几乎可以用公分计算，可以和浮雕相比，把油画画材所可能做到的肌理效果发挥到了极致，表现为激烈和炫目，形成了一种视觉冲击力很强的肌理语言，如图12-3所示。与之相反，还有薄画法，把油画画得像水彩，更有甚者，薄到极至的油画笔触让人感觉像中国书法中的飞白，同样也是一种肌理效果。因此，在某种意义上来说，绘画即是"痕迹"的艺术。

图12-1　张大千的"泼墨、泼彩"形成的肌理

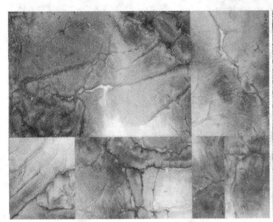

图12-2　刘国松纸筋法形成了一种特别的山水肌理

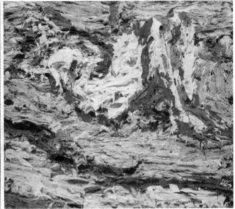

图12-3　油画颜料堆积形成的肌理

2．平面设计中的肌理创造

在现代设计领域中，肌理概念的本质虽然与绘画有相通之处，但可运用的物质材料与表现手法却是大大地被拓宽了。霍尔格•马蒂斯（Holger Matthies，1940～　）出生于德国汉堡，是当代极为重要的海报设计大师，深入解读马蒂斯的海报作品，会发现他特别注重图形中元素材质肌理的灵活运用，如图12-4所示是马蒂斯1979年（39岁）为基尔市戏剧院设计的戏剧海报"谁醉心于戏剧，请一起来"，画面中主要视觉元素是一个女演员的头部和很多形态各异的蝴蝶，这些蝴蝶全部被大头针钉在女演员脖颈以上的部位，并且越接近头部越密集，女演员头发的材质肌理完全被蝴蝶替换，这种效果能够体现画面的新颖巧妙，各元素由疏到密的排列强调了戏剧内容的感召力。马蒂斯在这幅海报作品中别出心裁地选用了材质肌理不相干的元素进行了新的置换，创造出了生动活泼的图形。

如图12-5所示的海报背景本来只是一张普通的印满文字的纸，设计师大胆地利用光影的明暗效果构成立体感，使纸上的文字与人物身上的文字材质融为一个整体。也就是说，对海报本身的自然材质进行了重新塑造，这种形式较普通平面作品的"平面性"而形成较强的视觉冲击力，这张海报很好地利用了材质肌理的特征，通过合理改变平面中的材质肌理状态达到真实的立体效果，让海报有了新的语言和生命。

再比如图12-6所示是XXX牌卵磷脂滋补剂的摄影广告作品，它的广告语是："当您记忆力减退时……"，针对产品特色与广告的营销重点，采用了一种肌理造型的夸张手法，将记事的小纸条贴得铺天盖地，广告画面中目所能及的物品全部都用一种单一肌理构成，这实际上是采用了一种广告的

图12-4 马蒂斯的肌理 海报作品　　图12-5 改变平面中的材质 肌理状态

恐惧诉求法，一方利用这种肌理来强化视觉和人的心理感受，来唤起受众对"遗忘"这种特定事物的恐惧并加强之，使消费者因为恐惧而产生害怕及相关的情绪体验，而这种相关的情绪体验又与特定的产品存在着紧密的相关性，消费者会因这种情绪体验而产生购买行为，以消除害怕及相关的情绪体验进而获得生理和心理上的平衡。然而另一方面，肌理构成又使画面具有奇妙的视觉张力和趣味性，易于观者在心理上接受它的潜在暗示。

材质肌理作为一个基本的因素在现代图形创意作品中发挥了重要作用，它根据不同的材料和不同的表现形式，有机地结合创作背景和环境，将各种设计因素创造性地进行编排，形成了良好的视觉效果。但是在运用肌理图形时也要注意，材质肌理转换时要注重各元素之间的协调性，如果这种方法把握不好会导致设计出来的最后效果杂乱无章。

图12-6 XXX牌卵磷脂滋补剂系列广告中肌理造型的夸张手法

12.1.2　早期计算机艺术中的材质创造

材料是一个时代文明的标志，人类文明的发展，就是一个学习利用材料，利用材料进行创造、创新的过程。因此作为物质材料的自然肌理，其实从一侧面上反

映了时代特征。然而，随着数码时代和信息社会的到来，兴起了一种"非物质设计"，非物质设计是相对于物质设计而言的，进入后现代或者说信息社会后，电脑作为设计工具，虚拟的、数字化的设计成为与物质设计相对的另一类设计形态，即所谓的非物质设计，从理论上而言，非物质设计是对物质设计的一种超越，当代科学技术的发展，为这种超越提供了条件和路径，也使各种新概念的材质肌理丰富了设计的存在形态。

Jean-Pierre Hebert是计算机图像艺术的先驱之一，他是早期计算机艺术组织"Algorists"的创始人，在此组织中一群计算机艺术家独立地工作多年，在手工和一些原始的计算机程序间做着冒险性的探索，例如图12-7所示的3幅作品创作于1989年，这是一些奇妙的原始的电子肌理，它们形成了集数学的规则性和手工的偶然性于一体的不可分割的新肌理概念。这些纹理是介于物质设计与较早的非物质设计边缘的作品。

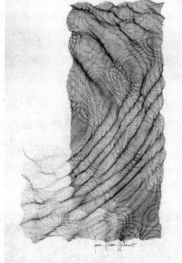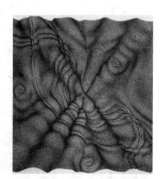

图12-7　Jean-Pierre Hebert创作的一些奇妙的原始的电子肌理

他们论证了计算机创造的新的视觉范畴和审美问题，Jean-Pierre Hebert最具革新思想和不同凡响的数字艺术作品是"sand pieces"，在那里一个钢球由数字算法在沙盘上留下痕迹，制作了一系列关于"禅宗花园的回忆"的作品。禅宗传统简单的沙上蚀刻在许多日本寺庙里都可见，但他的这些蚀刻是在计算机控制下进行的，那些装置追踪变幻无常的符号和生命周而复始的循环，在创造朴实的却又千变万化的沙上肌理的同时，还可使旁观者有机会与沙进行交互，如图12-8所示中所选的都是这个安静的交互式装置产生的美丽的、冥思的雕刻图案。

Jean-Pierre Hebert为了进行关于线的可能性的探索，他自己设计了一个虚拟软件绘图仪，它是一种以数字方式工作的机器，其中有一些设计思想与后来发展的彩色数字印刷、动画、虚拟现实、交互等技术相关联，Hebert评价自己的纹理作品时说："我更喜欢它们包含的审美和哲学的意味。"

图12-8　Jean-Pierre Hebert创作的由算法控制的沙上肌理，表达了平静空间的元素和静止的瞬间

　　下面我们再例举另一位早期的数字图形艺术家——Mark WILSON，图12-9是他在1973年绘制的作品，他在巨大的纸张上绘制出几何风格的图形，这些图形是由一支直线笔和一个绘图机器共同完成的，虽然它们还主要靠手动操作，但是画面的内容是一种超前表现的科技主题：线路板、电子装置和几何学的构成，这种纹理图案带有明显的科技品位。

　　在2000年以后，他的电路板风格图形演变为如图12-10所示的点状风格，许多图形是他自己编写程序生成的向量图。图12-11是他在2003年创作向量图的作品。Mark WILSON所创造的这种肌理图形中包含着矢量艺术的视觉语言，每一种新图形语言的诞生都需要超常的思维和创新精神，才能在一种文化理念的背景下，将新型材料以及新的技巧等多方面进行巧妙结合。

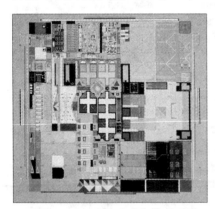

图12-9　1973年作品中超前表现的
科技主题

图12-10　Mark WILSON的
点状图形

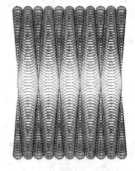

图12-11　Mark WILSON
2003年的向量图作品

12.1.3　计算机拓宽的新肌理范畴

1．Photoshop的材质创造

　　物体表面都有一层"肌肤"，在自然的造化中，它有着各种各样的组织结构，

材质的创造与现代肌理运用

或平滑光洁，或粗糙斑驳，或轻软疏松，或厚重坚硬，这种种物体表面的组织纹理变化，使之形成一种客观的自然形态，Photoshop软件很擅长于模仿各种客观的自然形态，如图12-12所示，甚至它们在特定的空间、特定的环境、特定的光线之下呈现出的美感，如图12-13所示。例如它可以制作出诸如木纹、岩石、纤维、金属、玻璃等惟妙惟肖的材质，而且还可以根据想象为其设置特殊的环境条件（如光照、天气等），这些材质常常被用作三维软件的表面贴图。

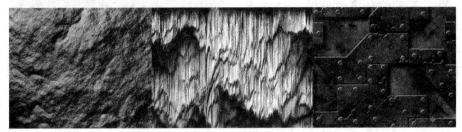

图12-12　Photoshop软件很擅长于模仿各种客观的自然形态

图12-13　表达生成的材质在特定的空间、特定的环境、特定的光线之下呈现出的美感

在好莱坞视觉特效行业工作的CG艺术家 Leigh van dar Byl 非常擅长材质技法，平时也会做很多灯光及建模方面的工作，她总结制作材质贴图的一些要点，其中包括：使用Photoshop的图层系统来完成无损材质的创建、合成实拍素材材质、自定义笔刷、贴图仿旧技法和仿旧笔刷、应用软笔刷、Alpha通道、滤镜功能等，Photoshop具有得天独厚的肌理创造本领，但她说："在Photoshop中创作材质贴图不是在白纸上涂画这么简单，它更需要艺术家眼手协调地处理好色彩、混合、自定义笔刷及大量的素材元素。"数字肌理其实也是作者直接切入事物本质内容的一种表现方式。

2．现代图形艺术中的新概念材质

不同的工具材料造成不同的肌理语言，因此肌理一方面是作为材料的表现形式而被人们所感受，另一方面则体现在通过先进的技术手法创造新的肌理形态，在软件技术高度发展的今天，肌理作为构筑画面的重要形式要素之一，在表现形式上有着极大的发展空间和无限的可能性。

下面我们来看一些近年来在数码世界里创作出的奇妙的新肌理，它们是在现代软件科技与当代新艺术观念下，一些掌握了数码技术的年轻艺术家在主观情感的调控下创作的图形，它们也可以说是一种现代情感的载体，是主观化了的纹理。在这里我们将生成艺术的肌理也纳入其中，虽然它常常是数字与程序随机化的产物，但艺术家与观者却仿佛通过它们在虚拟的境界中寻找到了人类潜意识深藏的东西。

（1）Evgeny Kiselev的肌理作品

来自俄罗斯北部城市圣彼得堡的年轻设计师Evgeny Kiselev，他是一个数码图形艺术的狂热爱好者，他的作品以圆形（及衍生图形）的万千变化为主，在画面习惯运用很多小圆圈元素做陪衬，风格偏向魔幻抽象，色彩大胆明亮，绚丽的色彩和充满奇幻的图形让他的设计受到全世界各大杂志的追捧（http://www.ekiselev.com），他的作品曾经被发表在IDN（中国香港）、ROJO（西班牙）、Grafik magazine（英国）、eautiful Decay（美国）、E-tapes（法国）、Chewonthis magazine（美国）、I.O. Magazine（德国）、X-Funs（中国台湾）等等众多的杂志上。作为一名全球性视角的设计师，作品数量多而且质量上乘。

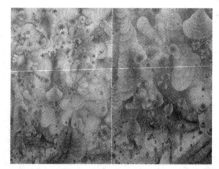

图12-14　这种图形繁殖能带给人心理上一种无限延伸与动态的感觉

第一次看到他的作品，不由得为他创造的那种抽象的生态环境和仿佛无穷无尽循环的肌理图形所震撼，Evgeny Kiselev许多作品都是一种在精确的对称和无节制的图形繁殖之间的试验，如图12-14所示是他非常典型的一张作品，混合效果是从一些生动的小图案开始，它们不断地一边镜像一边膨胀一边无节制地复制复制复制，直到已快要超出包容它们的逻辑边界的极限，这种图形繁殖能带给人心理上一种无限延伸与动态的感觉。再来看看另一些作品，如图12-15和图12-16所示，多个基本形象分裂的细胞一般扭曲缠绕重叠，从简单的线条画中浮现出来仿佛再也无法受到约束控制……这幅作品其实构成了一种繁复而有趣的新肌理，这个方向是现代肌理研究的一个很有价值的领域。

图12-15　构成了一种矢量肌理的效果

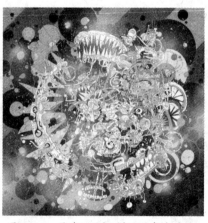

图12-16　具有一定规模的重复会产生

在设计中，有一个核心基本图形，进行连续不断的反复排列，称为重复基本形。大的基本形重复，可以产生整体构成后的秩序的美感；细小、密集的基本形重复，产生类似肌理的效果。图12-17是一幅美丽的图形肌理作品，没有过多的软件技巧，但图形繁殖具有的方向性与规律性构成了一些似是而非的形态，尤其是那些沿着曲线旋转而复制的渐变图形，它们所能达到的颜色与层次的复杂性是难以预测的。这些就是Evgeny Kiselev一直在不断地试验并提高的所谓抽象合成物，基于他对简单的抽象图形的热爱与超常的耐心而形成的一种复杂的新抽象艺术。

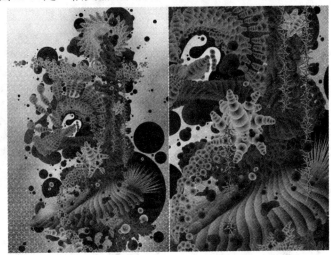

图12-17　Evgeny Kiselev一直在不断地试验并提高强烈的秩序美感的所谓抽象合成物

（2）Guilherme Marconi

自学成材的巴西的插画师Guilherme Marconi，生于里约热内卢，未受过正规教育的他18岁时起就做起了自由职业者，并在短短两年内被某家代理公司相中。Marconi的创意过程同样也是其生活的真实反映。他的作品以寻找美丽与混乱中的平静为特点，在创作中对重复、混乱、色彩、图案充满热爱，而且对图案空间与光影的理解也相当独特，创造出了一种乱中有序的新肌理风格。例如图12-18的题目叫"Chinese Opera"，他利用中国京剧脸谱等元素进行复杂的组合与堆叠。而图12-19中所有的乐器疯狂地拥挤在一起，难怪杂志上对他的推介是："凭借异国情调浓厚的骚动、未来主义和游戏图形，Marconi引发了南美的创意狂欢。"

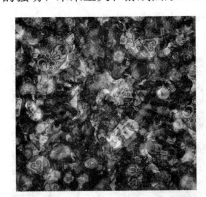

图12-18　具有一定规模的重复会产生强烈的秩序美感

图12-19　Marconi充满异国情调的游戏图形引发了南美的创意狂欢

Marconi作品的强势源于他的复杂性，面对成百上千个不同而又相互关联的图形和色彩，您的大脑几乎要变得短路，感觉像进入了一个奇异的令人不知所措的空间。他的这种创作风格在商业设计中取得了成功，例如图12-20是他做的一些商业插画，他自己说：这种图形组合的过程是冗长而繁琐的，尽量为每张图片捕捉最大限度的细节元素。在他的图中充满了超饱和的物体、异国情调的水果和庸俗玩具，这是一种立足于文化混合的肌理设计，他的作品是对巴西力量的讴歌。

图12-20　Marconi作品的强势源于他的复杂性，这是一种立足于文化混合的肌理设计

有兴趣的读者可以在他的网站http://brain.marconi.nu/index2.html上欣赏更多的作品。

（3）"生成艺术/编码创意"所生成的材质

生成艺术的创始人是意大利米兰工学院的Celestino Soddu教授，他没有给生成艺术下一个明确的定义，他是这样评价生成艺术的："生成艺术为设计和工业制造开辟了一个新的时代……人类又一次地效法自然，在计算机的帮助下拓展人类的创造力。如果说计算机曾一度泯灭了人类的创造力，那么现在在生成艺术的帮助下，人们能创造出和谐的代码，并利用这些代码在科学和艺术之间开辟了一个新的创作空间……"

"编码创意"（生成艺术）对大多数艺术家和设计师来说，都一直是种神秘的事物，其实从计算机出现之后生成艺术就存在了，只是最近这几年才开始在主流区域掀起一些波浪。所谓生成艺术，就是在开放源代码的程序语言及开发环境中制作图像、动画、声音和装置。在插画领域，生成艺术增加了一种在其他任何数字插画领域都不存在的随意性，对于那些厌倦了数字工作固定模式的人来说，是一种兴奋的尝试，如图12-21和图12-22所示。

 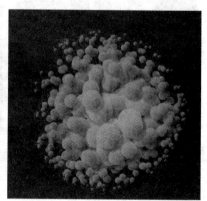

图12-21　生成艺术模拟的特殊材质　　　　图12-22　NodeBox软件的作品

　　喜欢冒险的ActionScript用户有机会熟悉生成艺术的基础，而最新软件工具如Processing可以生成静态图像和运动图形，Processing的概念来自于麻省理工大学媒体实验室MIT Media Lab的美学和算法小组，它是用Java编写的一种开放源软件，它被作为电脑程序化视觉基础的教学软件的同时，也是专业的制作工具。Tarbot的首席设计师Danny Franzreb曾这样描述他对生成艺术的感觉：Processing创造了一个很自然的工作环境。"我喜欢将数学与自然的美丽，结合自身作为人类内心的混乱。我也喜欢无法控制每一个微小细节的感觉，这是个不断有新灵感和变化出现的过程"。

　　例如软件NodeBox是一个运行在Mac OS X上的应用程序，可用来创作2D视觉（静态，动画或者互动）它使用的Python程序代码可以输出PDF、图片或QuickTime影片，

它现在拥有一个SVG库来输入SVG向量数据，所有的向量数据都被传递到NodeBox 的路径上，因此可以分离地操控路径上的每个点，在如图12-23这个作品中，每个路径被一个毛状的路径滤镜修改，这种运算法则的部分编码位于SVG 库内。

图12-23　　NodeBox软件通过SVG库创作的毛状肌理

　　多次获奖的交互式设计师Eric Natzke有一种科技含量很高的工作方法，对于为每一位观众创作一种独特体验的前景而感到兴奋，他在他的作品中应用了代码、变量和公式，生成艺术并不仅仅是用计算机生成随意的设计，它的魅力之一在于它的美感，它们拥有某种漂亮而迷人的数学复杂性，却又容易理解，因为它们与自然界同样有着相似的规律（更多Eric Natzke的作品请在www.eriknatzke.com网站上检索）。

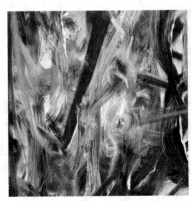

图12-24　　设计师Eric Natzke在他的肌理作品中应用了代码、变量和公式

　　生成艺术是指一种艺术实践，在该实践中，艺术家应用计算机程序或一系列自然语言规则，产生出一个具有一定自控性的过程，该过程的直接或间接结果是一个完整的艺术品。

随着学科界限的消失，对于21世纪的设计师来说，多样化是持续工作生活中的调味料，"专家型的全才"是营销顾问Julie Lane对新兴设计师的称呼，有些设计师会编写自己的CSS，会用编码生成自己的新肌理，通过表象的肌理形态传递不同的信息。可以看出，新一代的设计师们利用电脑科技，在不断用想象来拓展现实生活之外的新的生存空间，表达自己对事物本质内容的全新的感受、认识和评价。

12.2　Photoshop创新肌理案例讲解

上一节讲过"在Photoshop中创作材质肌理不是在白纸上涂画这么简单，它更需要艺术家眼手协调地处理好色彩、混合、自定义笔刷及大量的素材元素……"本节包括几个图像肌理案例，主要是一些仿自然形态和带有数字艺术特征的肌理文字。

12.2.1　文字设计中的特殊肌理效果

以不同材质作为主体的特殊肌理文字，作为一种版式元素会给画面带来生动形象的真实感，使受众在获得基本信息的同时也享有视觉愉悦感。下面开始在Photoshop中制作草地肌理的文字效果。

01 首先，执行菜单栏中的【文件】|【新建】命令，在弹出的对话框中设置如图12-25所示的参数，单击【确定】按钮后，工作区状态如图12-26所示。

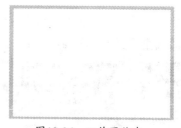

图12-25　新建文件　　　　　　　　图12-26　工作区状态

02 第一步在"背景"图层中添加一种渐变背景颜色。方法：选择工具箱中的▨【渐变工具】，单击其属性栏中的▨【径向渐变】图标，然后再单击▬图标，在弹出的对话框（图12-27）中设置一种由"黄色—绿色"的渐变（黄色的参考色值为R207G220B60，绿色的参考色值为R77G166B53），然后在画面中由左上至右下拉渐变，如图12-28所示，得到如图12-29所示的圆形渐变效果，渐变中心在画面左上方。

03 在背景渐变色中添加一种隐约的纸面肌理，使其具有磨损褶皱的痕迹感。方法：将配套光盘中的素材文件"纸面素材.jpg"置入文件中，【图层】面板中自动出现了一个新的图层，将此图层名称改为"纸张素材"，如图12-30所示，按快捷键Ctrl+T

打开变形框，调整素材的大小使其撑满画布。接下来将【图层】面板中的混合模式设为【正片叠底】，【不透明度】设为60%，【填充】为60%，如图12-31所示，纸张的纹理和阴影自然地与背景渐变色融为一体，效果如图12-32所示。

图12-27　设置渐变参数

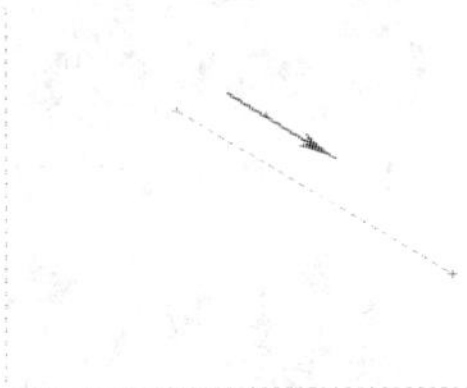

图12-28　在画面中由左上至右下拉渐变

图12-29　画面渐变效果

04 背景处理完成后，现在开始草地肌理文字的制作。首先将素材"草地.jpg"打开并复制粘贴入背景中，调整其大小至撑满画布，如图12-33所示，并将图层名称改为"草地素材"。

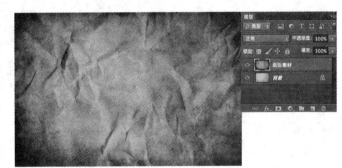

图12-30　将"纸面素材.jpg"置入文件

图12-31　修改图层参数

图12-32　纸张肌理与背景色融为一体

图12-33　将"草地素材.jpg"置入画面

05 接下来开始文字的编辑，首先单击【图层】面板下部的 【新建图层组】按钮，将新建的图层组命名为"文字"，如图12-34所示。选择工具箱中的 【文字工具】，并打开如图12-35所示的【字符】面板，选一种较粗的字体，字符大小设为160点，颜色设置为白色，接着在画面中输入文本"BIRTH"，把图层的【不透明度】改为60%，半透明的白色文字效果如图12-36所示。

06 文字的原型设置好后，现在开始肌理效果的添加，首先从B字母开始。方法：选择工具箱中的 【钢笔工具】，沿着字母B的外轮廓绘制出锯齿状的类似于草丛纹路的路径，如图12-37所示，按快捷键Ctrl+Enter将路径转换为选区。此时点中"草地素材"图层，按快捷键Ctrl+Shift+I将选区反转，如图12-38所示，然后执行菜单栏中的【编辑】|【清除】命令，将多余的部分清除掉，效果如图12-39所示。

图12-34　新建【文字】图层组　　图12-35　设置字符参数

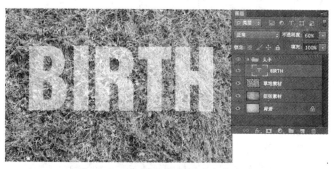

图12-36　先制作半透明的白色文字

07 同样的方法，将字母"B"中的镂空部分也绘制出来并清除掉，效果如图12-40所示。这样一个基本的由青草组合而成的肌理文字就呈现出来了。

08 目前文字还是原始的青草状态，接下来还要对它进行更多的修饰，比如添加一些立体浮凸的效果。方法：首先选择字母所在层，然后单击【图层】面板下方的  按钮，在弹出的下拉菜单中选择【光泽】样式选项，并在其弹出的对话框中设置参数如图12-41所示，将【混合模式】设为正片叠底，【颜色】设置为一种绿色（参考色值为R153G186B30），将

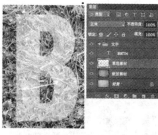

图12-37　绘制出草丛纹路的路径　　图12-38　将路径转为选区

图12-39　将多余的背景部分　　图12-40　将镂空的部分
　　　　去掉　　　　　　　　　　　绘制出来

材质的创造与现代肌理运用

【不透明度】设为30%，【角度】设为19°，【距离】设为11像素，【大小】设为14像素，选择【环形】名称的【等高线】，单击【确定】按钮后，字母"B"表面浮现出一层淡绿色的光泽，效果如图12-42所示。

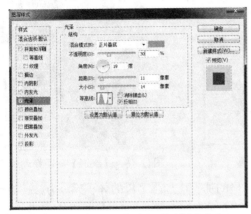

图12-41　设置【光泽】图层样式参数　　　图12-42　【光泽】图层样式效果

09 接着再选择【斜面与浮雕】图层样式，设置参数如图12-43所示，将浮雕【样式】设为内斜面，【方向】设为上，【大小】设为32像素，【软化】设为10像素。在【阴影】选项栏中将【角度】设为120度，【高度】设为30度，【光泽等高线】选择【环形】等高线，【高光模式】为线性减淡（添加），【高光颜色】设为一种亮绿色（参考色值为R176B208G53），【不透明度】设为40%，【阴影模式】设为正片叠底，【阴影颜色】为黑色，【不透明度】设为13%，可见字母"B"明显有了立体感，右上方出现浅黄绿色的高光，如图12-44所示。

275

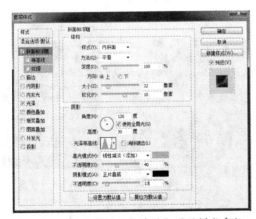
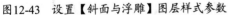

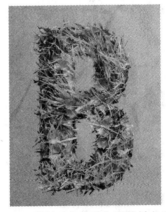

图12-43　设置【斜面与浮雕】图层样式参数　　图12-44　【斜面与浮雕】图层样式效果

10 再为字母添加一个衬托的阴影。方法：在【图层样式】对话框左侧点中【投影】样式，设置【投影】参数如图12-45所示，将【混合模式】设为：正片叠底，【不透明度】设为75%，【角度】设为120度，【距离】设为2像素，【扩展】设为0%，【大小】设为1像素，单击【确定】按钮。可见字母经过了以上几步骤的微妙处理，在原始材质的基础上形成了浮凸的立体感和光泽感，效果如图12-46所示。

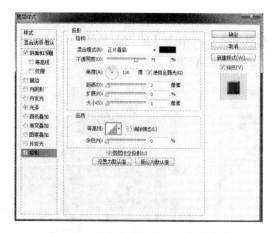

图12-45　设置【投影】图层样式参数　　　　图12-46　【投影】图层样式效果

11 接下来，继续对自然材质进行数字风格的加工，加强字母的体积感。方法：选择工具箱中的 【魔棒工具】将字母 "B"周围的区域选中，再执行菜单栏中的【选择】|【反向】命令将字母 "B"本身选中，如图12-47所示，然后将选区向右下方移动一定的距离，如图12-48所示。接下来，在字母 "B"图层下方新建一个图层，命名为"浅色阴影层"，在此图层上将选区内填充为黑色，效果如图12-49所示。

图12-47　将字母 "B"选中

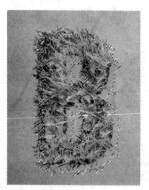

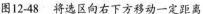

图12-48　将选区向右下方移动一定距离

图12-49　将选区内填充为黑色

12 在【图层】面板上点中"浅色阴影层"，按快捷键Ctrl+D取消选区，然后执行菜单栏中的【滤镜】|【模糊】|【动感模糊】命令，在弹出的对话框中设置参数如图12-50所示，单击【确定】按钮，刚才生硬的黑色选区变成了带方向感的模糊状阴影，在文字右侧还形成了一定的厚度感，如图12-51所示。但此时的阴影颜色过于浓重，显得有点喧宾夺主，因此要在【图层】面板中将【不透明度】和【填充】都改为70%，这样阴影的颜色明显变得柔和了，如图12-52所示。

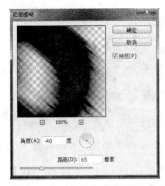

图12-50　设置【动感模糊】参数　　图12-51　黑色阴影形成　　图12-52　降低图层【透明度】
　　　　　　　　　　　　　　　　　　　　　动感模糊效果　　　　　　　和【填充度】后的效果

13 一种自然的光影效果必须经过多步骤反复的修饰和调整，再选用工具箱中的
【画笔工具】来添加手工笔触。方法：首先在"浅色阴影"图层上新建一个图
层，命名为"深色阴影层"，如图12-53所示，然后在属性栏内设置【画笔】
参数，将【画笔】的【硬度】设为0%，【大小】设为40，【不透明度】设为
30%，【流量】设为45%，【前景色】设为黑色，然后用画笔在字母的边缘轻轻
的涂抹，如图12-54所

示，直至形成自然的

黑色阴影。

14 到此步骤为止，字母
"B"的肌理效果已经
处理完成，效果如图
12-55所示。接下来，

277

请读者应用同样的方

法制作其余4个字母　　　　图12-53　新建图层　　　图12-54　应用画笔工具绘制深色阴影
的效果，缩小全图后
文字效果如图12-56所
示，在自然状态的启
迪下，现代的数字设
计师们在不断从多个
方面寻求和利用肌理
去表现种种图像、色
彩和质感。

图12-55　深色阴影修饰　　图12-56　肌理文字整体效果
　　　　　完成的效果

15 主体文字制作完成后，画面中还需添加一些辅助文字信息。方法：选择工具
箱中的 【文字工具】，在【字符】面板上将其【字体】设为Helvetica Con-
densed，字符大小设为12点，颜色设为白色，然后在"BIRTH"文字下面输入一
行文字"The earth but one country,and mankind its citizens"，如图12-57所示，接
着将其图层【不透明度】调整为60%，并添加另一辅助信息：Bontinwitings。最
后版面效果如图12-58所示（注意所有文字信息都放在文字图层组中）。

图12-57 添加一行白色的文字辅助信息　　图12-58 添加小字后的整体版面效果

16 现在看起来背景还缺乏层次，在【图层】面板中新建一个图层，命名为"白色光晕"，将它置于"纸张素材"图层的上一层，然后选择工具箱中的 ▣【椭圆选框】工具，并在其属性栏中将其【羽化】值设为100px，在主体文字的左上方绘制一个圆形选区，如图12-59所示。

17 将【前景色】设为白色，执行菜单栏中的【编辑】|【填充】命令，将椭圆选区填充为白色，形成文字背后的一个点光源，如图12-60所示。然后将此图层的【混合模式】设为柔光，如图12-61所示，此时白色的晕染色块颜色变浅，转化为黄绿色背景纹理上自然的亮色区域，效果如图12-62所示。

18 最后，将配套光盘中的素材文件"蝴蝶.psd"和"花朵.psd"置入画面中，读者也可以根据文字肌理风格自由地添加更多设计元素，调整大小和位置，最后，画面的整体效果如图12-63所示。

278

图12-59 在新图层上绘制　　图12-60 将带羽化值的选区　　图12-61 修改图层混合模式
　　椭圆选框　　　　　　　　　　填充为白色

图12-62 白色的晕染色块转化为背景纹理上　　图12-63 画面最终完成效果
　　自然的亮色区域

12.2.2 饼干包装的肌理设计

这个例子利用了字体设计与味觉、嗅觉的联系，这样具有材质感的字体运用在食品包装上，可以直接刺激人的味觉和嗅觉感官，我们会想起饼干刚出烤箱时飘逸的甜香气……作为设计师，我们必须了解，味觉（嗅觉）等记忆一旦形成，将在脑海中形成稳固的印象，它们会通过唤起空间、场景、情节等记忆，赋予我们特定的情感。

01 首先执行菜单栏中的【文件】|【新建】命令，在弹出的对话框中设置如图12-64所示参数，命名为"饼干包装肌理设计"，【宽度】设为18.5厘米，【高度】设为26厘米，【分辨率】设为300像素/英寸，【颜色模式】设为RGB，单击【确定】按钮，工作区状态如图12-65所示。

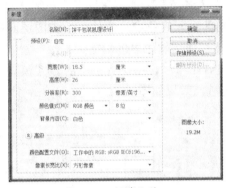

图12-64　新建文件　　　　　图12-65　工作区状态

02 单击图层面板中的【创建新组】按钮，命名为"包装袋"，在该组下创建"图层1"（如图12-66所示），接着使用■【矩形选框工具】在画面中绘制一个大小合适的矩形选区，填充从深红色到橙黄色的径向渐变，如图12-67所示。

03 执行菜单栏中的【编辑】|【变换】|【变形】命令，拖动控制手柄收缩包装袋两侧，如图12-68所示。

图12-66　新建图层　　　图12-67　填充渐变　　图12-68　对矩形进行变形操作

04 新创建一个图层，命名为"亮部区域"，然后选择工具箱中的☑【钢笔工具】绘制出如图12-69所示的路径，单击路径面板中的"将路径转换为选区"按钮得到选区后，填充如图12-70所示的浅色渐变（参考颜色值为R237G183B148与R214G100B65）。

05 依此类推，用工具箱中的 【钢笔工具】绘制其他区域的亮部形状，然后填充上不同的渐变色，最后效果如图12-71所示。亮部的形状可以更随意自然一些，但要位于包装起伏转折处，营造反光的效果。

图12-69　绘制亮部区域　　　图12-70　填充渐变色　　　图12-71　总体亮部效果

06 接下来开始修饰亮部区域，使它局部融入底色中。方法：单击图层面板下方的 【添加图层蒙版工具】按钮，然后使用软边黑色画笔工具涂抹蒙版，使亮部区域的生硬边缘更为自然柔和。然后还可以使用工具箱中的 【模糊工具】和 【涂抹工具】进一步修饰亮部区域，效果如图12-72所示。

> **提示**
>
> 　　使用图层蒙版的好处是只修改图层的显示范围，而不会直接修改图层，方便以后反复调整。

07 接下来调整包装袋的整体外部形状。方法：使用 【自由套索工具】沿着亮部区域边缘绘制出包装袋的外形细节，按Delete键删除此部分，这样可以使规整的包装袋边缘变化丰富，如图12-73所示。

图12-72　修饰亮部区域　　　图12-73　丰富包装袋的边缘

08 开始制作包装袋上饼干材质的文字效果。首先单击图层面板下方【创建新组】按钮，命名为"饼干"。单击工具箱中的 【横排文字工具】，输入"OSTBAGAR！！"，执行【窗口】|【字符】命令，打开字符面板，设置字体为Gill Sans Ultra Blod，大小为110点，行距为140点，填充颜色为明亮的黄色（参考色值R253G208B0），调整大小和位置，如图12-74所示。

09 在字符面板中点中 【设置所选字符的字距调整】按钮，以中间的BAG一行字母为准，选中第一行"OST"字母，设置字距调整值为180，用 【横排文字工具】涂黑选中第三行的两个感叹号，设置字距调整值为−600，使三行字母对齐，效果如图12-75所示。

材质的创造与现代肌理运用

10 将文字图层拖动到图层面板下方的【创建新图层】按钮上复制一层，执行【文字】|【栅格化文字图层】命令后，暂时隐藏原有的文字图层，接下来需要对每个字母设计立体效果，以字母"O"为例，使用██【矩形选框工具】选中字母"O"，使用快捷键Ctrl+J即可将字母O原位复制到一个单独的新图层内，命名为"O"。依此类推，将8个字母分散到不同的图层，按字母名称命名，图层面板如图12-76所示。

图12-74　添加文字，调整大小　　　　图12-75　使三行字母对齐　　图12-76　图层面板

11 接下来开始塑造立体效果。以字母"O"为例，先按Ctrl键单击字母O的图层，得到字母O的选区，然后填充淡黄色（R255G208B32）到深黄色（R255G165B0）的线性渐变，渐变颜色要符合人们对饼干的记忆色，如图12-77所示。使用工具箱中的██【椭圆选框工具】，在属性栏中选择██【与选区交叉】模式，按住Ctrl+Shift键沿着字母"O"中心向外绘制一个略大的椭圆选区，即可得到如图12-78所示的交叉重合选区（可执行【视图】|【标尺】命令，在圆心处拉出两条参考线，即可使两个圆形选区中心位置固定）。

12 新建图层，填充线性渐变（参考色值为R255G225B128与R255G165B0），渐变方向可以多尝试几次，这两个渐变会形成中心凹陷的效果，如图12-79所示。

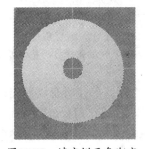
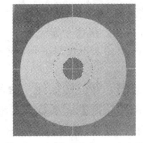

图12-77　填充饼干色渐变　　　图12-78　得到中部凹陷选区　　图12-79　对中部选区进行填充

13 新建图层组，命名为"凹点"；各个字母的凹点图层均位于该组内。新建图层，绘制一个小的椭圆选区，填充淡黄色（R255G225B128）到深黄色

（R255G165B0）的线性渐变，模拟制作饼干表面凹陷的坑点，如图12-80所示。同样的方法，在不同的位置继续添加更多的凹点，形状可以稍有变化，如图12-81所示。选中所有字母O表面的凹点图层，按快捷键Ctrl+E合并图层。

14 同样的方法，制作其余字母表面凹陷的坑点，在制作的过程中，可以对字母进行修改，比如B、A、R等字母中间空心改为圆形等等，效果如图12-82所示。

图12-80　绘制凹点　　图12-81　字母O整体凹点的效果　图12-82　其余字母整体效果

15 继续进行细节调整，为了使饼干酥脆的质感更加真实，在字母的边缘制作一些缺口。方法：以字母"O"为例，单击字母O图层，使用 ✎【钢笔工具】绘制出字母"O"左上方的缺口形状，如图12-83所示，然后单击【路径】面板中的"将路径转换为选区"按钮得到选区后，按Delete键删除，得到如图12-84所示效果。

图12-83　绘制缺口路径　　图12-84　删除路径选区后效果

16 新建图层组，命名为"厚度"（塑造立体效果的图层均置于该组内），继续使用 ✎【钢笔工具】绘制缺口立体厚度部分，然后分别填充两色渐变，如图12-85所示。同样的方法，在每一个字母上制作出形状各异的缺口，整体效果如图12-86所示。

图12-85　绘制饼干厚度　　图12-86　制造缺口后的整体效果

17 接下来开始添加饼干周围的碎屑。新建图层组，命名为"碎屑"（所有绘制出的饼干碎屑层均置于该组内），【图层】面板如图12-87所示。以字母"O"为例，先使用 ✎【钢笔工具】绘制出一个不规则的多边形，填充深黄色，如图12-88所示，然后继续绘制碎屑的亮面，填充明亮的渐变色，如图12-89所示，也可直接使用 ◯【套索工具】更快地得到选区。最后，字母"O"碎屑的组合效果如图12-90所示，依照同样的方法在其他的字母上绘制碎屑，效果如图12-91所示。

图12-87　【图层】面板显示效果

图12-88　绘制一个不规则多边形

图12-89　填充渐变色

18 接下来为饼干添加图层样式，进一步塑造立体效果。方法：直接双击【图层】面板中的"字母"图层组，可直接对组内全部图层添加相同的图层样式。首先在打开的【图层样式】对话框左侧点中【内发光】选项，如图12-92所示，调整参数，【不透明度】为50%，发光颜色参考值为R160G100B100，【大小】为21像素，效果如图12-93所示。

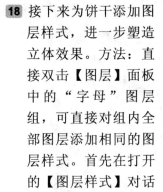

图12-90　字母O的碎屑效果

图12-91　所有字母的碎屑效果

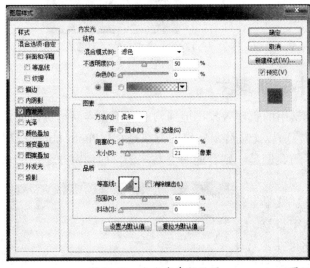

图12-92　内发光参数设置

图12-93　添加内发光样式后的饼干效果

19 继续在【图层样式】对话框左侧点中【投影】选项，设置如图12-94所示参数，其中【不透明度】为20%，取消"使用全局光"选项，角度为45度，距离为18像素，扩展为10%，大小为50像素，如图12-94所示，单击【确定】按钮，投影效果如图12-95所示。

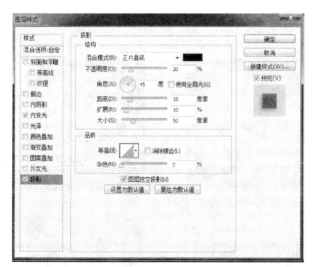

图12-94 投影参数设置

图12-95 添加投影样式后的饼干效果

20 至此，饼干文字的整体效果制作完成。接下来在包装袋顶部添加文字"Delicacy"，在属性栏内设置【字体】为Tw Cen MT，【大小】为30点。继续添加下部的小文字"KRISPIGA BAGAR MED MILD OSTMAK"和"250G"，【字体】为Arial，调整大小和位置。修改背景颜色为黑色，最后得到的饼干包装展示效果如图12-96所示。

图12-96 完成后的饼干包装袋效果

12.2.3 公益广告中的肌理生成

水滴是平面设计作品中比较常用的肌理效果，但通常水滴不太容易拍摄，或者拍摄出来不容易进行退底的处理，所以比较容易实现的方法是利用Photoshop的模拟功能来进行后期添加，本节选择的案例是一则普通的公益广告，应用密布全图的水滴来强化广告的主题。

01 首先执行菜单栏中的【文件】|【新建】命令，在弹出的对话框中设置如图12-97所示参数（非实际尺寸，由于海报实际尺寸较大，此处练习相应地进行了尺寸缩减），将文件【名称】设为水滴公益广告，最后单击【确定】按钮，工作区状态如图12-98所示。

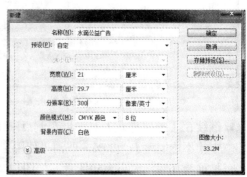

图12-97 新建文件

284

材质的创造与现代肌理运用

图12-98　工作区状态

02 第一步开始填充背景色，首先在【图层】面板中新建一个图层，命名为"蓝色晕染层"，如图12-99所示，然后选择工具箱中的  【椭圆选框工具】，并在其属性栏中设置参数如图12-100所示，预设较大的羽化值，在画面中绘制一个面积较大的椭圆选区，如图12-101所示，接着按快捷键Shift+Ctrl+I反转选区，如图12-102所示。将工具箱中的【前景色】设置为深蓝色（参考色值为C65M45Y5K0），按快捷键Alt+Delete填充选区，效果如图12-103所示。

图12-99　创建"蓝色晕染层"图层　　　图12-100　设置【椭圆选框】工具羽化参数

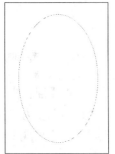

图12-101　创建椭圆选区

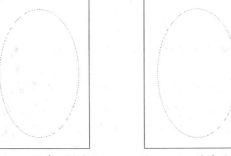

图12-102　将选区反向

图12-103　将选区内填充为深蓝色

03 此时发现色彩过于浓重，因此在【图层】面板中调整"蓝色晕染层"的【不透明度】为80%，如图12-104所示，大面积的背景颜色形成比较柔和自然的过渡效果，如图12-105所示。

图12-104　调整图层透明度

图12-105　透明度调整后效果

04 背景绘制完成后，现在开始画面中心图形——一个较大水滴的绘制，这个水滴不需要追求写实，因为它是一个经过变形的超现实的水滴。首先在【图层】面板中新建一个图层，命名为"大水滴"，如图12-106所示，选择工具箱中的 【钢笔工具】在画面的中部绘制一个不规则形状的闭合路径，如图12-107所示，按快捷键Ctrl+Enter将路径转换为选区，然后选择工具箱中的 【渐变工具】，先在其属性栏中点中 【径向渐变】样式，然后单击 图标，在弹

285

出的【渐变编辑器】对话框中设置一种由"白色—浅蓝色"的渐变，如图12-108所示，其中浅蓝色参考色值为C40M25Y0K0。接下来在选区内填充径向渐变，如图12-109和图12-110所示。

图12-106 新建"大水滴"图层

图12-107 绘制大水滴闭合路径

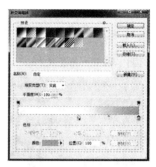

图12-108 设置渐变参数

05 下面给大水滴添加几个图层样式，首先添加投影。选中此图层，单击【图层】面板下方的 fx. 【添加图层样式】按钮，在

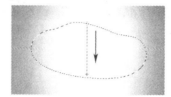

图12-109 在选区内由上至下拉渐变

图12-110 填充径向渐变效果

弹出的菜单中选择【投影】项，打开如图12-111所示的对话框，将【混合模式】设为正片叠底，【不透明度】设为35%，【角度】设为90度，【距离】设为35像素，【扩展】设为0%，【大小】设为30像素，其余保持默认，大水滴下方出现了一层浅色投影，效果如图12-112所示。

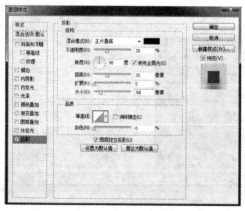

图12-111 设置【投影】样式参数

图12-112 大水滴投影效果

06 接着在对话框左侧点击【内阴影】样式，设置其参数如图12-113所示，将【混合模式】设为正片叠底，将【阴影颜色】设为一种浅蓝色（参考色值为C50M28Y0K0），【不透明度】设为20%，【角度】设为90度，【距离】设为95像素，【阻塞】设为15%，【大小】设为250像素，其【等高线】选择【锥形】等高线，其余保持默认，从图像预览效果中，可以看出水滴内部出现了一层蓝色的

阴影，但并不是紧贴内壁，而是形成一种体积感，效果如图12-114所示。

图12-113　设置【内阴影】样式参数

图12-114　蓝色内阴影效果

07 在对话框左侧点击【内发光】样式，如图12-115所示，在【结构】一栏中将【混合模式】设为柔光，【不透明度】设为95%，【杂色】设为0%，【颜色】选择一种深蓝色（参考色值为C80M85Y0K0），在【图素】一栏中将【方法】设为柔和，【源】设为边缘，【阻塞】设为0%，【大小】设为250像素，其余保持默认值，从图像预览效果中，可见大水滴内壁边缘多了一层深蓝色的光晕，如图12-116所示。

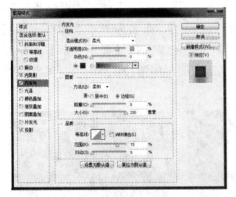

图12-115　设置【内发光】样式参数

图12-116　深蓝色内发光效果

08 截至于此，这个超现实的向内凹陷的大水滴基本制作完成，打开配套光盘中提供的素材文件"婴儿.psd"，如图12-117所示，将其中婴儿图像复制并粘贴到刚才做好的大水滴位置处，调整大小与角度，使婴儿仿佛是平稳安适地躺在轻盈的水滴之上，如图12-118所示。

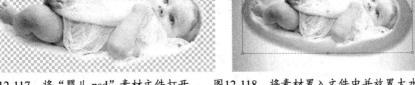

图12-117　将"婴儿.psd"素材文件打开　　　图12-118　将素材置入文件中并放置大水滴上方

09 将婴儿图像所在层的【混合模式】改为正片叠底，如图12-119所示，正片叠底的效果如同两张幻灯片叠在一起，颜色一般变暗，婴儿与水滴在稍微变暗的色调之中融为一体，效果如图12-120所示。

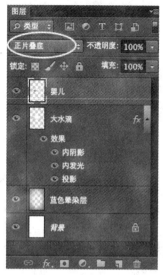

　　图12-119　修改图层【混合模式】　　　图12-120　婴儿与水滴融为一体的效果

10 下面要制作的是这幅海报主要的肌理单元——水滴来作为主体元素四周重要的陪衬。方法：首先在【图层】面板中新建一个图层，命名为"小水滴"，并填充为黑色，如图12-121所示，执行【图层】|【矢量蒙版】|【显示全部】命令，此时"小水滴"图层后面自动添加一个矢量蒙版层，如图12-122所示，属性面板如图12-123所示。

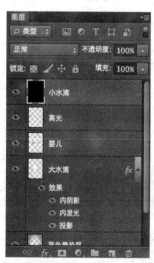
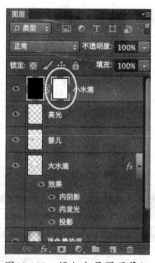

图12-121　新建"小水滴"图层　图12-122　添加矢量图层蒙版　　　图12-123　【属性】面板

11 单击蒙版缩略图，选择工具箱中的 ✏️【钢笔工具】，在画面的右下方绘制一个类似椭圆形的闭合路径，可见闭合路径周围的背景色自动消失了，如图12-124所示，然后将此图层的【填充度】改为0%，如图12-125所示。接下来，参照图

12-126～图12-129所示给此图层添加【投影】、【内阴影】、【内发光】和【斜面和浮雕】等图层样式，最后单击【确定】按钮，得到如图12-130所示的透明水滴效果。

图12-124　闭合路径周围的背景色自动消失了

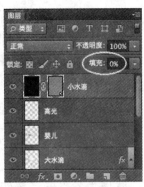

图12-125　将【图层填充度】设为0%

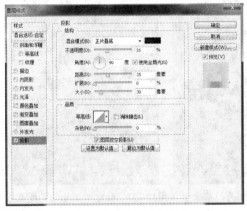

图12-126　设置【投影】图层样式参数

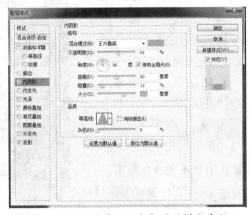

图12-127　设置【内阴影】图层样式参数

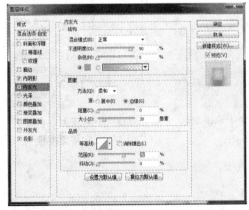

图12-128　设置【内发光】图层样式参数

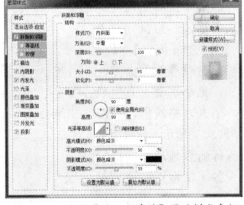

图12-129　设置【斜面和浮雕】图层样式参数

12 在水滴上添加两处小高光。方法：选择工具箱中的 【画笔工具】，在其属性栏中将【硬度】设为0%，【大小】设为65，【不透明度】设为55%，【流量】设为33%，【颜色】设为白色，然后在小水滴的顶端和低端绘制两处白色光点，如图12-131所示。这样，一个小水滴就完成了。

13 接下来进行小水滴的初步复制工作，首先选中"小水滴"图层和"小高光"图层，如图12-132所示，将其拖至【图层】面板下方的【新建图层】按钮上，复制出三个副本图层，选中这三个副本图层（将原始图层前的 图标点掉暂时作为备份），按快捷键Ctrl+E将合并后的图层命名为"小水滴"。接下来，单击面板下方【创建新组】按钮，创建一个新图层组，并命名为"小水滴"，将"小水滴"图层拖入其中，如图12-133所示。

14 选中"小水滴"图层，在按住Alt键的同时拖动鼠标，便会自动形成"小水滴"图层的副本，如图12-134所示，然后执行菜单栏中的【编辑】|【变换】|【变形】命令，可见小水滴上方出现了九宫格线框，如图12-135所示，此时用鼠标随意拖动九宫格的各个网格点，便可对小水滴的形状进行任意扭曲变换，如图12-136所示。变换完成后按回车键，第一个扭曲变形的水滴效果如图12-137所示。

图12-130 图层样式添加后的效果　图12-131 绘制高光

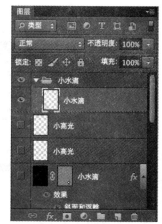

图12-132 将相关图层选中　图12-133 创建"小水滴"图层组

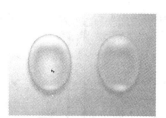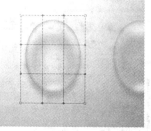

图12-134 创建小水滴副本　图12-135 小水滴上方出现了
九宫格变形框

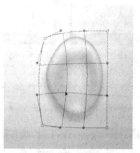

图12-136 拖动网格点
进行变换　　图12-137 第一个扭曲变形的
水滴效果

15 为了避免水滴形状千篇一律，用同样的方法复制出多个水滴，并逐一利用菜单栏中的【编辑】|【变换】|【变形】命令使小水滴产生各种生动的变形效果，如图12-138所示。

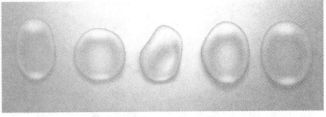

图12-138　用同样的方法使小水滴产生各种生动的变形效果

16 下面的操作具有很大的主观性而没有太大的技术难度，就是将这些形状各异的水滴进行反复的复制与编排，注意这里编排是最重要的，需要遵循以下规则：

- 水滴在排列上要注意大小与疏密的对比，如图12-139所示。
- 要形成一种四面向心分布的状态，将人的视觉无形中集中在画面中心位置，如图12-140所示。
- 管理好图层，可以将多个水滴图层先进行合并，然后再进行成批复制。

图12-139　对小水滴组进行复制时要注意大小与疏密的对比

图12-140　小水滴充满画面的效果

17 最后给海报添加文字，选择工具箱中的 **T**【文字工具】，并打开字符面板，如图12-141所示，将【字体】设为Helvetica，【字符大小】设为24点，【颜色】设为一种深蓝色，其余保持默认，在大水滴上端和下方输入3行文字"Water is life. Less use better life!Just pressure it."，如图12-142所示。接下来按住Shift键将这三个文字图层都选中，选择工具箱中的 【移动工具】，在其属性栏中单击 【水平居中对齐】按钮。此时，原本没有对齐的三行文字便自动水平居中对齐了，效果如图12-143所示。

18 在设计中，有一个核心基本图形，进行连续不断的反复排列，称为重复基本形。大的基本形重复，可以产生整体构成后的秩序的美感；细小、密集的基本形重复，会产生类似肌理的效果，这幅海报的设计原理便在于此，最后完成的整体画面效果如图12-144所示。

图12-141　字符面板

图12-142　输入3行蓝色文字

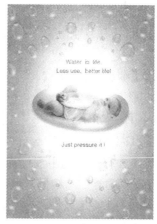

图12-143　文字水平居中对齐效果　　　图12-144　公益广告最终完成的效果

12.3　小结

本章主要介绍运用数码图像技术所创造的现代新肌理，案例包括制作水滴材质、制作草地肌理的文字以及把字体设计与味觉、嗅觉结合起来的饼干包装，体会软件技术的发展不断地拓宽的肌理艺术设计中的表现空间。

12.4　课后习题

1．如图12-145所示中如巧克力质感柔滑的图形，请为提供的巧克力产品素材制作一张宣传广告，图形的组合与色彩可以自己设计，但要求在广告图形中体现出糖果光滑可口的材质感觉。文件尺寸为210mm×297mm，分辨率为72像素/英寸。

2．请在Photoshop中绘制一张色块叠加的海报，制作出具有方向性的细密的线条材质，参考效果如图12-46所示。文件尺寸为210mm×297mm，分辨率为72像素/英寸。

提示

细密的线条可通过"动感模糊"命令设置较大的模糊距离来生成

图12-145　质感柔滑的巧克力
　　　　　宣传广告效果图

图12-146　色块叠加的海报

戏剧化色彩

第13章

"我知道深红色与猩红色的区别，就像我知道橙子和西柚的味道不同……"

———海伦·凯勒

严格来说，一切视觉表象都是由色彩和亮度产生的。平时我们在观看时，之所以能界定物体形状的轮廓线，其实是眼睛区分几个在亮度和色彩方面都绝然不同的区域时推导出来的。即使在线条画中，也只有通过墨迹与纸张之间亮度和色彩的差别，才能辨别物体的形状，影像与色彩之间真可谓息息相关。而今日之色彩观念，已经与很长时期内所形成的传统绘画的色彩观念有所不同，因为光学、物理学、化学、印刷技术、电脑科技等诸多领域的飞速发展，新的传播媒介与表现手段的出现都为色彩设计提供了新的方向与新思路。本章我们要探讨的"戏剧化色彩"，并不是指传统绘画或设计理论中的色彩搭配知识，而是电脑图像软件对普通图像所施加的极其戏剧化的色彩魔术。

13.1 数字图像色彩风格概述

这里主要介绍的数字图像色彩风格都是一些"去写实"，也就是降低影像写实程度的色彩风格，去写实的主要目的，就是赋予影像不同的风格、重塑影像的调性，以及包装具有敏感性的图像素材。

13.1.1 科学的色彩与主观的色彩

在学习所谓"戏剧化色彩"与"去写实色彩"风格之前，先来大致了解一下科学的色彩与主观的色彩观念的诞生。

伟大的自然哲学家牛顿在1664年做了破天荒的实验，证明三棱镜可以把白色的光分解成彩色光线，最重要的是牛顿和他的三棱镜，为未来世代设下挑战，他证明白色光线是各种色彩组成的，色彩是光的最后奥秘，了解色彩，将是了解这个奥秘的关键。大多数科学家都认为牛顿的理论是正确的。

然而，与牛顿相对立，伟大的诗人歌德也提出了他的光学和色彩理论，他提出了主观色彩——他也称之为生理色彩——这是他理论的重要内容。歌德研究了眼睛对补色，以及它对黑色、白色、灰色和彩色图像的不同反应，他提出色彩属于心理效应，突出的是艺术家感兴趣并加以运用的其他内容，而与技术和应用不发生关系。歌德的推论对望远镜或摄影技术没有任何实际作用，但他的光学与色彩理论却不会被人们忘怀，原因很简单：就是歌德没有使用科学家的方法，他由感性而进入思维世界之中，由此创造了一个具有个人性、并朦胧地涉及了人的色彩心理的颜色理论，因此被许多艺术家视为适用的范畴而偏爱。

后代的理论研究者评价：望远镜和显微镜等代表科技的存在要归功于牛顿的数学化的理论，而许多画家则从歌德那里获益匪浅——这两个色彩理论是两个完全不同的实在层次。对于数字图像领域的色彩特效，正好是科学色彩与主观色彩的完美融和。和绘画不同，它们有其程序控制的理性规则，有严格的颜色模式的控制，并非纯然手绘般的自由自在，然而它又对传统绘画、摄影等色彩观念进行了革命性的开拓，探索出一些更为超现实的、不寻常的色彩表现手法。

13.1.2 非彩色影像处理

在数字图像领域中所谓的"非彩色"是指RGB以外的图像模式，包括单色、双色、套色、灰阶等不同的彩色呈现方式，这些不同的色彩表达方式往往赋予版面不同的调性，成为设计者传达意念的有力工具。此类型图像追求的是单纯统一的色感，图像本身的吸引力被减弱，图像层次在处理过程中会受到一定的影响，主要以颜色或形式的对比来形成画面主要趣味。这种定调的色彩技法大致仍然遵守现实与自然的法则，以较含蓄的方法转变图像整体色调，经常模拟不同的光影效果，仿佛被舞台上强弱不同的灯光塑造出形体。

1. 色调混合

色调混合可以模拟传统印刷工艺中的套色效果，或者对图像的色彩进行微妙的置换与调整，是一种较为含蓄的数字色彩处理方法。例如Photoshop中的双色调图像是指使用两种或两种以上的油墨所印刷出来的灰度效果，在平面设计中常常用这种手法来处理黑白图片，采用双色、三色或四色的处理方式使照片形成一些特殊效果。例如图13-1中选取的几张海报，都属于色调混合的效果。在这一类图像中，主色决定明暗阶调，副色则为图像添加色彩，套色形成的是只具有一种色彩倾向的偏色图片（例如常用的偏黄褐色调、偏蓝绿色调等），由于整张图的色调被极其单纯地统一在一种调子之中，因此常可产生柔和、宽容、理性与低调的气氛，当然，每一种色调从主观上给人带来的感觉各有微妙的差异，而且因文化背景不同而不同。

图13-1　几张应用色调混合效果的电影海报

2. 彩色压抑法

平时我们在影楼里看到的旧照片处理风格便是一种低彩度色调，为了使色彩鲜艳的图片蒙上历经岁月般的褪色、发黄及模糊等变化，或产生一种怀旧与古典的风格，习惯上一般将图片处理成低彩度（即低饱和度）的偏黄的色调，这种低彩度色调的表现方式很接近套色效果。但事实上它们仍然是如假包换的全彩影像，依然有着微妙隐约的色彩变化，只是做了各种方式的色调调整，将某一种颜色的倾向加重；而图片中非主要色调的部分被压抑到极不明显的程度而已，因此这种手法又称为"彩色压抑法"。

如图13-2所示中是3张国外经典摇滚乐队专辑CD封面设计，它们都采用了不同程度的"彩色压抑法"，色彩倾向被压抑到模糊和昏惑的状态，这种精神视觉是模糊的，但是，一种遥远的内在声音在压抑色彩倾向的情况下能够持续下去，我们同时又认为它传达的情感是明确的。爱伦·坡说，光谱中的橙色光线和蚊蚋的嘈嘈之声，给他的感觉几乎相同，这是在说"通感"是我们感知世界的最本然的规律，因此，这些朴素、阴晦而节制的颜色，它更希望唤起人们大脑深层与特定视觉印象相连的认知与反应。

图13-3所示为匈牙利艺术家Horkay Istvan（依斯特凡·霍凯）的数字艺术作品，运用传统素描、绘画作品、照片、具有象征意义的徽章、符号、标识等元素，通过数字化的手段加以层叠组合，创作出系列灰色调充满了神秘感和无限想象力的

艺术作品。Horkay的图像艺术带有双重的含义：一个破碎的、边缘残损的事物存在着，但是，一个观者根据自身经验，经由这些残损部分和画面表层的伤害，在思想中模拟出一种清晰的感觉——完整。Horkay想在图像中表达暂时在故事中结束的历史痕迹，他的图像色彩效果的定调是朴素、阴晦而节制的，仿佛隐藏着曾经出现过的伤害、怀疑以及混乱中无法消除的真相，这类图像的彩色有洗尽铅华般的淡然与含蓄之感（www.horkay.com）。

图13-2　国外经典摇滚乐队专辑CD封面设计中应用的"彩色压抑法"

图13-3　匈牙利艺术家Horkay Istvan图像色彩效果的定调是朴素、阴晦而节制的

　　要制作这类压抑彩色的影像一开始最好就选择色调较单纯的图片，如果图像本身原有的色相太复杂，即使彩度降得再低，要建立统一色调仍然有一定的困难。因为我们要靠降低彩度来收敛各种颜色的锋芒，同时拉近不同色相间的差距，这样才能使整幅图像的色调统一在含蓄的低调之中。关于低彩度色调（怀旧风格）的具体制作方法可参看本章13.2.1节案例。

3．分层的色阶技巧

　　人们总是说，"摄影，就是要还之以颜色"，然而在后期的影像制作中却常常要反其道而行之。上面所讲的叠印与低调效果实际上都是以一种色调为主导的，然而如图13-3所示的海报中的图像，虽然笼罩在一种偏蓝色调之中，然而人物面部的亮调部分却明显具有暖色的倾向，在做整体调性处理之时面部肤色亮域的黄色调只被蓝色挡住了一半，这一点是"分层色阶"和"双色调图像"的不同之处。因此，我们把这种根据图像的亮调、中间调与暗调区域进行分别调性设定的方法称为"分

戏剧化色彩

层的色阶处理"（在制作时需要结合通道与图层特效来完成）图像在两种色调的控制之下显得诡异而离奇，一片冷色之中隐隐浮现的暖调宛如色光所玩弄的神秘。

图13-4　这些海报中人物面部都经过分层色阶的处理，在偏冷色或中性的主调之中

面部亮域透出微妙动人的暖色，使图像在获得主题色调之后还保留了丰富的阶调变化

13.1.3　去写实的彩色风格

不知大家平时有没有注意到，在蕴含了最丰富视觉经验的现代电影海报中，使用的影像素材或多或少都随着主题特性或诉求风格做了戏剧性的定调处理，这是因为很多电影所反映的都是超乎一般人现实经验的题材，尤其是科幻、灾难、惊险动作、童话等等，而且时空跨度自由无束，因此海报也相应会采取一些超现实的不寻常的表现手法，在画面上营造轻松浪漫、神秘悬疑、恐怖惊悚、返古怀旧或颓废压抑等各种不同的气氛，相比较其他类型设计在色彩处理上更大胆夸张，不遵循正常的色彩复制原理，尝试以百无禁忌的手法来表现。另外在电脑游戏、音乐包装设计或广告等领域应用的图像，在色彩处理方面也有较大的发挥空间。

1．何为"去写实"

未经修饰的影像都是写实的，忠实反映景物自然的轮廓、明暗阶调与色彩。在彩色摄影技术问世之前，黑白相片就是当时最写实的影像复制形态。"去写实"就是降低影像的写实程度，去写实的主要目的，就是赋予影像不同的风格、重塑影像的调性，以及包装具有敏感性的图像素材。例如电影海报或一些杂志封面中的去写实手法往往基于第一种目的，对于容易触犯禁忌或刺激性高的影像题材，例如煽情、恐怖等不宜直接表现的画面，往往采取去写实的手法进行图像处理，以色彩模拟和夸大的手法将图像的写实度降低，甚至采用反常的色彩，大幅度的色阶简化，或是重新着色，使图像完全失去本色，仿佛置于戏剧舞台的彩色灯光之下变幻莫测，如图13-5所示。

因此，也有人将超常的去写实风格与绘画中的"野兽派"相提并论，绘画中的"野兽"一词，特指色彩鲜明、随意涂抹。野兽派画家最终实现了色彩的解放，他们愿意使用从颜料管里直接挤出来的强烈的色彩，而不想刻划自然中的对象。这不仅是想引起视网膜的振动和

图13-5　图像完全失去本色，仿佛置于戏剧舞台的彩色灯光之下变幻莫测

要强调浪漫或神秘的主题，而更重要的是想树立与此截然不同的新的绘画准则。看来，它们二者相同之处都是源自于它们形式与色彩上强烈的风格，不是通过认真测定自然景观（或图像）的光和影去使色调极尽变化，而是自由地运用色彩，以建立起一种抽象的色块形状和线条的结构，将事物最概括的形大块地铺展开来，找到表现光和塑造形的其他方法。

总之，去写实的图像处理完全从设计师的设计体验出发，在电脑上完成对图像色彩的重新理解和理想化形态，如图13-6所示是一些不同程度和风格的去写实设计作品。

图13-6　"去写实"的设计将事物概括的形大块地铺展开来，找到表现光和塑造形的其他方法

2. 缩减色阶的"波普风格"

大家都看过波普艺术家安迪·沃霍尔制作的玛丽莲·梦露的头像吧，那色彩简单、整齐单调的一个个梦露头像，反映出现代商业化社会中人们无可奈何的空虚与迷惘，如图13-7所示。画中特有的那种单调、无聊和重复，所传达的是某种冷漠、空虚、疏离的感觉……然而这些表情冷漠的、经丝网印刷得到的画面在色彩方面却独树一帜，甚至成为了后来电脑图像处理中一种非常典型的风格，这种风格我们将它称为

戏剧化色彩

"缩减色阶"。Photoshop 中的Posterize（色调分离）、Threshold（阈值）等命令，或是将图像转为单色或索引色，都是缩小色阶的常用方法。

图13-7 安迪·沃霍尔作品中的波普人像

在这种风格中，可以自由地夸张地运用大面积平涂的色彩，以建立起一种抽象的色块形状和线条的结构。经处理后的画面色彩艳丽、对比强烈，然而这些色块和线又不只是表面的装饰，这些只用轮廓线和色块来造型的景象与人物，又自有其超越纯形式的实际内容，他们构筑了一个新的空间，凭借深度、光和空气感的幻觉，存在着、移动着。这种幻觉，完全是由色彩形状造成，而且巩固了画面的完整性。

色阶改变与彩色调整不同，做色阶重排时，影像原有的色阶根据特定的规律全部转变为新的色阶，如果想对图像的色阶做有意义的重排，先把影像的色阶范围缩小是十分有益的步骤，因为我们无法逐一更改千百万个无规律的色阶，却能够对缩减数量后的少数几种颜色或一组具有一定规律的色阶做有效的修改。例如我们用更改索引颜色板的的方式来重新安排图像的色阶，"颜色板"平时一般不太常用，但它可以用

来逐个修改替换索引色图像中的颜色，这对于大幅度简化颜色、产生出"波普效果"是种很好的方法，可以得到如图13-8和图13-9所示的多种颜色组合效果。

图13-8 原始图像的色阶数缩小为2，图像颜色数减少为8

图13-9 更改索引颜色表中的原色后得到的几种色彩新组合图

而这种单纯的彩色对比形式尤其适合用在"拼盘式"的设计上，当缺乏有力的单一图像素材，或设计物的版面情况特殊时，例如折页的设计或CD包装的设计，这

种冒险的设计策略常常出奇制胜，至于多组设计物需要维持固定的识别体系时，以此种方式来变换色系也是极佳的办法。

关于缩减色阶的具体制作方法可参看本章13.2.2节案例。

3. 纯净派设计

这是一种比较环保的影像设计，纸张被印刷油墨污染的程度最低，反映在视觉上则是轻快而清爽、单纯而舒适。淡淡的色调与惜墨如金的画面，常会形成明净的视觉氛围。严格的纯净派甚至会放弃影像的色彩，改以灰阶或套色的单一色调来表现，或者把图像局部或背景进行"漂白"化处理，使画面尽量干净简约。事实上，纯净派的构图概念与使用超量黑色油墨的"不环保派"很相似，只是在版面的视觉重量上采取相反的态度，一个致力于扩张影像的亮域，另一个则蔓延图像的黑暗面。

这里举一个例子，日本有一个品牌叫做"无印良品"，无印良品不强调所谓的流行感或个性，出品的商品在设计上是简单无华的，色彩上干净简约，他们自称这个品牌就像是个空的容器一般，能够接受不同的观点，也能够无拘无束的发挥。在追求简约无华的概念的同时，无印良品希望让顾客获得一种心理平静与满足，如图13-10所示。

图13-10   "无印良品"广告图像中简单无华、纯净而轻快的设计风格

纯净与简约的设计理念其实是一种生活的哲学。20世纪是一个人人都强调个性与自我意识，是一个"我要这样"的时代，但是在现在的世界，每一个人都各自主张"我要这样"的话，就陷入僵局了，环境、资源、各种文化、还有宗教等，就互相避免不了冲突，在这样的时候，我们更需要关注"这样就可以"的思路方式。实际上，我们这里所介绍的纯净派色彩设计，就是反映了避开过剩的因素的同时，能够以理性和自尊心来主张"这样就可以"的意识水平。

因为大脑的注意力是有限的，它需要那种简洁地抓住它的东西。是色的形状，而不是杂乱的纹理与环境。因此，在某些作品中我们需要利用这一"审美经验的本质"，产生直接而深刻的印象（例如图13-11所示的两张纯净派的电影海报）。图

13-12是一幅纯净派的现代插画作品，画面本着柔和内敛的风格，色彩极淡，画面中有大量的留白，给人明快通透的感觉，反而使观者获得了更多想象的自由。这也可算得上对画面留白的讲究，"多即是少"、"少即是多"，当越来越多的诱惑在挑动视觉，越来越高的喧嚣在刺激神经；越来越杂的欲望在充斥大脑，寻求一方全身心放松的地方和独处冥想的场所，"纯净派"的画面恰好提供了一个视觉松弛的场所。

图13-11 纯净派海报设计致力于扩张影像的亮域 　　图13-12 柔和内敛的纯净派的现代插画

制作"纯净派"图像的方法很多，基本都是经过降低彩度、去彩度、转套色效果等处理之后，再做各种淡化或干脆将背景更换为一片空白。关于纯净派图像的具体制作方法可参看本章13.2.2节案例。

4. 色阶简化的极致

在绘画与设计中，加和减、删和添是一对矛盾，而这对矛盾又是不可分割的统一体，往往在描绘特定的形象时，减的目的是为了加，即以削弱非本质属性的办法，以突出形象的本质特征。这里要讲的"色阶简化的极致"就是一种极端的阶调简化效果，色彩被减至只有单纯的两种，连图像的基本阶调都予以摒弃，去写实的程度可谓最为彻底。图像中的人物仿佛从束缚他们的真实环境中解脱出来，回归到一种最平面化的色彩组合原理中去。尽管简洁至极，但画面仍然还是依靠着仅存的线与单色块不停刻画与暗示着客观形状，人物被概括后的眉宇间却更使一种神情得以强化，因此常常能获得一种很"酷"的简洁画面，这种风格在插图画、广告设计与网页图形设计等领域中应用很普遍。通过极少化的色彩和线条的运用，创造了更清新的、可触知的图像空间世界。关于"色阶简化极致"的具体制作方法可参看本章13.2.3节案例。

图像软件的色彩特技可谓是一个能永远开发下去的资源库，这里限于篇幅不可能一一讲解。除了以上介绍的风格以外，事实上，通过研究电脑色彩空间的内涵和颜色的相互关系，我们可以巧妙地结合色阶、通道、图层、混合模式等功能既表现出对象的颜色（还原固有色或摧毁固有色），又表现出对象的形以及光的空间和深度，这向颜色提出了更新的要求，可以更加冒险地追求从未有过的激烈色彩的协调。

图13-13　图中的人像基本只剩下黑白分明的轮廓，有种图案化的简练与粗线条的手绘风格

13.2　Photoshop色彩特效案例讲解

　　本节案例中主要包括一些常用的Photoshop图像色彩处理方法，例如制作老照片的效果、在图像中添加色彩或色光、压缩色阶的图像设计（利用索引色颜色表来缩减色阶）、黑白图的上色方法以及通过阈值原理设计人物插画等。

13.2.1　艺术摄影的后期颜色加工

1. 制作老照片的效果

01 首先打开配套光盘中提供的素材图"新照片.jpg"，如图13-14所示，制作仿旧效果的第一步就是降低原始颜色饱和度，并使其呈现由于年深日久而偏黄褐的色调。方法：把工具箱中的前景色定为C45M40Y65K0（在拾色器中的CMYK栏内自己输入数值配色，如图13-15所示，这种颜色是经过反复实验后得出的一个较为理想的经验值，当然，照片"旧"的程度和每个人的色彩心理体验不同，这个颜色值也会有所偏差。执行菜单栏中的【编辑】|【填充】命令进行第一次填色，【填充】对话框如图13-16所示，填色的混合【模式】为【颜色】，【不透明度】为75%，单击【确定】按钮，图像的原始色调受到压抑，呈现出偏黄褐的色调，如图13-17所示。

图13-14　素材图"新照片.jpg"

图13-15　在拾色器中的CMYK栏内自己输入数值配色

图13-16　【填充】对话框设置第一次填色参数

图13-17　图像的原始色调受到压抑，
呈现出偏黄褐的色调

02 下面进行第二次填色，可以根据喜好选择一个稍微偏红一些的颜色（工具箱的前景色），当然，如要继续保持偏黄色调也可以再填一次相同的前景色。执行菜单栏中的【编辑】|【填充】命令进行第二次填色，【填充】对话框如图13-18所示，填色的混合【模式】为【叠加】，【不透明度】为100%，单击【确定】按钮，图像反差增大，棕黄色倾向被加强，如图13-19所示。

图13-18　【填充】对话框设置第二次填色参数

图13-19　图像反差增大，棕黄色倾向被加强

03 打开【历史记录】面板，将历史记录标识（如图13-20所示）设定在填色之前的原始图像步骤。接下来进行第三次填色，【填充】对话框如图13-21所示，填色的混合【模式】为【明度】，【不透明度】为100%，【填充内容】选择【历史记录】，单击【确定】按钮，图像在浓重的棕黄色调中恢复了一些原始的亮度，效果如图13-22所示。

图13-20　【历史记录】
面板标识

图13-21　【填充】对话框设置
第三次填色参数

图13-22　恢复一些原始
的亮度

04 （如果你认为到上一步骤产生的仿旧效果已经适度，也可以跳过这一步，直接

进入步骤5的操作）。图像基准色调确定后，下面再进行一些微妙的层次与色彩处理。方法：执行菜单栏中的【图像】|【调整】|【去色】命令，全部清除图像的彩色信息，然后再执行菜单栏中的【编辑】|【渐隐去色】命令，在如图13-23所示的对话框中将【不透明度】设置为25%，单击【确定】按钮，最后的定调效果如图13-24所示。整个调节的步骤比起制作双色调的方法可是繁复了许多，但是读者可以自己动手比较一下，层次与色阶的保留效果绝对不同。

图13-23　【渐隐】对话框　　　　图13-24　经过色彩与层次微调之后的定调效果

05 新创建一个图层，命名为"暗角"，然后选择工具箱中的 ■■■【矩形选框工具】，在其属性栏内先将【羽化】的数值设为100px。接下来，画一个大矩形框选整个图形，带羽化值的矩形选区自动形成圆角效果，按快捷键Shift+Ctrl+I反转选区，最后将选区内填充为黑色，并在【图层】面板上将该图层的混和模式改为【叠加】，图片四周边缘被加深，形成暗角，如图13-25所示。

06 打开配套光盘中提供的素材图"污痕图片.jpg"，如图13-26所示，将其复制到旧照片中，调整其大小和位置，并在【图层】面板上将该图层的混和模式改为【线性加深】，图像与污痕合成后影像整体变深，如图13-27所示，因此还需要按快捷键Ctrl+M打开【曲线】对话框，如图13-28所示，在其中调节曲线，将图像亮调与中间调区域进行提亮，单击【确定】按钮，图像变亮，仅留下了水印污痕的形状，如图13-29所示。最后拼合所有图层。

07 下面给照片向内添加一圈米色的边缘，先将工具箱中的前景色设为米色（参考颜色数值为C15M15Y38K0），然后执行菜单栏中的【编辑】|【描边】命令，在如图13-30所示的对话框中将【位置】设置为【内部】，单击【确定】按钮，图像向内形成一圈很窄的米色边框，如图13-31所示。

08 打开配套光盘中提供的素材图"木板.jpg"，如图13-32所示，先对木板的明度与色调进行调整。方法：执行菜单栏中的【图像】|【调整】|【色阶】命令，在打开的【色阶】对话框中压缩亮调与暗调，如图13-33所示，然后再执行菜单栏中的【图像】|【调整】|【色相/饱和度】命令，在打开的对话框中调节参数如图13-34所示，最后得到深暗的褐色木板效果，如图13-35所示。

09 将旧照片全部选中并复制，然后粘贴入褐色木板背景图中，调整大小与位置，使其稍微旋转一定的角度，得到如图13-36所示效果。

图13-25 【渐隐】对话框

图13-26 素材图"污痕图片.jpg"

图13-27 图像与污痕合成后影像整体变深

图13-29 图像变亮，仅留下了水印污痕的形状

图13-28 【曲线】对话框中提升亮调与中间调区域

图13-30 【描边】对话框参数

图13-31 图像向内形成一圈很窄的米色边框

图13-32 素材图"木板.jpg"

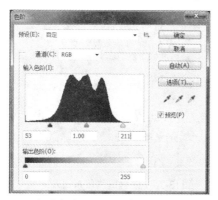

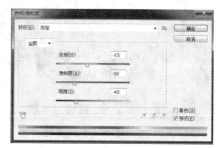

图13-33　在【色阶】对话框中压缩亮调与暗调　图13-34　在【色相/饱和度】对话框中调节色彩

图13-35　深暗的褐色木板效果　　　　　图13-36　将旧照片贴到木板背景上并旋转一定角度

10 接下来，新创建一个图层，选择工具箱中的 ▣【渐变工具】，在其属性栏内点中 ▣【径向渐变】按钮，然后单击 ▭▭▭【点按可编辑渐变】按钮，在弹出的【渐变编辑器】对话框中设置从"白色—透明"的渐变（或者米色—透明），单击【确定】按钮，在图中从左上角到中心拉出一条斜线，将渐变填充在图像的左上角部位，如图13-37所示。最后，在【图层】面板上将该图层的混和模式改为【叠加】，旧照片和木板底纹的左上角位置仿佛被一束弱光照亮，这种方法制作的光照效果比较自然细腻，效果如图13-38所示。

图13-37　在图像左上角添加从"白色　　　图13-38　照片和木板底纹左上角位置
　　　　　—透明"的渐变　　　　　　　　　　　　仿佛被一束弱光照亮

11 最后一步，为旧照片所在层添加【投影】图层样式，【图层样式】对话框的设置如图13-39所示，单击【确定】按钮，本案例制作完成，最后的效果如图13-40所示。

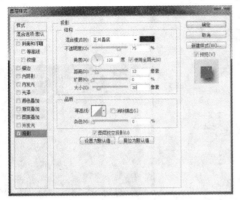

图13-39 在【图层样式】对话框中设置投影参数　　图13-40 最后完成的效果图

2. 黑白图片添加色与光的效果

01 首先打开配套光盘中提供的素材图"海滩.jpg"，如图13-41所示，这是一张拍摄时色彩不太理想的图片，因此事先将其转换为黑白效果，然后在Photoshop中为它添加戏剧性的色彩特效。方法：打开【图层】面板，在其中创建一个新图层，命名为"黑色渐变"，选择工具箱中的 <img>【渐变工具】，在其属性栏内单击 <img>【点按可编辑渐变】按钮，在弹出的【渐变编辑器】对话框中设置从"黑色—透明—黑色"的线性渐变，如图13-42所示，单击【确定】按钮后按住Shift键，在图层"黑色渐变"中从上至下拉出一条直线，图像上下区域的颜色被加重，中间部分保持不变，如图13-43所示。

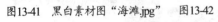

图13-41 黑白素材图"海滩.jpg"　图13-42 【渐变编辑器】中设置　图13-43 填充渐变后图像
　　　　　　　　　　　　　　从"黑色—透明—黑色"的渐变　上下区域的颜色被加重

02 在【图层】面板中再新创建一个图层，命名为"彩虹渐变"，然后应用工具箱中的 <img>【多边形套索工具】，在其属性栏中先将【羽化】的数值设为40px，在图中圈选出大面积需要上色的区域，如图13-44所示，选择工具箱中的 <img>【渐变工具】，在其属性栏内单击 <img>【点按可编辑渐变】按钮，在弹出的【渐变编辑器】对话框中设置彩虹线性渐变，如图13-45所示，单击【确定】按钮后按住Shift键，在图层"彩虹渐变"中从右至左拉出一条直线，填充彩虹渐变的效果如图13-46所示。

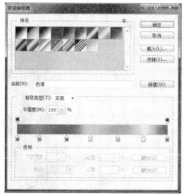
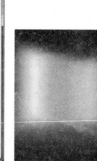

图13-44　在图中圈选出大面积　图13-45　【渐变编辑器】中　图13-46　填充彩虹渐变
　　　　　需要上色的区域　　　　　　　　设置彩虹线性渐变　　　　　　的效果

03 在【图层】面板中将"彩虹渐变"层的混合模式改为【柔光】，【柔光】方式根据底图的明暗程度来决定最终色是变亮还是变暗，因此会形成一种色彩柔和地融入背景图中的效果，接下来，再将"彩虹渐变"层的【不透明度】设置为55%，黑白图像的初步上色效果如图13-47所示。

04 下面在初步上色的基础上再进行局部的色彩处理，例如先在【图层】面板中再新创建一个图层，命名为"局部加色"，然后在画面中部区域圈选出一小部分面积（先在选取工具属性栏中将【羽化】的数值设为35px），按快捷键Alt+Delete在选区内填充一种较亮的天蓝色，如图13-48所示。接下来，在【图层】面板中将"局部加色"层的混合模式改为【颜色】，画面局部区域色彩鲜艳度被提升，效果如图13-49所示。

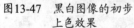

图13-47　黑白图像的初步　图13-48　在画面中部圈选　图13-49　黑白图像的初步上色效果
　　　　　上色效果　　　　　　　　　局部填充一种较亮的天蓝色

05 在"局部加色"图层上接着圈选出其他的小范围，填充为不同色相的颜色（例如左侧中部填充较暖的橙黄色，而靠右侧填充更深的红色）使画面色彩变得丰富。调节的结果与当前的图层情况如图13-50所示。

图13-50　局部上色使颜色效果丰富

06 整张图的颜色基调确定之后，下面要制作水天交界处的灯光与倒影效果，先绘制灯光基本形并填色。方法：新创建一个图层，命名为"灯光"，然后应用工具箱中的 【多边形套索工具】（属性栏中【羽化】数值为0px），在图片最右侧绘制出如图13-51所示的窄长细条选区（两端相对中间稍细一些），按快捷键Alt+Delete在选区内填充一种浅红色（参考颜色数值C0M58Y40K0），如图13-52所示，接下来将"灯光"图层的混合模式改为【叠加】，【叠加】模式可以在进行上下层颜色混合的同时保留基色的明暗对比，效果如图13-53所示。

图13-51 在图片最右侧绘制 　图13-52 在选区内填充一种 　图13-53 图层混合模式改为
　　　　窄条选区 　　　　　　　　浅红色 　　　　　　　　　【叠加】的效果

07 对灯光边缘进行模糊，执行菜单栏中的【滤镜】|【模糊】|【高斯模糊】命令，在打开的【高斯模糊】对话框（图13-54）中设置【半径】值为10像素，单击【确定】按钮，形成一束红光及水面倒影的效果，如图13-55所示。现在光线和倒影形状都太规则，可以选用工具箱中的 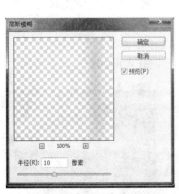【涂抹工具】（可参考图13-56设置画笔面板参数）在光束上左右拖动鼠标，笔触周围的颜色将随着笔触一起移动，形成自然的扭曲与波动效果（注意扭曲幅度不能太大）。

图13-54 【高斯模糊】对话框 　图13-55 形成一束红光 　图13-56 设置涂抹工具画笔参数
　　　　　　　　　　　　　　　　　　及水面倒影

08 只包含一种颜色的光会显得较为平面而没有扩散感，下面我们在这束光的中心再添加一束更窄却更亮的光。方法：在【图层】面板中将"灯光"层复制一份

（"灯光副本"层），在【图层】面板中单击■【锁定透明度】按钮，然后按快捷键Shift+F5打开如图13-57所示的【填充】对话框，设置白色填充，单击【确定】按钮后，红色光束被加亮。

09 接下来是光的细节核心处理，包括：先按快捷键Ctrl+T对光进行压窄变形操作，如图13-58所示；还要应用 ◯【套索工具】圈选光束上端和下端的局部，然后按Delete键进行删除。经过这几步处理的光束中心发亮，经过白云的部位因颜色叠加而高亮，两端逐渐变暗淡入背景，如图13-59所示。

图13-57 【填充】对话框

图13-58 对白光进行压窄变形操作

图13-59 让光的两端逐渐淡入背景

10 将"灯光"层与"灯光副本"层合并为一层，然后将这一层进行多次复制，得到水平排列的具有一定间隔的灯光效果，如图13-60所示。但在复制和调整时要注意以下几点：

- 灯的颜色由于受到"彩虹渐变"图层的影响，在复制与左移的过程中会自动变换色调。
- 靠近画面中心位置的灯光束要稍微细和短一些，透明度要低一些，以形成对比。
- 靠左侧水面面积逐渐减少，因此不能在左侧强调灯光与倒影，灯光接近沙滩的位置逐渐变浅变弱，如图13-61所示。
- 每束灯光倒影的扭曲程度要有所不同，都应用 ◯【涂抹工具】修饰即可。

11 最后调整完成的效果如图13-62所示，这种方式非常适合制作水面的彩色灯光倒影。

图13-60 复制得到水平排列的灯光效果

图13-61 灯光接近沙滩的位置逐渐变浅变弱

图13-62 最后完成的效果图

13.2.2　去写实颜色特效

1. 分层的色阶处理

在图像处理中有一种常用的色彩处理特效，图像的亮调部分与暗调部分分别呈现出不同的色彩倾向，这种根据图像的亮调与暗调区域进行分别调性设定的方法称为"分层的色阶处理"。下面我们通过一个简单案例来教大家制作这种图像特效。

01 本例要制作一张音乐CD的封面。首先打开配套光盘中提供的素材图"街头女孩.jpg"，如图13-63所示，选择工具箱中的 【裁剪工具】，在其属性栏内下拉框选择【大小和分辨率】项，如图13-64所示，设置裁切的高度、宽度和分辨率（这里设置为16.6厘米，16.6厘米，300像素/英寸），对话框如图13-65所示，即可在图中裁取如图13-66所示的局部图像。

图13-63　素材图"街头女孩.jpg" 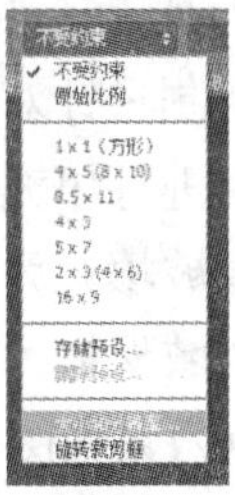　图13-64　下拉框设置

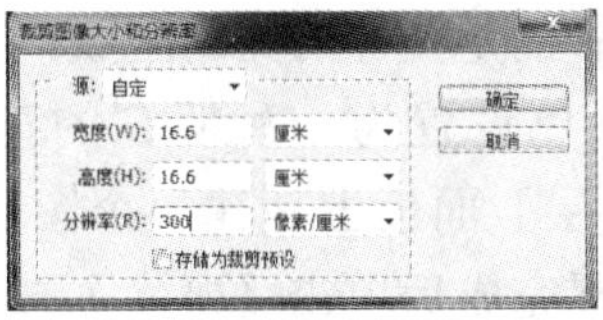

02 先去除原始的色彩信息，以便于后面大幅度改变颜色效果。执行菜单栏中的 【图像】|【调整】|【去色】命令，该命令会将图像中的颜色信息转换为灰度效果，如图13-67所示。

图13-65　【裁剪图像大小和分辨率】对话框

图13-66　在图中裁取局部图像

03 打开【调整】面板，单击【调整】面板中的 【色阶】按钮即可快速创建色阶调整图层，如图13-68所示，然后在【属性】面板中将色阶直方图下的黑、白小三角都向中心移动，压缩图像亮调与暗调，如图13-69所示，图像呈现出一种夸张的黑白对比效果，如图13-70所示。

图13-67　图像中的颜色信息转换为灰度效果

图13-68　快速创建色阶调整图层

图13-69　【调整】面板中压缩图像亮暗调

图13-70　图像呈现夸张的黑白对比效果

04 开始进入填色阶段，先对图像的暗调区域进行填色。方法：执行菜单栏中的
【图层】|【新建填充图层】|【纯色】命令后会弹出拾色器对话框（在此之前会先
弹出【新建图层】对话框），在对话框中选定要作为填充图层的颜色，此处请选
择一种绿色（参考颜色数值为C70M20Y100K0），然后单击【确定】按钮，在【图

层】面板上会出现新增的
填充图层，将该层的混和
模式改为【滤色】，如图
13-71所示，【滤色】模式
可控制只针对图像的暗调
区域进行填充，图像暗调
区域被填充为绿色，而亮
调区域保持为白色，图像
填色效果如图13-72所示。

图13-71 新增的填充图层

图13-72 图像暗调区域被填充
为绿色

05 下面需要对图像亮调区域进行填色，先来制作亮调的选区。方法：打开【通
道】面板，观察【红】、【绿】、【蓝】三个颜色通道，其中【蓝】通道层次
最好，如图13-73所示。按住Ctrl键单击面板中【蓝】通道的缩略图，得到如图
13-74所示的选区，选中的是图像的亮调区域。

06 先将工具箱中的前景色设置为一种明亮的黄色（参考颜色数值为C0M15Y
70K0），然后在【图层】面板上新建一个图层，执行菜单中的【编辑】|【填
充】命令，以默认设置完成后单击【确定】按钮，图像亮调区域被填充为明亮
的黄色，效果如图13-75所示。利用这种简便的原理，可以为图像的亮调与暗调
填充各种不同的颜色。

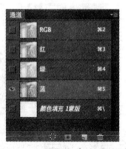

图13-73 不同通道的层次对比

图13-74 得到图像亮调
区域的选区

图13-75 图像亮调区域被填充
为明亮的黄色

07 平面设计中文字的装饰作用不容忽视，这个封面中的文字被设计为一种带有厚度
的立体字。先应用工具箱中的
【横排文字工具】在图中输入文
字"oulp"，其文本属性在如图
13-76所示的工具属性栏内设置，
文字选用普通的等线体，颜色是
一种稍暖的品红色（参考颜色数
值为C0M60Y15K0）。

图13-76 输入文字并填充为稍暖的品红色

08 先按Ctrl键单击【图层】面板中文本层前的缩略图，得到文字的选区，然后在【图层】面板上新建一个图层，命名为"投影"。接下来，将工具箱中的前景色设置为一种深绿色（参考颜色数值为C70M35Y100K0），按快捷键Alt+Delete填充文字（可以暂时去掉文本层前的眼睛图标将文本层隐含）。

提示

是在"投影"层上填充深绿色，而不是在文本层上，如图13-77所示。

图13-77　在"投影"层上的文字选区内填充深绿色

09 先按快捷键Ctrl+D取消选区。下面生成带有厚度的立体字，这里教大家一种应用【自动】功能的生成法。执行菜单栏中的【窗口】|【动作】命令打开【动作】面板，用鼠标单击面板下方的  【新建动作】按钮，弹出【新建动作】对话框，如图13-78所示，在其中输入动作的名称"立体字"，单击【记录】按钮，返回到【动作】面板状态，现在开始动作的录制了。

10 具体录制时的操作步骤如下：

■ 选取工具箱中的 **➤** 【移动工具】。

■ 按住Alt键的同时，按键盘上的"←"键和"↑"键各一次。

在【动作】面板中单击 ■ 【停止记录图标】，在如图13-79所示的【动作】面板中记录了以上所有的操作。

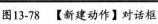

图13-78　【新建动作】对话框　　图13-79　【动作】面板中
记录了复制和移动的操作

313

11 现在多次单击【动作】面板中的 **▶** 【播放当前动作】图标，会得到如图13-80所示的效果，文字左上方形成了立体的厚度，利用这种方法，可以很简便地控制立体字的阴影厚度。在复制的过程中【图层】面板上会出现许多副本层，按住Shift键将文本层、所有的"投影副本"图层和"投影"图层都拼合为一层，名为"oulp"，如图13-81所示。

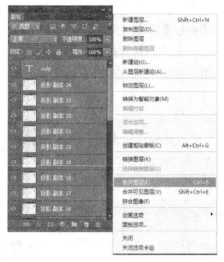

图13-80　文字左上方形成了立体的厚度　　　图13-81　将文本层、所有"投影副本"层和
　　　　　　　　　　　　　　　　　　　　　　　　　"投影"层都合为一层

12 接下来，将图层"oulp"复制多份，进行错落的编排，形成如图13-82所示版面效果。最后，再在版面中下部添加一行白色文字，选择一种稍粗一些的等线体，【字体大小】为50点。到此步骤为止，这个简单的CD光盘封面就制作完成了，效果如图13-83所示。

图13-82　将图层"oulp"复制多份并错落排列　　　图13-83　最后完成的结果图

2. 压缩色阶制作波普效果

　　本例主要教大家学习一种所谓"压缩色阶制作波普效果"的色彩处理法，这种单纯的彩色对比形式尤其适合用在"拼盘式"的设计上，当缺乏有力的单一图像素材，或设计物的版面情况特殊时，例如折页的设计或CD包装的设计，这种冒险的设计策略常常出奇制胜，至于多组设计物需要维持固定的识别体系时，以此种方式来变换色系也是极佳的办法。本例也选取了一张音乐CD的封面，这是由于音乐CD封面设计中"去写实"的色彩处理法应用非常普遍。

01 打开配套光盘中提供的素材图"肖像.jpg"，如图13-84所示，这种波普颜色效果首先要将原始图像的色阶范围大幅度缩小，为了得到颜色数目可控制的结果，

执行菜单栏中的【图像】|【调整】|【色调分离】命令，在弹出的如图13-85所示的对话框中可以方便地改变色阶数目，这里将色阶数设为最小值2，代表将图像转换为8色影像，图像由于色彩层次大幅度压缩而变成了一种版画式的图样，上百万种颜色像素点被转为有限的概括的大面积色块，效果如图13-86所示。

图13-84　素材图"肖像.jpg"

图13-85　在【色调分离】对话框中改变色阶数目

02 下面要将颜色数目为8的图像颜色模式转换为索引色，执行菜单栏中的【图像】|【模式】|【索引颜色】命令，打开如图13-87所示的【索引颜色】对话框，单击【确定】按钮后，图像转换为索引颜色模式。

图13-86　图像像素转为有限的概括的大面积色块

图13-87　【索引颜色】对话框

315

03 现在执行菜单栏中的【图像】|【模式】|【颜色表】命令，可以打开如图13-88所示的【颜色表】对话框，在其中可以修改图像文件内设的颜色表，对照一下转为8色的图像索引颜色表，能看出图像目前所保留的颜色其实主要是一些原色：红、黄、青、绿、品红、黑、白等，其余剩下的色彩成分都微乎其微，更改颜色表中的这几种原色便可以将图像中相应的色块即时替换。方法是单击色表中任一颜色块（例如黑色），会弹出拾色器面板，如图13-89所示，在其中选择一种蓝色，图中所有原来的黑色区域都立刻被更改为蓝色，效果如图13-90所示。

04 应用同样的方法，继续单击【颜色表】中的其他基本颜色，将它们都换成你喜欢的颜色，如图13-91所示。

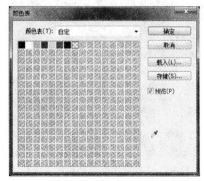

图13-88　【颜色表】中呈现的基本颜色

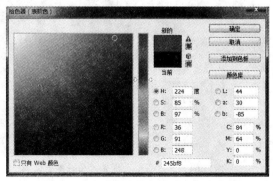

图13-89　在弹出的拾色器对话框中选色

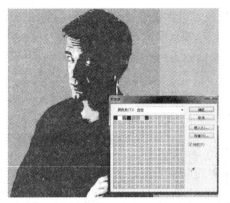

图13-90　图中原有黑色区域都立刻被更改为蓝色　　　图13-91　基本颜色更改完的效果

05 接下来的工作已极其简单，只要同理，逐一更换更为夸张和鲜艳的颜色，此风格类似波普艺术仿丝网印刷的效果，无数种新的色彩组合的可能性都应运而生，如图13-92所示将四张换好不同颜色的图片复制拼贴到一个空白文件中（该文件尺寸设置为宽度16.6厘米，高度16.6厘米，分辨率300像素/英寸），形成一种"拼盘式"的设计。

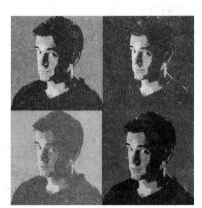

图13-92　将四张换好不同颜色的图片拼贴到一个文件中

06 应用工具箱中的 【横排文字工具】在图中输入文字"Start"，在工具属性栏内设置【字体】为Arial Rounded，【字体大小】为95点，颜色为白色，放置在如图13-93所示的页面中心位置。接下来，执行菜单栏中的【图层】|【图层样式】|【投影】命令，在打开的【图层样式】对话框中给文字设置右下方向的浅浅的投影，使文字浮于图像的上面，效果如图13-94所示。

图13-93　在页面中心位置添加白色文字　　　图13-94　更改颜色表中的原色后得到的几种色彩新组合图

07 最后，将所有的图层拼合为一层，再执行菜单栏中的【图像】|【画布大小】命令，在打开的【画布大小】（图13-95）对话框中将【宽度】和【高度】都设置为18厘米，【画布扩展颜色】为黑色，单击【确定】按钮后，图像四周向外扩充出一圈黑色边缘。

到此步骤为止，这张简单的波普风格的CD封面制作完成，如图13-96所示，这种色彩特效已经不再继承波普艺术反讽印刷技术与大量复制的精神，而成为了现代商业设计中一种色彩张扬的、图形概念化的装饰手段。

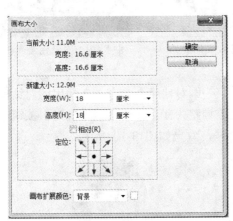

图13-95　【画布大小】对话框设置向四边扩充黑色　　　图13-96　最后完成的结果图

13.2.3　现代插画中的戏剧化色彩

去写实的主要目的，就是赋予影像不同的风格、重塑影像的调性，本例选取的是一幅去写实风格的现代插画作品，在这种风格中，自由地夸张地将摄影图片处理为大面积平涂的色彩，以建立起一种抽象的色块形状和线条的结构。

01 首先执行菜单栏中的【文件】|【新建】命令，在弹出的对话框中设置如图13-97所示，单击【确定】按钮，工作区状态如图13-98所示。

图13-97　新建文件　　　　　　　　　　图13-98　工作区状态

02 打开配套光盘中退好底的素材文件"红蝴蝶结女模特.psd"，如图13-99所示，将其复制粘贴入刚才新建的文件中，调整好大小并放置在画面的右侧，如图13-100

所示，在【图层】面板中将自动生成的图层更名为"女模特"，接着将该图层拖至面板下方的 ▣【创建新图层】按钮上两次，创建出两个图层副本，将"女模特 副本2"图层前的 ◉图标先点掉，并选中"女模特 副本"这一层，如图13-101所示。

图13-99　打开"红蝴蝶结　　图13-100　将素材置入文件中　　图13-101　更改图层属性
　　　女模特.psd"

03 接着执行菜单栏中的【图像】|【调整】|【亮度/对比度】命令，在弹出的对话框中设置如图13-102所示参数，将【对比度】调整为50，然后单击【确定】按钮，图像的对比度被加大，颜色也变得浓重一些，效果如图13-103所示。

图13-102　设置【亮度/对比度】参数　　图13-103　调整亮度对比度后的效果

04 接下来，执行菜单栏中的【图像】|【调整】|【色调分离】命令，在弹出的对话框中设置如图13-104所示，将其数值设为2，这是最小的色阶取值，单击【确定】按钮，摄影图像的颜色被极限压缩，形成了一种版画的效果，如图13-105所示。

图13-104　设置【色调分离】参数　　图13-105　色调分离后效果

05 将"女模特 副本"图层的【混合模式】改为柔光，如图13-106所示，夸张的版画效果与下面"女模特"层上的图像进行柔和的重叠，人物肤色得到淡淡的恢复，这样既使颜色进行了"去写实"的戏剧化处理，又不失人物面部的立体感，如图13-107所示。

戏剧化色彩

06 现在将"女模特 副本 2"图层前的 图标 打开并选中此图层，然后执行菜单栏中的【图像】|【调整】|【阈值】命令，在弹出的对话框中设置如图13-108所示的参数，将【阈值色阶】设为175，然后单击

图13-106 更改图层混合模式　图13-107 柔光混合模式效果

【确定】按钮，该图层中的彩色图像被转换为色块构成的黑白图像，效果如图13-109所示。接下来，再执行菜单栏中的【选择】|【色彩范围】命令，在弹出的对话框（图13-110）中用 【吸管工具】点中女模特的头发，将黑色区域定义为选区，最后单击【确定】按钮，此时画面中黑色的部分就被全部选中了，如图13-111所示。

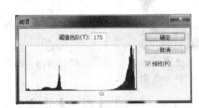

图13-108 设置【阈值】参数　　　图13-109 阈值后画面效果

图13-110 设置【色彩范围】参数　　图13-111 黑色部分选区结果

07 由于黑色部分后面要被删除，为了防止删除得不干净，要事先进行选区边缘的调整。方法：执行菜单栏中的【选择】|【调整边缘】命令，在弹出的对话框中设置如图13-112所示参数，单击【确定】按钮后，画面中黑色部分的选区边缘平滑多了，最后，执行菜单栏中的【编辑】|【清除】命令（或按键盘上的Delete键），将黑色部分清除掉，头发的光泽得以呈现，如图13-113所示。

08 应用工具箱中的 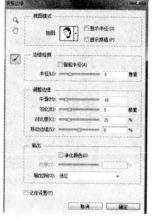【橡皮擦工具】来修整细节，在属性栏内将橡皮擦的【画笔大小】设为55px，然后将模特的耳部和颈部的白色涂抹掉，使下面图层中的肤色和层次显露出来，这样模特的脸和颈部恢复了一定的层次关系，如图13-114和图13-115所示。

图13-112 根据图像的变化来设置【调整边缘】参数

图13-113 将选区内容清除

图13-114 用橡皮擦工具在耳部和颈部涂抹

图13-115 颈部恢复了一定的层次关系

09 现在开始背景中大面积鲜艳色块的绘制，首先在【图层】面板中新建一个图层，命名为"黄色色块"，并将此图层移到【背景】图层的上方，如图13-116所示，然后选择 【钢笔工具】在画面中绘制出一个不规则的曲线闭合路径，如图13-117所示，按快捷键Ctrl+Enter将路径转换为选区，并将其填充为一种橙黄色（参考色值为C0M35Y90K0），效果如图13-118所示。

10 在画面的右下方绘制如图13-119所示的曲线形状，填充为墨绿色（参考色值为C90M55Y100K30）。

图13-116 新建"黄色色块"图层

图13-117 绘制黄色色块曲面闭合路径

图13-118　将路径转换为选区，并填充为橙黄色

图13-119　墨绿色块效果

11 为了给画面增添一些张力和动感，下面我们来绘制一些简洁的射线图形。方法：首先在【图层】面板新建一个图层，命名为"白色射线组"，将其移至【图层】面板顶部，然后选择 ✎【钢笔工具】，以模特的耳部为中心绘制出一个三角形闭合路径，如图13-120所示，将路径转换为选区并填充为白色，效果如图13-121所示。

12 接下来，应用同样的方法依次绘制出如图13-122所示射线组合（也可以应用工具箱中的 ☷【多边形套索工具】来直接绘制选区），将它们都填充为白色，这种放射状图形很容易形成画面形式与色彩上强烈的风格。

图13-120　绘制出一个三角形闭合路径

图13-121　将路径填充为白色

图13-122　白色射线整体效果

13 最后，再绘制出画面中部的三条红色弯曲线条，这种大跨度的流畅的曲线型，最好的方法是采用 ✎【钢笔工具】来绘制，效果如图13-123所示。如果读者对钢笔工具的掌握不够灵活熟练，可以参看本书第4章内容。

14 为了使画面更具有另类情调与戏剧效果，可在模特的脸部进行彩线的绘制。方法：新建一个图层，命名为"面部彩线组"，将其移至【图层面板】顶部，选择工具箱中的 ✎【钢笔工具】，在模特的耳部先绘制出一条弯曲的路径，如图13-124所示。接下来对其进行描边处理，先选择工具箱中的 ✎【画笔工具】，在其属性栏中设置参数（工具箱中的前景色设为橙黄色），如图13-125所示，然后打开【路径】面板，在按住Alt键的同时单击面板下方的 ○【用画笔描边路径】按钮，弹出如图13-126所示【描边路径】对话框，在下拉式列表中选择【画笔】项，并勾选【模拟压力】。最后，单击【确定】按钮，可见路径上自动添加了两端渐隐的橙黄色描边效果，如图13-127和图13-128所示。

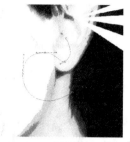

图13-123　绘制红色弯曲线条效果　　　图13-124　绘制弯曲的彩线路径

图13-125　设置【画笔】属性栏参数设置

图13-126　设置【描边路径】参数　　图13-127　路径描边后形成两端　　图13-128　去除路径后
　　　　　　　　　　　　　　　　　　　　　　渐隐的效果　　　　　　　　　的彩线效果

15 应用同样的方法，不断调整画笔的大小、硬度与色彩，在人物脸部继续添加蓝
　　色彩线、黑色细线以及颈部的彩线，添加位置与形状读者可以自行设计，可以
　　参考图13-129～图13-131所示的效果。

图13-129　蓝色彩线效果　　　图13-130　黑色细线条效果　　　图13-131　颈部彩线效果

16 面部彩线绘制完成后，开始贴入其他素材，首先打开配套光盘中提供的素材文
　　件"红头小鸟.psd"，如图13-132所示，将小鸟图形复制并粘贴入主画面中，调
　　整大小并放置到模特的手部，如图13-133所示。此时发现小鸟图像与主色调相
　　比较而言色彩偏灰，不够鲜艳，因此执行菜单栏中的【图像】|【调整】|【亮度/对
　　比度】命令，在弹出的对话框中设置如图13-134所示参数，加大对比度，最后单
　　击【确定】按钮。

图13-132　素材"红头小鸟.psd"

图13-133　将小鸟复制并
粘贴入主画面

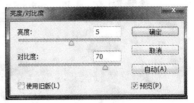

图13-134　设置【亮度/对比
度】参数

17 再来加强小鸟羽毛颜色的浓度值，执行菜单栏中的【图像】|【调整】|【曲线】命令，在弹出的对话框中进行分通道调节，分别将【青色】和【洋红】通道的曲线调整为类似"S"形（如图13-135和图13-136所示），这种曲线可以加大反差，压缩度调与暗调，单击【确定】按钮，可见红头小鸟整体色彩变得鲜艳，羽毛中的绿色调得以加强，效果如图13-137所示。

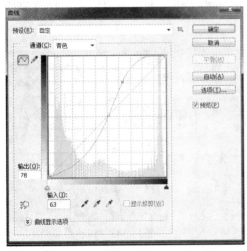

图13-135　调整【青色】通道曲线

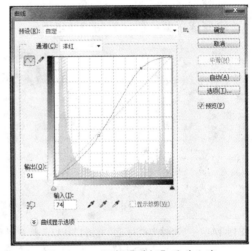

图13-136　调整【洋红】通道曲线

18 接下来，将配套光盘中提供的其他素材文件"绿色小鸟.psd"、"红花小鸟.psd"和"紫色小鸟.psd"都粘贴入主画面中，使这几只小鸟集中于人物的头部右侧，成为头发上生动的装饰，注意为保证整体画面的色彩风格，对新贴入的素材图都要进行适当的色彩调整，方法在此不再赘述，请读者参照图13-138所示制作。

19 打开配套光盘中的素材文件"蝴蝶.psd"，如图13-139所示，将其贴入主画面中左下及右上位置（图13-140中用红圈标注的位置）。

图13-137　色彩调整后小鸟
颜色变得艳丽

图13-138 贴入其他几只 图13-139 素材"蝴蝶.psd" 图13-140 将蝴蝶贴入主画面中左下
小鸟图像 及右上位置

20 打开配套光盘中的素材文件"黄绿色圆形色块.psd",如图13-141所示,将黄
绿色大面积色块复制并粘贴入主画面中,将其图层名称改为"不规则背景色
块",然后调整大小并放置到画面的右侧,如图13-142所示。接下来,调整图层
顺序,将其移至"黄色色块"图层的上方,如图13-143所示,执行菜单栏中的
【图像】|【调整】|【色相/饱和度】命令,在弹出的对话框中设置如图13-144所
示参数,大幅度改变颜色色相数值,最后单击【确定】按钮,原来黄绿色的色
块变成了紫红色,如图13-145所示。

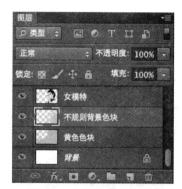

图13-141 "素材"黄绿色 图13-142 将黄绿色色块贴入 图13-143 调整图层顺序
圆形色块.psd" 主画面

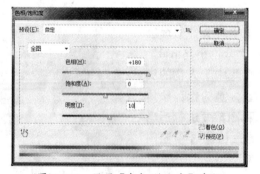

图13-144 设置【色相/饱和度】参数 图13-145 黄绿色的色块变成了紫红色

21 目前的画面图形重叠已经非常丰富,但大面积平涂色块对比过于强烈,缺乏一
定的肌理感觉,我们应用添加网纹的方法来进行改善。打开配套光盘中的素材

文件"网点.psd",如图13-146所示,将其中的网点图形复制并粘贴入主画面中,如图13-147所示,图层的名称改为"网点",将其移至"女模特 副本"图层与"女模特"图层之间,并将图层混合模式改为【实色混合】,如图13-148所示,原来单一黄色网点色彩丰富了起来,与下方图层的图像形成融合的效果,如图13-149所示。

图13-146 素材"网点.psd"

图13-147 将网点图形复制并粘贴入主画面中

图13-148 调节网点图层的混合模式

图13-149 【实色混合】模式效果

22 为了使颜色更加理想,再进行一步细微的调整,执行菜单栏中的【图像】|【调整】|【色相/饱和度】命令,在弹出的对话框中设置如图13-150所示参数,将【色相】数值设为−5,单击【确定】按钮后,可见网点的亮色增加了,效果如图13-151所示。

图13-150 设调整【色相/饱和度】参数

图13-151 调整【色相/饱和度】后网点的亮色增加

23 此时发现网点过多,显得有点混乱,因此选择工具箱中的 【橡皮擦工具】,将模特颈部和紫色大面积色块右上方的网点擦掉,如图13-152和图13-153所示。

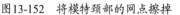

图13-152　将模特颈部的网点擦掉　　　图13-153　将紫色大面积色块右上方的网点擦掉

24 最后打开配套光盘中的素材文件"线和点状线.psd"，如图13-154所示，将其复制并粘贴入主画面中，所在层要移至"黄色背景色块.psd"的上方，效果如图13-155所示。

图13-154　素材"线和点状线.psd"　　　　　图13-155　将线条复制并粘贴入主画面中

25 截止于此，所有素材编辑完成，最后，再进行一些画面局部的调整，给白色射线和红色射线添加渐隐效果，使画面空间充满透气感。方法：先选择 █【橡皮擦工具】，在其属性栏中设置如图13-156所示参数，这是一种半透明状的大笔刷，然后在两种射线的边缘进行轻轻的涂抹，直至产生渐隐的效果（不是完全渐隐消失，只是一种轻微的渐隐效果），如图13-157和图13-158所示。

图13-156　设置【橡皮擦】属性栏参数

图13-157　白色射线渐隐效果　　　　图13-158　红色射线渐隐效果

戏剧化色彩

26 现在，这幅色彩感觉超乎现实经验的"去写实"插画完成了，这种风格在色彩处理上大胆夸张，不遵循正常的色彩复制原理，在电脑游戏、音乐包装设计、插画设计及广告等领域都有较大的发挥空间。最后的效果如图13-159所示。

图13-159　画面最终完成效果

13.3　小结

　　本章主要介绍的数字图像色彩风格都是一些"去写实"，也就是降低影像写实程度的色彩风格。主要学习了制作老照片、黑白图像上色的方法，以及通过分层色阶、压缩色阶、阈值等生成"去写实"色彩风格的技巧，随着主题特性或诉求风格重塑图像调性。

13.4　课后习题

　　1．请在Photoshop中对提供的黑白风景素材进行上色处理，运用学到的知识给风景添加绚丽神秘的光与色，参考效果如图13-160所示。文件尺寸为210mm×297mm，分辨率为72像素/英寸。

　　2．样图是一张经过色调处理的CD封面，请将提供的图片素材也进行相同风格的处理，自己重新设计一张CD封面（加封底），如图13-161所示。CD封面文件尺寸为166mm×166mm，分辨率为200像素/英寸。

图13-160　黑白风景素材添加绚丽神秘的光
　　　　　和色的效果

图13-161　CD封面处理后的效果

数字写实与
立体感的形成

第14章

从真实到虚拟之路应是无缝隙的。

————Roy Ascott

绘画艺术一般都是在二度空间的平面上表现三度空间的立体感，以追求一种写实的视觉效果，这主要是依靠一整套焦点透视的理论。而计算机模拟的以假乱真的写实绘画效果在数字图像艺术领域中，也是一种长盛不衰的风格。它常令我想起曾流行一时的超级写实主义，超级写实主义又被称作照相写实主义，是流行于20世纪70年代的一种极端的艺术风格。它几乎完全以照片作为参照，在画布上客观而清晰地加以再现。正如克洛斯(Chuck Close)所说，"我的主要目的是把摄影的信息翻译成绘画的信息。"它所达到的惊人的逼真程度，比起照相机来有过之而无不及。

14.1 二维数字写实风格

计算机屏幕是平面二维的，我们之所以能欣赏到真如实物般的三维图像，是因为显示在计算机屏幕上时色彩灰度的不同而使人眼产生视觉错觉，而将二维的计算机屏幕感知为三维图像。我们本节里要谈的不是3D软件技术和它形成的虚拟空间，而是在Photoshop中创造的二维空间里的写实艺术。

14.1.1 2D平面中形成空间感的要素

1. 透视法

2D画面中的空间感，是存在于我们的视觉感知内，并不存在于真实的物理空间，画家只是将他感知到的物象，转化成平面与平面之间的关系，并将此关系描写成视像的空间。因此，种种不同的透视绘画法应运而生，目的是要将物体的立体空间（容量）、重量、所处的位置及与观者的大约距离等信息，表达于视像中，令视像更具真实感、更详尽地表达物体的存在状态。

人类的眼球是一个奇妙的构造，视觉把一些图形陆续地储存在大脑的记忆中，人类的视觉是一个容量大得惊人的高分辨率的记忆系统，包括物体的轮廓、色彩、远近、空间、大小等都会被准确记录，并且随时准备调用。在三维表达方法中，最为人熟悉的是线性透视，包括单点、两点和三点透视，透视法的产生与文艺复兴时期的建筑学、几何学的发展密不可分。透视法的应用，使平面的绘画可以准确地复制三次元的立体空间，意大利文艺复兴时期的画家几乎都具备先进的数学和几何学的知识，他们喜欢在画面里利用透视法创造出假的三度空间，如图14-1所示。

透视法是非常美妙的，它是一种理智的幻想，它有制造幻觉的能力，它创造了一种"看见世界的方法"，教会我们如何在平面上"看到"深度，如图14-2所示，使我们能在2D的画面中一窥3D······

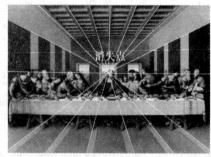
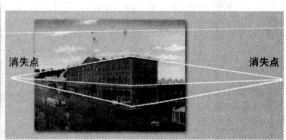

图14-1 达·芬奇作品中的单点透视　　图14-2 利用透视法可以在平面中创造出深度

如图14-3所示是国外CG艺术家Rado Javor应用Photoshop绘制的写实场景，严格地利用了传统透视学的原则，创造出他的游戏帝国和想象空间，一些巨大的战舰在海面疾驰，最初的设计来源于小型三桅船和古罗马人的造型。弗洛伊德说过"游戏中的行为，同一个富于想象力的作家在这一点上是一样的，他创造了一个自己的世界，或者更确切地说，他按照使他中意的新方式，重新安排他的天地里的一切。"Ps+wacom帮助许多现代CG艺术家表现出他们感兴趣的主题，或者说，重新创造出了一个在视觉表现上符合正常绘画规则，但是在实际中又完全不存在的虚拟世界。

图14-3　Rado Javor Photoshop绘画中创造出的符合传统透视法则的虚拟世界

2. 光影变化

正是古希腊人认识到光的重要，从而认识到明暗，认识到色彩，达到对真实的表现。文艺复兴初期，开始重视光影在艺术表现中的作用的第一位绘画大师是达·芬奇，它不仅运用光线表现形体，而且还研究了各种光照下的明暗效果，开始在自己作品中展现光与影的艺术魅力。首先运用光线照射物体所产生的明暗对照，使画面中的空间感从二维转入三维，从此，"明暗对照法"被推广开来，直到今天的数字写实作品也遵循着同样的规则，非常重视光影的艺术表现力。

例如图14-4所示是一幅在Photoshop中绘制的素描石膏像（来源：设计联盟作者：xuehongzj），不需要颜色及第三度空间，却也同时暗示这两者。学习素描石膏之所以重要，是因为它以其特有的单纯白色，在固定光线下，产生了微妙的明暗变化。它虽然没有复杂的色彩关系，然而"黑、白、灰"三者之间的表现，为初学者观察整体、塑造体积、表现对象提供了极好条件。

而图14-5所示作品的作者Bert Monroy是国际数字艺术先锋之一，他具有20多年的广告行业经验和30多年的商业图像创作经验，创作出来的作品都令人震撼。当1984年Macintosh 128计算机出现时，Bert开始了其自己新的数码职业生涯，他的数码写实作品细腻程度几乎可以和照片相似，在他的Photoshop作品里，使用自然的迷人的光线效果来表达空间与时间，具有执著的写实主义精神。

图14-4　Photoshop中绘制的大卫像　　　图14-5　Bert Monroy的PS作品中的光影表现

331

在平面中形成立体空间感的要素还有色彩、材质等，这里限于篇幅不再一一详述。

14.1.2　2D平面中的立体展示

在这节里我们来看一些在2D平面中制造立体视效的实际作品，来看一看在平面软件中它们是如何形成立体效果的。

1．实物展示

对于包装设计，在绘制完成平面展开图后，为了更好地把设计效果呈现给客户，还需要做出立体效果图。在以往的工作中，往往依靠的是设计师的经验在调整各个平面的透视和角度，现在则可以在三维软件中先做出初步造型，然后将其导入到Photoshop中，再对其进行复杂微妙的色彩、光影与材质处理。

Photoshop自身具有很强的造型能力，这里我们举一个简单的例子，来看一看一个苹果如何在Photoshop中逐渐形成：第一步先用钢笔工具勾出苹果形状；第二步决定它的明暗调子，像画素描一样，通过"黑、白、灰"三者之间的表现塑造体积；第三步新建图层，并将其"图层模式"改为"颜色"，在颜色层中用带有透明度的画笔根据需要上颜色，还需要涂抹工具和加深减淡工具来增加图层和花纹投影，最后，添加灰色渐变的背景，制作苹果在地面上的投影，得到一个具有体积感和光影的效果图，如图14-6所示。

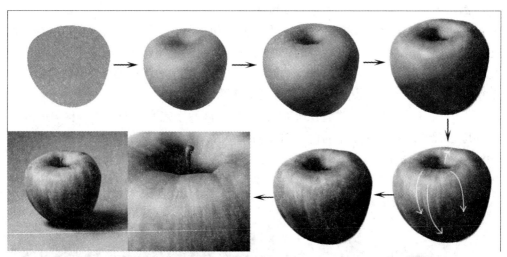

图14-6　Photoshop初绘苹果的分解步骤图

实际上许多艺术家非常推崇一项Photoshop的简单工具——加深减淡工具，在绘画中产生凹凸、高光、自发光等类似的灰度材质时，加深减淡工具是非常有用的，它常被用来添加微妙的细节明暗度，而这种明暗度是形成立体效果的重要因素。

包装盒的立体造型展示要求有接近真实的透视、光线与环境投影等效果，虽然Photoshop并不具有强大的三维造型功能，但是，它以它独特的细致入微的编辑工具，也常常可以生成令人叹为观止的真实效果。例如图14-7所示的包装盒立体展示效果图，盒子所处的空间环境就非常重要，微妙的光线变化、盒子间相互的关联、投影与倒影都会影响视觉空间的形成，如果忽略了这些，包装盒就算符合透视原

数字写实与立体感的形成

则，也会像是悬浮于空中的孤立的物体。放大包装盒局部（图14-8）后可以看出，边缘的反光、面的转折、烫金花纹的光泽变化以及包装盒的光滑材质，其实都是借助一些画笔性质的工具来体现的。也就是说，Photoshop的写实绘画思路与传统媒介的绘画思路较为接近。

图14-7　在Photoshop中制作的立体包装盒展示图　　　　图14-8　放大包装盒局部

而对于另一类软件——矢量软件来说，立体造型和光影形成的原理则完全不同。例如Illustrator软件，它强大的"渐变网格"功能为矢量"新写实主义"风格做出了巨大的贡献，它通过设立复杂的网格点和网格线，可以模仿出极具立体感的真实效果，如图14-9所示，但它的缺点就是费时费力，需要极大的耐心，一点一点的去调整，这点相信从图中数量可观的线与点数大家就可以想见，要在这样复杂的结构中以点线来控制好全局的色彩变化，的确不是易事。

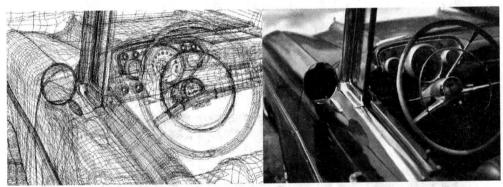

图14-9　矢量软件是靠形成复杂的网格点和网格线来控制微妙的色彩与光影变化

关于Photoshop制作商品的立体展示方法，请参看本章第14.3节案例讲解。

2．立体文字

基于色彩学的有关知识，三维物体边缘的凸出部分一般显高亮度色，而凹下去的部分由于受光线的遮挡而显暗色，这一认识被广泛应用来制作网页（或其他应用）中的按钮、3D线条等，而对于3D文字来说，最基础的原理即在原始位置显示高亮度颜色，而在左下或右上等位置用低亮度颜色勾勒出其轮廓，这样在视觉上便会产生3D文字的效果。如图14-10所示，最理想的制作立体字的思路是，先在一些简单的三维字体软件（例如Xara 3D）中完成文字的基本立体结构，然后再将其导入Photoshop软件中进行颜色、材质、光效果、烟雾渲染等后期处理，使幻想中的立体结构以奇妙的形态出现在图像中。

图14-10　各种立体文字使幻想中的立体结构以奇妙的形态出现在图像中

英国的Nik Ainley利用Photoshop，Illustrator，poser，Xara3D，Bryce等软件，创作出了许多炫丽的3D文字，然后他将这些立体文字和装饰图形以及虚拟形象与场景混合在一起，形成了一种被称为"3D拼贴画"的新风格，那些立体字素材在画面中产生了神秘与华丽的视效，很巧妙地应用简单的中介因素表现出另类的自然造型。

关于复合了立体结构、光效与烟雾氛围的立体字的制作，请参看本章第14.2节案例讲解。

3. 数字写实主义绘画

这里首先要面对的一个常见问题是：既然已经有了写实摄影，为什么还要在软件中耗费极大的时间精力来进行写实主义绘画呢？

例如英国CG艺术家Paul Wright用Photoshop绘制的写实人像绘画，如图14-11所示，作品中的人物往往都不属于"完美"的类型，Paul Wrights将人物的性格烙印深深地印在了画面上，他所描绘的人物生动逼真，发丝、皮肤纹理、五官皆纤毫毕现，写实程度与照片几乎无异，着实令人惊叹。不禁引起许多人质疑：这种写实有意义吗？

图14-11　英国CG艺术家Paul Wright的Photoshop写实人像

在回答这个问题前，我们先来了解20世纪的一个画派——照相写实主义，它是流行于20世纪70年代的一种极端的艺术风格，主要的目的是把摄影的信息翻译成绘画的信息，对所有细节一视同仁的处理，暗示了真实之下的不真实，不动声色地营造画面的平淡和漠然。

这里照相写实主义的画家们并不直接写生。他们往往先用照相机摄取所需的形象，再对着照片亦步亦趋地把形象复制到画布上。有时他们使用幻灯机把照片投射到幕布上，获得比肉眼所看到的大得多、也精确得多的形象，再纤毫不差地照样描摹。如此巨细无遗的精确画面，在某种意义上反倒成了对人们常规观察方式的一种挑衅。因为在一般情况下，人们对形象的视觉感知不会细致到面面俱到，不放过任何细节。通常由于职业、情感、性格以及实用主义等诸多影响，眼睛会有所选择地对形象作出反应，有些可能经仔细观察获得了清晰印象，有些可能只是一带而过，甚至很多时候，人们的看只是大致清楚而已。照相写实主义的写实几可乱真，但它对所有细节一视同仁的清晰处理，则暗示了它与现实之间的距离。此外，照相写实主义画家们有意隐藏了一切个性、情感、态度的痕迹，这种表面的冷漠之下，其实包含了某种对社会的观念，它反映的是后工业社会中，人与人之间精神情感的疏离和淡漠。

许多照相写实主义的绘画人像简直可谓"真得像假的一样了"，其实是对现实的一种反讽。因此绘画中的超级写实，与摄影有着本质的区别。

现在再回到这个问题：既然已经有了写实摄影，为什么还要在软件中耗费极大的时间精力来进行写实主义绘画呢？

我的一个学生是如此回答这个问题"数字环境中创造的是一种虚拟写实，不是超级写实，而是超越写实"。计算机是非自然的、写作的特权空间，人们必须翻转创作的传统状况，允许作品在虚拟和自然之间的边界上实践。计算机艺术中探索的一种类似写实的观念，用自己的语言来仿造"真实"，却实际上又在反叛真实，创造出仿真的或真实世界中根本不存在的概念空间，我们且称之为"新写实主义"。

还在一张更加令人惊异的写实作品，该作品于2006年3月22日在Miarni（城市名）的Photoshop World上公之于众，该作品用Photoshop绘制，如图14-12所示。这是一张美国芝加哥运输局蓝线Damen车站全景图，作者使用了Adobe Illustrator生成大多数的基本形状及所有的建筑，剩下的工作全部在Photoshop中完成。如图14-13所示这个局部使用了Photoshop画笔面板中修改过的Spatter画笔创建尘埃，以产生随机的效果，铁锈处于一个独立的图层上，应用了内阴影图层样式，添加剥落的油漆上出现的铁锈效果。

下面是这幅作品的一些技术参数：

■ 图像尺寸大小是40英寸×120英寸；

■ 合并后的文件大小达1.7GB；

■ 创作花去了11个月（接近2000小时）的时间；

■ 作品由近50个独立的Photoshop文件组成；

■ 将所有文件累积起来，整个图像图层超过15000个；

■ 为不同的效果使用超过500个Alpha通道；
■ 使用超过250000个路径组成整个场景中众多的形状。

图14-12　美国芝加哥运输局蓝线Damen车站全景图 / Photoshop/Illustrator软件绘制

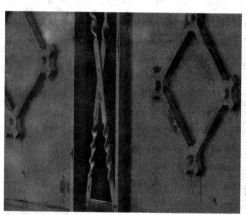

图14-13　放大局部后的金属质感与尘埃、铁锈等效果

　　归根结底，无论照相写实主义还是电脑绘画的模拟写实，都与摄影完全再现自然表象真实有着本质的区别，我们对事物的感受，绝不是在某一位置角度拍摄的照片所能包容得了的，尽管它也许选择了最理想的位置和角度。可以这样概括：画面中隐含的超现实意念是以极为细腻的写实手法来表达的，它们表面上继续着传统与机械的写实，然而同时又与传统保持着反讽的距离。那种创造并使自己置身于虚拟空间的努力已成为几千年图像文化研究的主题，众多的乌托邦式的幻想和无数的怀疑论混合在一起，使"虚拟写实"成为一个深刻的主题。

　　这几年新涌现的图像风格真可谓日新月异，在新的数码图像艺术作品中，出现了许多超前的、诗意的、奇异的景象，它们改造着我们日常的视觉经验，设计领域中的专业人士都说：设计风格就如同时尚一般，每天都有惊人的变化。生活在如此一个精彩而又高速发展的时代，何等辛苦而又何等幸运。对于视觉传播时代的新人类，数码图像艺术已是一种完全渗透到他们日常生活之中的视觉艺术，利用图形和图像的语言来表达抽象的很难用语言来表达的信息，创造出真实世界中所不存在的值得欣赏的概念空间。这才是我们使用软件的根本原因。

14.2 广告中的立体结构绘画

该例我们参照奔驰汽车广告的设计，来学习绘制一幅具有立体结构及光影效果的广告画，假定它的主要投放媒介为网络。

1. 地面图案的形成

01 首先，执行菜单栏中的【文件】|【新建】命令，在弹出的对话框中设置如图14-14所示参数，将【文件名】设为广告中的立体结构绘画，单击【确定】按钮，工作区状态如图14-15所示。设置【宽度】为20厘米，【高度】为12.5厘米，【分辨率】为150像素/英寸，【颜色模式】为RGB。

图14-14 对话框参数设置　　　　图14-15 工作区状态

02 第一步先制作背景渐变，选择工具箱中的 ■【渐变工具】，单击其属性栏中的 ▬▬ 图标，在其弹出的对话框中设置参数如图14-16所示，设置一种由"深蓝—紫红色"的渐变（深蓝色参考色值为R50G50B100，紫红色的参考色值为R200G150B200），然后在画面中由左至右拖动鼠标，填充如图14-17所示的线性渐变。

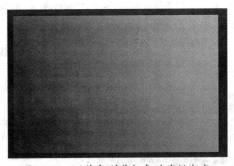

图14-16 渐变参数设置　　　　图14-17 深蓝色到紫红色的线性渐变

03 接下来开始绘制地面图案。在【图层】面板中单击 ■ 新建组按钮，命名为"条纹"，在该组内新建图层，命名为"方框1"，如图14-18所示。使用 ▦【矩形选框工具】在图像的左侧绘制一个矩形，执行菜单栏中的【编辑】|【填充】命令，在弹出的对话框中设置如图14-19所示（填充颜色参考值为R210G85B155），单击【确定】按钮，效果如图14-20所示。

图14-18　在图层组内新建　　　　图14-19　【填充】对话框　　　　图14-20　填充粉色后的
　　　　　图层　　　　　　　　　　　　　　参数设置　　　　　　　　　　　　矩形效果

04 执行菜单栏中的【编辑】|【描边】命令，在弹出的对话框中设置如图14-21
所示，沿选区向外描3像素宽的黑色边线，单击【确定】按钮，效果如图14-22
所示。

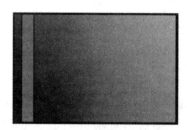

图14-21　【描边】对话框参数设置　　　　　图14-22　描边后的矩形效果

05 按住Ctrl键单击【图层】面板中"方框1"的图层缩略图，得到"方框1"的选
区，创建新图层，命名为"方框2"，使用 ■【矩形选框工具】，在属性栏中设
置模式为 ■【与选区交叉】，在矩形条中部绘制一个矩形选区，将其填充为深
紫色（参考颜色值为R60G22B80），如图14-23所示。

06 执行菜单栏中的【编辑】|【描边】命令，在弹出的对话框中设置如图14-24所示
参数，沿选区向内描3像素宽的黑色边线，单击【确定】按钮，效果如图14-25
所示。

图14-23　填充深紫色后　　　　图14-24　【描边】对话框　　　　图14-25　描边后紫色
　　　　　的矩形　　　　　　　　　　　　参数设置　　　　　　　　　　　　矩形效果

描边【位置】改为【内部】，可以防止描边的范围溢出选区。

07 按住Ctrl键单击【图层】面板中"方框2"的图层缩略图，得到"方框2"的选
区，使用【矩形选框工具】向下移动选区，如图14-26所示。新建图层，命名
为"方框3"，填充为蓝色（参考颜色值为R30G135B200），执行与上一步骤相
同的描边操作，效果如图14-27所示。

【矩形选框工具】只有在模式为■"新选区"的时候才具有选区移动的功能。

08 选中"方框2"和"方框3"两个图层，将其反复拖动到面板下方的■【创建新
图层】按钮上，进行多次复制，得到如图14-28所示的效果，此时方块的排列并
不等距离。

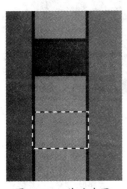
图14-26　移动选区

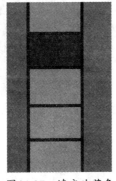
图14-27　填充为蓝色

图14-28　将方框进行多次复制

09 按Shift键选中全部方框图层后，单击工具箱中的【移动工具】按钮，在属性
栏中单击【垂直居中分布】按钮，即可将多个方框平均分布到相等的垂直距
离，如图14-29所示。

10 刚才复制的所有图层都位于"条纹"组内，在【图层】面板中将"条纹"组直
接拖动到■【创建新图层】按钮上，将得到的整个副本组向右移动，并向上移
动一个方框的距离，形成参差错落的图案美感（在"条纹1副本"组内将"方
框"图层复制一份，向下移动以填满下方的空缺），如图14-30所示。

图14-29　使用【垂直居中分布】功能平均分布方框

图14-30　复制第二个条纹组

11 同样的方法，继续复制多个"条纹"组，可以选中几个组一起进行复制，直到图案把画面全部铺满，如图14-31所示。

12 创建新的图层组，将所有的条纹组移入此组内，如图14-32所示，按快捷键Ctrl+T，对图案进行变形操作。按住Ctrl键拖动变换框四周的角点，即可对条纹组进行整体的扭曲和变换，在变换的过程中注意近大远小的透视效果，如图14-33所示，形成的地面效果如图14-34所示。

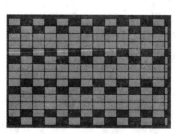

图14-31　画面全部
铺满效果

图14-32　将所有条纹组
移入新图层组内

图14-33　对条纹图案进行变形操作

图14-34　变换后的效果

2. 立体跑道的绘制

01 开始绘制跑道的形状。新建图层组，命名为"跑道"，在该组内新建图层，命名为"跑道1"，使用 【钢笔工具】绘制出如图14-35所示的形状，然后单击【路径面板】下方 【将路径作为选区载入】按钮，路径面板如图14-36所示。得到跑道形状的选区后，按快捷键Alt+Delete填充工具箱中的前景色（参考颜色值为R250G73B200），如图14-37所示。

02 新建图层，命名为"跑道1厚度"，然后继续使用 【钢笔工具】绘制出如图14-38所示的形状，填充为另一种深粉色（参考颜色值为R255G10B160）。接下来，将该图层移到"跑道1"图层的下方，效果如图14-39所示。

03 继续绘制其他部分的厚度形状，注意遵循近大远小的原则，如图14-40所示。

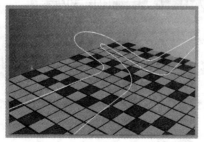

图14-35　使用钢笔工具绘制跑道形状

图14-36　路径面板效果

04 按住Ctrl键单击"跑道1"图层，得到跑道的选区后，使用工具箱中的  【多边形套索工具】，在属性栏中设置模式为  "与选区交叉"，绘制一个四边形选区，即可得到如图14-41所示的交叉选区，填充为蓝色（参考颜色值为

图14-37　填充跑道选区后效果　　图14-38　绘制跑道厚度

图14-39　填充跑道厚度　　图14-40　塑造厚度的跑道效果

R30G75B250），如图14-42所示。依此类推，依照近大远小的透视规律，继续绘制跑道上其他部分的蓝色方格。方块的厚度部分操作步骤同理，填充深蓝色（参考颜色值为R55G55B150），最后效果如图14-43所示。然后将"跑道1"和"跑道1厚度"两个图层选中，按快捷键Ctrl+E合并，仍命名为"跑道1"。

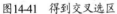

图14-41　得到交叉选区　　　　图14-42　填充深蓝色　　图14-43　依次填充深蓝色后的效果

05 选中"跑道1"图层，将其再复制两份，然后按快捷键Ctrl+E将新得到的两个副本图层合并，命名为"跑道2"，按住Ctrl键单击"跑道2"图层缩略图，得到它的选区后，填充为浅蓝色（参考颜色值为R0G180B255），最后，将"跑道2"层移到"跑道1"图层下方，效果如图14-44所示。

06 依照近大远小的透视规律，对浅蓝色形状进行扭曲变形操作（【编辑】|【变换】|【扭曲】命令），使跑道的透视效果更为强烈，效果如图14-45所示。

07 依此类推，继续复制出下方多层跑道，填充颜色可根据读者个人喜好来设置，效果如图14-46所示。

图14-44　将浅蓝色跑道移到下方　　图14-45　对浅蓝色跑道　　图14-46　多条跑道的叠放效果
　　　　　　　　　　　　　　　　　　　　　进行扭曲操作

08 接下来开始给跑道添加阴影，首先双击"跑道1"图层缩览图，弹出如图14-47所示的图层样式对话框，选择【外发光】样式，设置【混合模式】为正片叠底，不透明度为100%，发光颜色参考值为R50G50B100，大小为40像素，单击【确定】按钮，跑道立体感立刻被强化了许多，如图14-48所示。

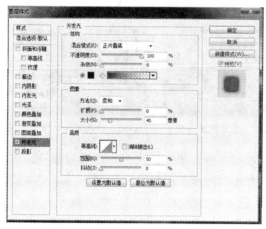

图14-47　外发光效果参数设置　　　　　图14-48　添加外发光样式后的跑道效果

09 再为"跑道2"图层添加【外发光】图层样式，图层样式对话框设置如图14-49所示参数，【混合模式】为正片叠底，【不透明度】为75%，发光颜色参考值同上，大小为20像素，单击【确定】按钮后，效果如图14-50所示。

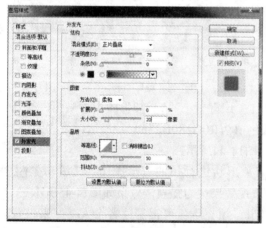

图14-49　外发光效果参数设置　　　　图14-50　添加外发光样式后的下方跑道效果

10 按住Alt键拖动图层面板中"跑道2"图层的外发光效果到其他跑道图层上，即可将"跑道2"图层样式进行复制，具体操作如图14-51所示，整体效果如图14-52所示。

11 接下来开始对"跑道1"图层进行进一步修饰。清晰明确的光源下的投影都具有统一的方向，但"跑道1"右上方的投影影响了整体效果。为了修饰投影的方向，执行【图层】|【图层样式】|【创建图层】命令，即可将"跑道1"图层的外发光样式单独分离为一个图层，方便我们对其进行编辑，如图14-53所示。

12 单击图层面板下方 ▣ 【添加图层蒙版】按钮，即可对"'跑道1'的外发光"

图层添加蒙版。使用黑色的大号软边画笔在不正确的投影上进行涂抹，效果如
图14-54所示。

13 跑道上还需要添加一
条虚线，虚线效果建
议在Illustrator中绘制。
方法：打开Illustrator
软件，新建文件，将
"跑道"图层复制到
Illustrator中，仅作为参
考。然后使用钢笔工
具绘制出一条位于跑
道中心部分的路径，
如图14-55所示，双击
如图14-56所示工具
箱下部的线框图标，
设置路径描边的颜色
为浅蓝色（参考值为
R0G245B250）。然后
执行【窗口】|【描
边】命令，在打开的描
边面板中设置【描边粗
细】为10pt，【端点】
为方头端点，【宽度配
置文件】选择第四种类
型，如图14-57所示，
可以绘制出一条近大远
小的虚线，效果如图
14-58所示。

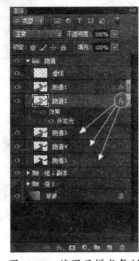

图14-51 将图层样式复制
到其他图层上

图14-52 复制图层样式后
的总体效果

图14-53 将外发光样式分离
为一个图层

图14-54 对跑道的投影
进行修饰

图14-55 使用钢笔工具绘制
虚线路径

图14-56 设置描边颜色

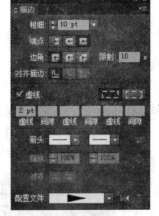

图14-57 描边窗口
参数设置

14 将Illustrator中的虚线用【选择工具】选中，直接复制并粘贴到Photoshop中，
调整大小和位置，效果如图14-59所示。

图14-58 设置后的虚线效果

图14-59 在Photoshop中的效果

3. 画面中其他素材的合成

01 打开配套光盘中的"光盘"、"光球"、"字母"、"标志"、"路灯"、"路灯2"等素材，复制并粘贴入画面中，图层以素材原名命名即可。调整大小和位置后，效果如图14-60所示。

图14-60 素材的大小和位置效果

02 首先开始对光盘素材进行加工，双击图层面板中"光盘"图层缩览图，在弹出的（图14-61）图层样式对话框中选择【渐变叠加】选项，设置【混合模式】为线性光，【不透明度】为100%，渐变色为如图14-62所示的蓝紫色渐变，角度为－9度，单击【确定】按钮后，光盘表面蒙上了一层蓝紫色光影，如图14-63所示。

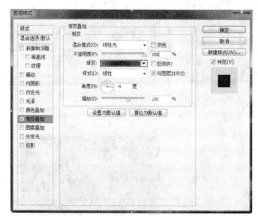

图14-61 【渐变叠加】参数设置

图14-62 渐变效果设置

03 同样的方法，对路灯素材也添加【渐变叠加】图层样式，使素材更好地融入到画面之中，渐变叠加中的渐变颜色请读者自己来设置。然后按住Alt键将"路灯2"图层样式复制到"路灯2副本"和"路灯2副本2"图层上，效果如图14-64所示。

图14-63 光盘叠加蓝紫色渐变光影后的效果

图14-64 路灯添加紫色渐变后效果

04 改变各个路灯和跑道之间的前后遮挡关系，效果如图14-65所示。

05 接下来开始进行立体灯箱的绘制。新建图层，命名为"结构线"，使用工具箱中的 ✏【直线工具】根据透视结构原理绘制出一个立方体结构图形，只需展示出三个面即可，如图14-66所示（为了方便显示，暂时隐藏其他图层）。然后用 ✨【魔棒

工具】直接在封闭的四条黑线间点选得到选区，如图14-67所示。

图14-65　修改素材之间的前后遮挡关系

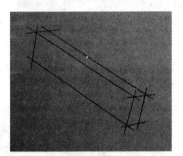

图14-66　绘制立方体结构图形

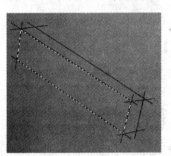

图14-67　得到一个面的选区

06 新建图层，命名为"立方体灯箱"，将上一步得到的选区内填充为品红色（参考颜色值为R255G85B210），如图14-68所示。同理，将顶面和侧面进行填充（填充颜色参考值分别为R250G50B185和R255G30B180），删掉"结构线"图层，得到一个红色立方体，如图14-69所示。

07 绘制立方体边缘的高光。新建图层，命名为"高光"，使用 ✏【直线工具】沿着两个面的交界线绘制出一条白色的线，效果如图14-70所示。还可以使用 ✏【橡皮擦工具】，在高光线条两侧边缘进行擦除，营造渐隐的效果，如图14-71所示。

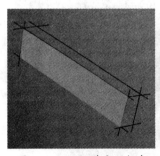

图14-68　正面填充品红色

图14-69　填充顶面和侧面

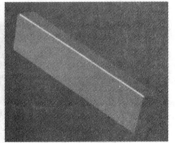

图14-70　绘制高光结构线

08 依此类推，继续绘制其他两条结构线，并用橡皮擦在边缘进行修饰，效果如图14-72所示。

09 接下来开始绘制点状光，使用 ✏【画笔工具】，在属性栏内修改【流量】为10%，【硬度】为0%，【大小】为15像素，在三个面的交界点单击，绘制出简洁生动的高光点，如图14-73所示。

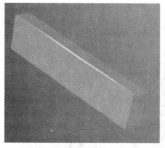  

图14-71 营造结构线的渐隐效果　图14-72 添加其他结构线　　图14-73 添加点光

10 继续使用 ✐【直线工具】，绘制出如图14-74所示的白色装饰线条。

11 最后添加文字，设置合适的大小，字体为Letter Gothic Std，颜色为深灰色。对文字进行变形操作，使其符合灯箱的透视，如图14-75所示。并为文字层设置【投影】图层样式，请读者自己完成，效果如图14-76所示。

 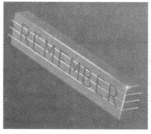 

图14-74 添加装饰线条　　　图14-75 添加文字　　　图14-76 对文字添加投影

12 至此立体灯箱效果制作完毕，另一个三角形灯箱和星形灯箱的制作原理与立体灯箱相同，其中星形灯箱可简略一些，请读者自己制作，两种灯箱结合效果如图14-77所示。

13 点中先前导入的字母素材图层，按Ctrl键单击字母图层缩略图，得到它的选区后，填充为深紫色（参考颜色值为R180G15B255）。执行【编辑】|【变换】|【扭曲】命令对其进行变形操作，使其透视效果与灯箱一致，效果如图14-78所示。

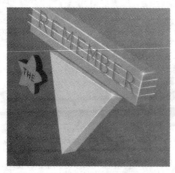 

图14-77 另外两个灯箱效果　　　图14-78 调整字母的大小和位置

14 将字母图层复制一份，填充为深蓝色（参考颜色值为R25G8B90），将其移到字母图层的下方，并向右侧平移一段距离，形成具有一定空间距离的光影效果，如图14-79所示。再来处理一下细节，使用工具箱中的 ✐【画笔工具】填满两

数字写实与立体感的形成

个字母中间露出的空隙，塑造字母的厚度，也可使用钢笔工具或套索工具绘制出更规则的细节形状，如图14-80所示。

图14-79　移动深蓝色
字母的位置

图14-80　塑造字母的厚度

15 接下来绘制柱子部分，首先使用工具箱中的 ▦【矩形选框工具】绘制出一个细长的矩形选区，然后在其中填充3色线性渐变，渐变编辑器的设置如图14-81所示，调整大小和位置，如图14-82所示。

图14-81　渐变编辑器参数设置

图14-82　绘制柱子立体效果

16 对"标牌"素材进行变换扭曲，使其与灯箱位于同一视角，然后再为标牌素材图层添加【颜色叠加】图层样式，设置如图14-83所示的参数，叠加颜色参考值为R230G55B240，模拟标牌位于灯箱背后被粉色灯光照亮的效果，如图14-84所示。

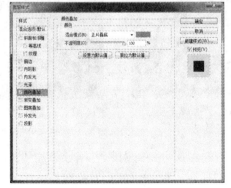 

图14-83　颜色叠加参数设置

图14-84　标牌被粉色灯光笼罩的效果

17 接下来绘制另一种霓虹灯文字广告牌。方法：新建图层"圆"，使用 【椭圆工具】绘制一个正黑色圆形，如图14-85所示。然后将该图层复制一份为"圆副本"，先按Ctrl键单击"圆副本"层的缩略图，得到圆形选区，然后按快捷键Ctrl+T打开变形框，按住快捷键Alt+Shift拖动控制手柄进行原位缩小。接下来，执行菜单栏中的【编辑】|【描边】命令，设置大小为5像素，描边颜色为粉色（参考色值为R255G68B180），如图14-86所示，得到的圆环效果，如图14-87所示。

图14-85　绘制黑色正圆形

图14-86　描边对话框参数设置

图14-87　粉色圆环的绘制

18 输入文字"70"，设置字体为Arial Black，大小以撑满圆环中间为宜，颜色为黑色。按住Ctrl键单击文字图层缩略图，得到数字"70"的选区后，新建图层，命名为"文字灯管"，执行菜单栏中的【编辑】|【描边】命令，为文字也描上一圈粉色的边，得到光线勾勒出的数字效果，如图14-88所示。

19 使用 【橡皮擦工具】和 【画笔工具】在"圆副本"和"文字灯管"图层上绘制出灯管的弯曲部分，使灯管的细节更加逼真，如图14-89所示。新建图层组，命名为"霓虹灯广告牌"，将上一步中的图层移入该组内，然后执行【编辑】|【变换】|【扭曲】命令，对该组执行整体的变换操作，使其与立体广告牌位于同一平面上，效果如图14-90和图14-91所示。

图14-88　光线勾勒出的
　　　　　文字效果

图14-89　绘制灯管的
　　　　　弯曲部分

图14-90　广告牌变换后
　　　　　效果

图14-91　广告牌的位置
　　　　　和大小

20 接下来对"圆副本"和"文字灯管"的图层分别针对粉色区域添加"外发光"图层样式，对话框参数设置如图14-92所示，制作霓虹灯发光效果，颜色和大小等数值可根据读者个人喜好而定，效果如图14-93所示。

348

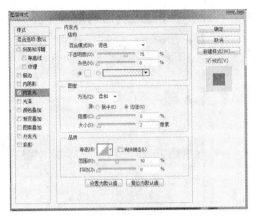

图14-92　外发光参数设置

图14-93　添加外发光后的灯管效果

21 将"圆副本"和"文字灯管"图层各复制一份，合并这两个副本图层，命名为"反射效果"，修改该层的不透明度为40%，调整位置，塑造灯管投射到广告牌上的反射虚影效果，如图14-94所示。

图14-94　反射的灯管效果

22 在霓虹灯广告牌下画出支柱后，复制多个霓虹灯广告牌，遵循近大远小的规律沿着跑道分布，效果如图14-95所示。

4. 画面中其他素材的合成

01 素材基本上加工完成，现在开始用光影效果来塑造一种神秘绚丽的气氛。首先，新建图层，命名为"渲染"，工具箱中前景色设置为黑色，然后使用大号软边的 【画笔工具】（属性栏内设置一定的透明度），或 【加深工具】将画面的四周压暗，在绘制的过程中可以灵活改变画笔的颜色、大小和不透明度，最后得到如图14-96所示的四周变暗的效果。

图14-95　多个广告牌的位置分布和大小透视效果

图14-96　四周压暗效果

02 双击"跑道1"图层，打开【图层样式】对话框，选择【渐变叠加】图层样式，设置如图14-97所示参数，单击其中的渐变色条，打开如图14-98所示的渐变编辑器对话框，在其中设置一种从"黑色－透明－黑色"的线性渐变，单击【确定】按钮（注意渐变的角度设置），跑道的两端逐渐变暗，效果如图14-99所示。

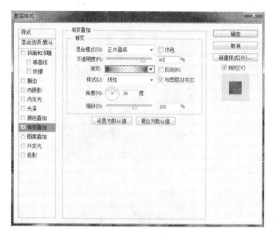

图14-97　渐变叠加参数设置　　　　　　　图14-98　渐变编辑器参数设置

03 接下来开始给路灯添加光束。方法：首先新建图层，为了方便观察光束在黑暗环境中的细节变化，暂时建立一个新图层，填充为黑色。再另外新建一个图层，命名为"光束"，使用 【多边形套索工具】绘制如图14-100所示的三角形选区，填充蓝色。然后执行【滤镜】|

图14-99　跑道添加渐变样式后的效果

【模糊】|【形状模糊】命令，选择方框形状，半径为20像素，对话框效果如图14-101所示，单击【确定】按钮后，得到如图14-102所示的效果。

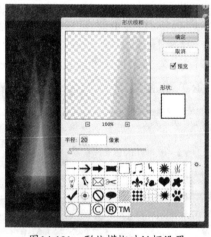
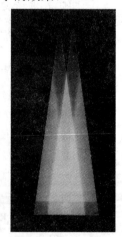

图14-100　蓝色三角形　　　图14-101　形状模糊对话框设置　　　图14-102　三角形出现的
　　　　　　绘制　　　　　　　　　　　　　　　　　　　　　　　　　　　锐利虚影效果

04 复制"光束"图层，稍微向左移动一定的距离，然后旋转使其尖端重合，如图14-103所示。

05 继续复制图层，再向右移动一定的距离，也向中心方向旋转使尖端重合，如图14-104所示，然后将左右两边的光束不透明度均设为50%，形成光束向两侧渐隐的效果。将所有的光束层按Shift键选中，按Ctrl+E键合并为一层，如图14-105所示。

图14-103　向左移动光束

图14-104　向右移动光束

图14-105　两侧的光束渐隐后效果

06 单击图层面板下方的 ▣【添加图层蒙版】按钮，使用黑色软边画笔在光的下端进行涂抹，形成光束渐隐的效果，如图14-106所示。最后，删除刚开始建立的黑色背景参考图层，将光束移到画面左侧第一盏路灯下方，如图14-107所示。

07 新建图层，命名为"灯泡"，使用钢笔工具在路灯下方绘制出灯泡的图形，填充浅蓝色，将路灯与光束更好地融合到一起，如图14-108所示。

图14-106　下方光束
渐隐效果

图14-107　光束位于工作区中的
大小和位置

图14-108　灯泡与光束
融合效果

08 继续制作其他路灯的光束，方法不再赘述，可以灵活修改不同光束的颜色和透明度。最后完成的整体广告效果如图14-109所示。

图14-109　画面总体完成效果

14.3　Photoshop模拟商品立体展示案例讲解

　　Photoshop擅长于模拟各种商品的立体展示效果，为自己的平面设计构想制作一张带有光影效果的立体展示图往往是提案成功的关键，因此学会制作在虚拟环境中的立体展示效果图非常重要。本节选择了一个CD盒和一个食品包装纸盒来讲解立体效果的制作，以及在制作过程中必须考虑的透视变化、光线方向、投影等因素。

14.3.1　CD盒立体展示效果制作

在本书第11章11.2.2节"CD包装设计中抽象线条所形成的光感"中，我们制作完成了一个CD包装的正面设计，本例将在此基础上制作这个CD包装盒的立体展示效果，这里为它设计了一种在明亮的虚拟环境之中的立体展示，因此在制作中不需要面对特别复杂的光影变化。

01 首先，执行菜单栏中的【文件】|【新建】命令，在弹出的对话框中设置如图14-110所示，【宽度】设为18厘米，【高度】设为10厘米，【分辨率】设为300像素/英寸，【颜色模式】设为CMYK，其他为默认值，最后单击【确定】按钮，工作区状态如图14-111所示。

图14-110　新建文件　　　　　　　图14-111　工作区状态

02 先设置虚拟环境的整体基调。在【图层】面板中首先选中"背景"图层，然后选中工具箱中的 【渐变工具】，单击其属性栏中的 图标，在其弹出的对话框中设置如图14-112所示参数，设置一种由"深灰—白色"的渐变，其深灰色的参考色值为C80M70Y65K35。接下来，在画面中由下至上设置线性渐变，如图14-113所示，填充灰色渐变的效果如图14-114所示。

图14-112　设置渐变参数　　　　　图14-113　渐变填充的方向由下至上

03 现在开始制作包装盒主体立体结构，本案例中的CD包装盒包括三个面，先从最右侧面开始拼接。方法：打开配套光盘中提供的素材"光效果CD包装-封面.jpg"，如图14-115所示，将它经过复制并粘贴后放置在如图14-116所示位置。

图14-114　背景层填充了灰色渐变的效果

图14-115　素材"光效果CD
包装封面.jpg"

图14-116　将包装封面图像复制并
粘贴到灰色背景中

04 下面进行透视变形的处理。按快捷键Ctrl+T进入到自由变换模式，图像四周出现一个带有许多控制手柄的变形框，按住Alt键分别拖动右上角、中间和右下角的变换控制手柄，如图14-117所示，使图像发生透视变形，调整完后的效果如图14-118所示。

图14-117　按住Alt键分别拖动右上角、中间和右下角的变换控制手柄，使图像发生透视变形

05 打开配套光盘中提供的素材"光效果CD包装-封底.jpg"，如图14-119所示，CD背面设计为在黑暗之中掠过的光线与光点，音乐目录文字斜排在中部，与直线光保持平行。将它经过复制并粘贴后放置在如图14-120所示位置（注意留出封套侧脊的位置）。接下来，按快捷键Ctrl+T进入到自由变换模式，按住Alt键分别拖动左上角、中间和左下角的变换控制手柄，使图像发生透视变形，调整完后的效果如图14-121所示。

图14-118　透视变形完成效果　　　　图14-119　素材"光效果CD包装封底.jpg"

图14-120　将包装背面图像复制并粘贴到　　　图14-121　CD背面图像进行透视
　　　　　灰色背景中　　　　　　　　　　　　　　　变形后的效果

06 再打开配套光盘中提供的素材"光效果CD包装-内里.jpg"（和封面图像类似，但色调偏冷一些），将它经过复制并粘贴后放置在画面左侧位置。调整其大小并进行透视变形，效果如图14-122所示。

07 接下来开始CD封套侧脊的制作。方法：首先在【图层】面板中新建一个图层，命名为"侧脊"，将其移至"背景"图层的上一层，如图14-123所示。选择工具箱中的 🖊 【钢笔工具】在两个里面的空隙处绘制长条四边形路径，将空隙填满，如图14-124所示，然后按快捷键Ctrl+Enter将路径转换为选区并填充为白色，如图14-125所示。

图14-122　最左侧图像的　　　图14-123　新建"侧脊"图层　　　图14-124　绘制侧脊轮廓
　　　　　透视变形　　　　　　　　　　　　　　　　　　　　　　　　　　　闭合路径

08 应用同样的方法将另一处的侧脊绘制完成，现在缩小全图，整个打开的CD包装盒竖立在桌面上，并且以各个面的透视变化暗示了延展的空间，效果如图

354

14-126所示。

图14-125　将路径转换为选区
　　　　　并填充为白色

图14-126　整个打开的CD包装盒竖立在桌面上

09 现在开始CD封套侧脊上的文字编辑，选择工具箱中的 ■【文字工具】，并打开【字符面板】进行字符参数设置，如图14-127所示，将【字体】设为Century Gothic，【字号】设为5点，【颜色】为黑色，其余保持默认，然后在画面空白处输入很小的横排文字"CITON"，如图14-128所示。接下来，执行菜单栏中的【编辑】|【变换】|【旋转90度（顺时针）】命令，将文字旋转90度后放置于右边侧脊上方，如图14-129所示。

图14-127　设置字符参数

$$C \mid T O N$$

图14-128　先输入横排文字

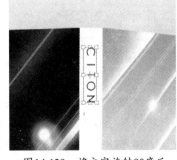

图14-129　将文字旋转90度后
　　　　　放置于右边侧脊上

10 接着设置第二种文字的字符参数如图14-130所示，将【字体】设为Century Gothic，【字号】设为8点，【字符间距】设为100，【水平缩放】设为110%，【颜色】为黑色，其余保持默认。然后在画面空白处输入"LAYAMAY"，如图14-131所示。接下来，执行菜单栏中的【编辑】|【变换】|【旋转90度（顺时针）】命令，将文字旋转90度后放置于右边侧脊中间，如图14-132所示。

11 同样的方法，将第三种文字添加在侧脊的下方，三种文字大小形成视觉对比，整体效果如图14-133所示。接下来，再将这三个文字图层复制一份，将它们放置到CD盒左边的侧脊上。注意，文字要根据不同的位置而进行透视变形（按快捷键Ctrl+T进入到自由变换模式）。封套的文字就简单地添加完成了，整体效果如图14-134所示。

355

图14-130　设置第二种字符参数　　　　图14-131　输入文字　　　　图14-132　将文字旋转90度后
放置于侧脊中间

图14-133　右边侧脊文字整体效果　　　　图14-134　封套整体文字编排效果

12 目前竖立的包装盒虽然有了结构与透视的变化，但要让它具有真实的空间深度
感，还需要在左右两个侧面中添加阴影效果。方法：首先在【图层】面板中按
住Ctrl键单击CD封面所在图层，得到它的浮动选区，如图14-135所示，然后新建
一个图层，命名为"阴影"，将它置于三个立面图层的上方，如图14-136所示。
接下来，选择工具箱的　【渐变工具】，单击其属性栏中的　　图标，在弹
出的对话框中设置如图14-137所示的由"灰色—透明"的线性渐变，渐变方向如
图14-138所示，填充的渐变效果如图14-139所示，最后将此图层的【不透明度】
调为40%，得到比较自然的浅浅的阴影效果，如图14-140所示。

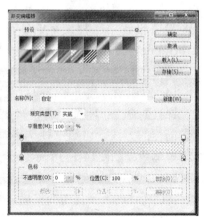

图14-135　将封面图像选中　　　　图14-136　新建"阴影"层　　　　图14-137　设置阴影渐变参数

图14-138 阴影渐变方向

图14-139 阴影渐变
填充效果

图14-140 降低图层透明度后
得到的阴影效果

13 应用同样的方法，在CD盒左侧面上也添加半透明的阴影，使其靠近左侧部分稍微变暗一些，效果如图14-141所示，此时包装盒整体效果如图14-142所示。

图14-141 左侧立面的阴影效果

图14-142 此时包装盒整体效果

14 现在给包装盒添加厚度，使其具有真实的质感，首先需要将三个立面以及侧脊图像所在层进行合并，但考虑到之后还要进行倒影的制作，所以先将这几个图层进行复制。方法：首先按住Shift键将这几个图层同时选中，如图14-143所示，然后将其拖至面板下方 ■【创建新图层】按钮上，便会自动生成这些图层的副本层，生成副本之后，在【图层】面板弹出菜单中选择【合并图层】命令，选中的图层都被合并为一层，将其命名为"立体包装盒主体"，再将副本图层左侧的 ■图标点掉，使它们暂时隐含，如图14-144所示。

图14-143 将几个图像
图层全部选中

图14-144 创建图层副本并
合并所选图层

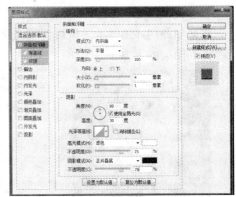

图14-145 设置【斜面和浮雕】
样式参数

15 选中"立体包装盒主体"图层，单击【图层】面板下方的 *fx.*【图层样式】按钮，在弹出的下拉菜单中选择【斜面和浮雕】项，在弹出的对话框中设置如图14-145所示参数，包装盒主体由于添加了内斜面而具有了一定厚度，效果如图14-146所示。

图14-146　包装盒主体由于添加了内斜面而具有了一定厚度

16 接着在【图层样式】对话框左侧点选【投影】项，设置对话框右侧参数如图14-147所示，单击【确定】按钮，包装盒周围出现了一层深灰色投影，效果如图14-148所示。

图14-147　设置【投影】图层样式参数

图14-148　立体包装盒投影效果

17 由于CD包装盒是竖立在虚拟的桌面上的，不添加水平面上的倒影会使盒子仿佛飘浮在空中。制作倒影时，考虑到每个面的透视方向不一致，所以必须分别为每个面添加倒影，这就是之前需要创建那么多图层副本的原因。方法：首先从"包装封面副本"图层开始，按快捷键Ctrl+T进入自由变换状态，执行菜单栏中的【编辑】|【变换】|【垂直翻转】命令，将副本图形进行垂直翻转，如图14-149所示。接下来，按快捷键Ctrl+T进入到自由变换模式，按住Alt键分别拖动四边的控制手柄，使图像发生透视变形，使其与原图像下边缘紧紧贴合在一起，效果如图14-150所示。最后调整图层顺序，将这个副本图层置于"立体包装盒主体"图层的下方。

图14-149　将副本图像进行【垂直翻转】

图14-150　调整副本图像透视，使其与原图像下边缘紧紧贴合在一起

18 应用同样的方法，将其余两个面的副本图层进行【垂直翻转】和透视变形的操作，方法在此不再赘述，请读者参照图14-151效果自己制作，使CD包装盒平稳地竖立在虚拟的水平面之上。

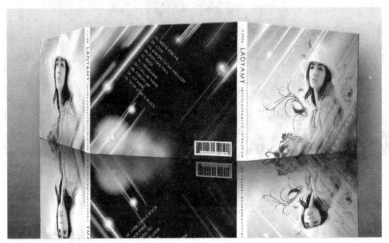

图14-151　将其余两个面的副本图层进行【垂直翻转】和透视变形的操作

19 现在水平面上的倒影还过于清晰，因此还需要给倒影图像添加渐隐的效果。方法：首先将这几个副本图层合并为一层，更名为"倒影"，如图14-152所示。选中此图层，然后在【图层】面板下部点中 ◻ 【添加图层蒙版】按钮，接着选择工具箱中的 ▤ 【渐变工具】，在画面中从下至上填充普通的由"黑—白"的线性渐变，倒影下部逐渐隐入灰色的背景中，效果如图14-153所示。

图14-152　将副本图层合并为
"倒影"图层

图14-153　在快速蒙版状态由上往下拉黑白渐变

20 最后给背景添加局域强光。方法：在背景图层上方新建一个图层，命名为"白色光晕"，然后选择工具栏中的 ✐ 【画笔工具】，将画笔【大小】设为410px，【硬度】设为0%，【不透明度】设为80%，【流量】设为60%，其他为默认值，然后在画面的左上方和右上方分别画几道较粗的光线，注意左上方的光线要强烈一些。到此为止，CD包装盒在明亮环境中的立体展示效果图制作完成，读者还可以进行更多细节的修饰，最后的效果如图14-154所示。

图14-154　画面最终完成效果

14.3.2　礼品包装盒立体效果

这是一个综合性很强的案例，主要制作包装盒的立体展示效果图，因为包装盒的立体造型展示要求有接近真实的透视、光线与环境投影等效果，因此，这是本案例的主要难点。实际上，我们并不能忽视Photoshop软件的写实功能，它以它独特的细致入微的编辑工具，也常常可以生成令人叹为观止的真实效果。

这个案例我们要结合Photoshop与Illustrator两个软件的功能来完成，在Illustrator中我们主要学习花纹图形的绘制。

1. 包装盒基本造型的创建

01 首先执行菜单栏中的【文件】｜【新建】命令，在弹出的对话框中设置如图14-155所示参数，将【文件名】设为礼品包装盒，最后单击【确定】按钮，工作区状态如图14-156所示。

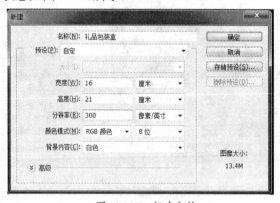

图14-155　新建文件

图14-156　工作区状态

02 先来制作一个深暗的背景以作为包装盒放置的环境。方法：选择工具箱中的【渐变工具】，然后单击工具属性栏左部的 【点按可编辑渐变】按钮，在弹出的【渐变编辑器】对话框中设置如图14-157所示的由"黑—深灰—黑"的渐变，单击【确定】按钮后，按住Shift键在画面中从上至下拖动鼠标，填充由

"黑—深灰—黑"的三色线性渐变，效果如图14-158所示，这种黑灰的渐变是理想底色。

图14-157　在【渐变编辑器】里　　　　图14-158　在画面中填充三色线性渐变
　　　　　设置渐变参数

03 现在开始进行立体包装盒的绘制，首先需要将立体包装盒的设计草图——框架线——简单绘制出来。方法：在【图层】面板中新建一个图层，命名为"包装盒立体框架线"，如图14-159所示，然后选择工具箱中的 ╱ 【直线工具】，并在其属性栏中将【粗细】设为5px，其余保持默认值，将工具箱中的前景色设为白色，在画面中部绘制一个六面体立体框架，如图14-160所示。当然，这个框架草图也可以采取手绘方法，或者在其他软件中事先绘制完成。

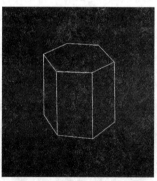

图14-159　新建"包装盒　　　图14-160　立体框架线效果　　　图14-161　新建"图层1"
　　　　　立体框架线"图层　　　　　　　　　　　　　　　　　　　　　　图层

04 Photoshop中的【消失点】滤镜可以在透视的角度下编辑图像，允许在包含透视平面的图像中进行透视校正编辑，使结果将更加逼真，现在应用消失点功能进行立面效果的创建。方法：首先在【图层】面板中新建"图层1"，将它置于【图层】面板顶层，如图14-161所示，然后执行菜单栏中的【滤镜】|【消失点】命令，打开【消失点】编辑对话框，其中部设置了很大的面积来作为消失点编辑区，先选择对话框左上角的第二个工具【创建平面工具】（其使用方法与钢笔工具相似），开始绘制贴图的一个面，如图14-162所示，绘制完成后这个侧面中自动生成了浅蓝色的网格。

【消失点】的功能只能在新建的图层上起作用，并只能在RGB模式上起作用。

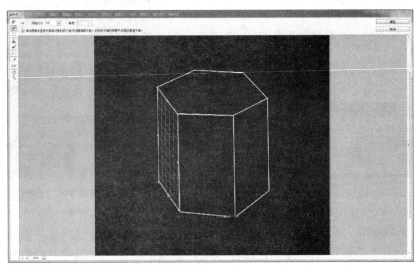

图14-162　在消失点编辑对话框中绘制贴图的第一个面

05 接下来创建第二个包装盒侧面，先注意看一下刚才创建的第一个网格面，其四个角和每条边线的中间都设有控制手柄，将鼠标放在网格最右侧的边缘中间的控制手柄上，按住Ctrl键向右拖拉鼠标，这时候一个新的网格面沿着边缘被拖出来了。接下来，将鼠标放在这个新网格面最右侧的中间控制手柄上，再按住Alt键拖拉鼠标，此时您会发现这个新的面就像一扇门一样会沿着轴旋转，如图14-163所示，拖拉鼠标直到调整这个面到一个合适的方向与位置。最后再用鼠标拖动中间控制手柄调整网格的水平宽度，使其适配到包装盒的中间面，如图14-164所示。

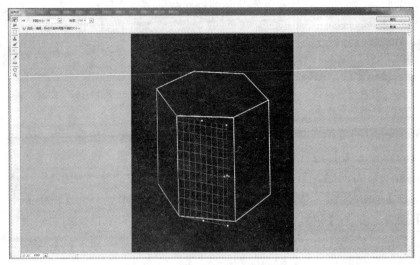

图14-163　用鼠标将第二个面拖出来

数字写实与立体感的形成

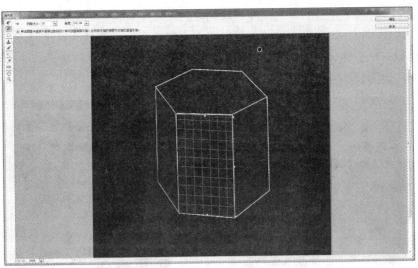

图14-164 调整第2个面的角度与位置

06 以同样的方法，再继续按Ctrl键拖拉创建第三个网格面，再按住Alt键将其拖拉适配到包装盒的第三个侧面中，如图14-165所示，由于白色线框草图是以肉眼估测绘制的，所以难免有一些透视偏差，有时候应用消失点可以检查并纠正草图中的透视问题，此处以【消失点】滤镜所产生的立面形状为主。

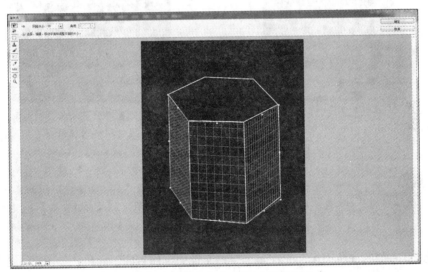

图14-165 用同样的方法将第3个面绘制出来

07 现在来制作各个侧面的填充颜色，新创建一个空白文件，在其中填充"深绿色—绿色"的渐变（其中深绿色的参考色值为R15G100B0，绿色参考色值为R15G135B0）接着在选区内从右至左拉渐变，得到如图14-166所示效果。按快捷键Ctrl+A选择全图，然后按快捷键Ctrl+C将其复制。

08 回到我们的包装盒文件，在"包装盒立体框架线"图层的上方新创建一个图层"左侧面底色"，然后再次执行菜单栏中的【滤镜】|【消失点】命令，进入【消失点】滤镜对话框，点中最左侧面的网格线框，如图14-167所示，按快捷键

Ctrl+V，把刚才复制的绿色渐变色块粘贴进来，刚开始贴入时那张图还位于线框之外，如图14-168所示，接着用鼠标将它直接拖到最左侧的线框结构内，这时候您会惊奇地发现，平面贴图被自动适配到您刚才创建的形状里，并且符合透视变形，如图14-169所示。

图14-166　在一个新文件中填充渐变

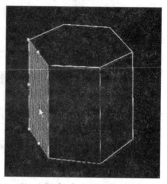

图14-167　点中最左侧面的网格线框

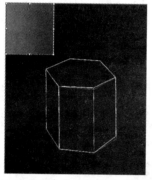

图14-168　将绿色色块粘贴入【消失点】
　　　　　对话框中

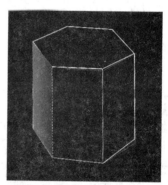

图14-169　绿色渐变色块被自动适配到
　　　　　左侧网格形状内

 提示

如果贴图的大小与包装盒并不合适，可以选择对话框左侧的 █ 【转换工具】来调整一下贴图的大小。

09 再进行右侧的底色添加，先在一个空白文件中制作右侧面底色，如图14-170所示，然后将其全选并复制，回到包装盒主文件，在"左侧面底色"图层上方再新创建一个图层"右侧面底色"，然后执行菜单栏中的【滤镜】|【消失点】命令，进入【消失点】滤镜对话框，点中最右侧面的网格线框，按快捷键Ctrl+V，把刚才复制的绿色渐变色块粘贴进来，用鼠标将它直接拖到右侧的线框结构内，平面贴图被自动适配到您刚才创建的形状里，并且符合透视变形，如图14-171所示。

10 同样的方法，请读者自己添加中间盒面的颜色，中间部分颜色要亮一些。注意要新建图层"中间面底色"，将这三个面都放在不同的图层内，这样便于后面的编辑，效果如图14-172所示（暂时隐含了线框图层观察效果）。

数字写实与立体感的形成

图14-170　在新文件中
填充渐变

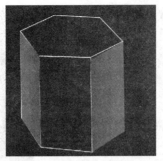

图14-171　绿色渐变被自动适配
到右侧网格形状内

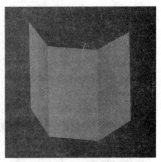

图14-172　线框层隐含后
的包装盒侧面结构

11　现在开始顶面的添加。方法：参考"包装盒立体框架线"层上最初的顶面六边形形状，然后用工具箱中的 【多边形套索工具】画出顶部图形的选区，如图14-173所示，然后新建一个图层，命名为"顶面"，将其置于【图层】面板顶层，并将其填充为与包装盒正面相同的绿色渐变，现在包装盒整体结构如图14-174所示。

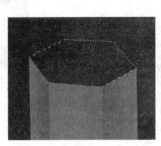

图14-173　绘制出顶面轮廓
的选区

图14-174　顶面填充后
的效果

12　盒子的主体绘制完成后，开始盒盖的绘制，首先在图层中新建一个图层，命名为"三角形盒盖"，并将其置于【图层】面板中"顶面"层下面，如图14-175所示。接着用 【钢笔工具】绘制出盒盖的轮廓闭合路径，按快捷键Ctrl+Enter将其转换为选区，填充一种比盒子立面稍微深一点的暗绿色，效果如图14-176所示。

图14-175　新建图层"三角形盒盖"

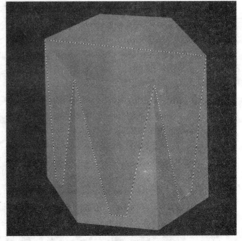

图14-176　绘制三角形盒盖选区并填充
稍深的绿色

13 接下来给盒盖添加向外的一圈整体暗影效果，使其与盒子立面产生一定的距离感。方法：单击【图层】面板下方的 *fx*【图层样式】按钮，在弹出的菜单中选择【外发光】样式，在继而打开的对话框中设置如图14-177所示参数，【颜色】设为一种深棕色（参考色值为R40G20B0），单击【确定】按钮，得到如图14-178所示效果。

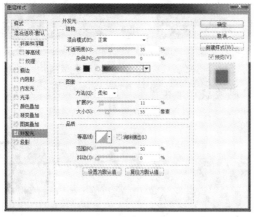

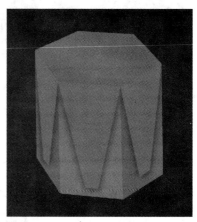

图14-177　设置【外发光】样式参数　　　　图14-178　盒盖下的深色暗影效果

14 现在发现三角形盒盖下方的阴影分量还不够，因此需要进一步加强。方法：先新建一个图层，命名为"三角形盒盖阴影"，并置于"三角形盒盖"层的下方，然后按住Ctrl键单击图层"中间面底色"的缩略图，得到中间面的选区，如图14-179所示），选择 【渐变工具】，并在其属性栏设置如图14-180所示参数，设置一种由"深绿色—透明色—深绿色"的渐变，渐变方向由左至右，效果如图14-181所示，中间盒盖下部被整体加深。

15 同样的方法，将右侧立面的阴影效果进行加强处理。包装盒基本结构图与大致明暗关系如图14-182所示。

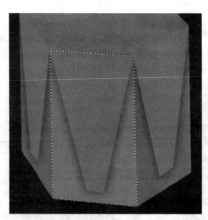

图14-179　得到中部立面轮廓选区

图14-180　设置渐变工具属性栏参数

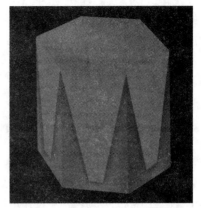

图14-181　在选区内填充渐变　　　图14-182　立面阴影加强后整体效果

2. 包装盒表面花纹的添加

01 本例制作的包装盒表面印有明亮的精致的花纹，仿佛烫金的效果一般，在深暗的盒面上熠熠生辉，因此在Illustrator软件中进行单元形绘制。方法：打开Illustrator软件，新创建一个空白文件，应用工具箱中的 ✏ 【钢笔工具】绘制出小花的轮廓，并将其【填色】设置为一种土黄色，其参考颜色数值为C30M30Y95K0，如图14-183所示。

02 将花瓣向内收集一层，得到简单的重瓣效果。方法：先用工具箱中的 ▶ 【选择工具】将画好的小花图形选中，然后在工具箱中的 🔲 【比例缩放工具】上双击鼠标，在弹出的对话框中设置如图14-184所示参数，在【比例缩放】栏内输入85%，然后单击【复制】按钮，在花朵中心得到一个向内缩小一圈的复制图形，将它的【填色】设置为一种明亮的黄色，其参考颜色数值为C15M8Y80K0，如图14-185所示。

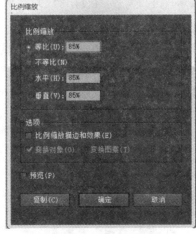

图14-183　勾出小花轮廓　　　　图14-184　"比例缩放"　　　图14-185　将花朵复制后
　　　　　　并填充颜色　　　　　　　　　　对话框　　　　　　　　　缩小到85%置于其中

03 现在我们在每个花瓣上添加圆点。方法：选择工具箱中的 ⬭ 【椭圆工具】，在花瓣的中心画一个竖着的小椭圆形，将其【填色】设置为与之前一致的土黄色，如

图14-186所示。然后将其经过旋转后复制到每个花瓣的中心，如图14-187所示。

图14-186　画出一个小椭圆形　　　　图14-187　将小圆形旋转并复制到每个花瓣中心

04 接下来要绘制的是花蕊部分。方法：同样使用工具箱中的 （【椭圆工具】）在花朵的中心画出一个圆环，将其【填色】设置为无，【描边粗细】设为5pt（注：由于图形大小会影响描边大小的显示，所以请依据自己所画的图形大小来设置描边宽度），如图14-188所示。接着，再应用工具箱中的 【钢笔工具】画出伸向周边的一条花蕊（3段线段的拼接），同样将【填色】设置为无，【描边粗细】设置为5pt，描边的颜色为土黄色。效果如图14-189所示。

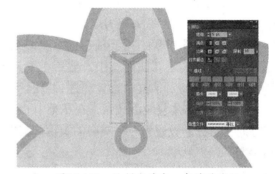

图14-188　绘制出中心的小圆环　　　　图14-189　绘制出其中一条花蕊线段

05 接着将花蕊复制出5份经过旋转后围绕在中心圆环的周围，形成如图14-190所示的中心放射状效果。简单的花形图案绘制完成（其实这种沿中心旋转复制的效果可以应用AI中的"多重复制"功能来制作，本书由于篇幅有限，就不对AI软件做深入讲解，仅利用其简单功能进行制作）。

包装盒表面图案中还包括一种小花藤图形，直接用工具箱中的 【钢笔工具】绘制出花藤的路径（其中包含大量的曲线路径），Illustrator中 【钢笔工具】的用法与Photoshop基本一致。然后，将其【填色】设置为无，【描边粗细】设置为5pt，效果如图14-191所示。

图14-190　将花蕊复制　　　　图14-191　用钢笔工具绘制出
并粘贴在圆环周围　　　　　　　　　花藤路径

06 这样，包装盒所需要的基本图案就做好了。由于Photoshop与Illustrator软件的相互兼容性很好，因此可直接将绘制好的花纹图案复制并粘贴到Photoshop中打开的包装盒文件里，贴入的图形自动生成独立的一层，如图14-192所示，按快捷键Ctrl+T应用"自由变换"命令，拖动控制框边角的手柄，使花藤图案进行大小宽窄调整。接下来还要使之产生一定的透视变形，按住Ctrl键拖动刚才的自由变换控制框边角手柄，如图14-193所示，使花朵下部稍微变窄缩小一些。

07 为了让置入图案与包装盒侧面的边缘相吻合，还要将其多余的边角去掉。方法：首先按Ctrl键单击【图层】面板中"三角形盒盖"图层缩略图，得到如图14-194所示选区，然后点中小花图案所在图层，按键盘上的Delete键，就可以将小花周围多余的部分清除，得到如图14-195所示效果。

图14-192　将小花图案置入文件中

图14-193　调整小花的透视

图14-194　将三角盒盖外部的区域选中

08 经过多次复制之后，将小花图案贴满包装盒的侧面，注意要逐个调整它们的大小、透视以及位置，参考步骤7的方法将多余的部分清除掉，请读者参照图14-196所示效果自行制作。

图14-195　将多余的小花部分清除掉

图14-196　将小花图案贴满包装盒的侧面

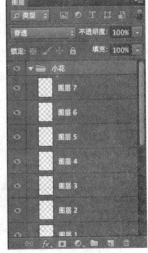
图14-197　创建"小花"图层组

09 此时【图层】面板中会出现多个小花的复制图层，为了便于图层的管理，单击【图层】面板下方的 ▣【新建图层组】按钮，将新建的图层命名为"小花"，然后将所有的小花图层都拖入这个图层组中，如图14-197所示。

10 接下来，使用同样的方法，再将AI中画好的花藤图案也通过复制并粘贴入包装盒画面中，按快捷键Ctrl+T应用"自由变换"命令，在需要变形时按住Ctrl键的同时拖动控制框边角的手柄，这样可以任意改变图形的透视效果，使图案与包装盒表面形成相同的透视关系。调整后的效果如图14-198所示。最后再将盒子顶面的花纹添加完成，效果如图14-199所示。

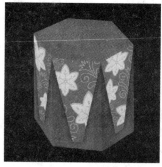

图14-198　贴入花藤图案　　　图14-199　盒子整体花纹效果

3. 包装盒表面的光影变化及细节添加

01 接下来这个步骤很重要，为了使包装盒更有材质感，表面的光影效果很重要，光影可以自己根据想象来创造（如果对效果没有把握，也可以参考实际光线中的盒子表面的光效）。方法：首先从顶面开始，按Ctrl键单击【图层】面板中"顶面"图层缩略图，得到顶面的选区，然后新建一个图层，命名为"顶面光影"，置于【图层】面板的顶层。接下来选择 ▣【渐变工具】，在【渐变编辑器】对话框中设置如图14-200所示的由"深棕色—白色—深棕色"的渐变，其深棕参考色值为R45G35B0。然后在选区内由右下至左上拉渐变，渐变填充效果如图14-201所示。

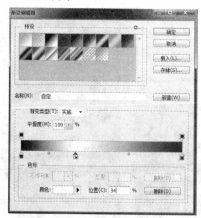

图14-200　设置光影渐变参数

图14-201　渐变填充后效果

02 在【图层】面板中将"顶面光影"层的混合模式改为【叠加】，并将【图层透明度】设为60%，如图14-202所示，此时顶面被叠上了一层比较浓重的光影，仿佛一束光照亮局部的效果，使原来毫无光泽的表面仿佛获得了一种类似丝绸的材质感，效果如图14-203所示。

03 同样的原理，新建图层"三角形盒盖光影"，得到三角形盒盖的选区，然后填充明暗变化的渐变效果，如图14-204所示，接下来，在【图层】面板中将"三角形盒盖光影"层的混合模式改为【叠加】，并将【图层透明度】设为60%，得到三角形盒盖侧面微妙的光影效果，如图14-205所示。

图14-202　更改图层属性

图14-203　顶面光影最终效果

04 到此步骤为止，包装盒呈现出较为完整的状态，图案与光影形成华丽精致之感。接下来盒面还有一些细节需要添加，例如商标和产品信息等，先来制作包装盒上的商标。方法：用工具箱中的 【多边形套索工具】画出如图14-206所示商标的大体形态，在其中填充由"深灰—黑色"的线性渐变，效果如图14-207所示。

图14-204　三角形盒盖渐变
填充效果

图14-205　三角形盒盖侧面
微妙的光影效果

图14-206　画出商标
轮廓选区

图14-207　填充为"深灰—黑色"
的线性渐变

05 接下来添加商标上的文字，标题文字呈弧形排列，选择工具箱中的 【文字工具】，并在字符面板中设置如图14-208所示参数。将【字体】设为Monotype Corsiva，【字符大小】设为14点，文本【颜色】设为一种金色（参考数值为R210G185B45），然后在画面上部输入文本"THE BRASS RELL"，如图14-209所示。接下来，单击工具属性栏上的 【创建文字变形】按钮，在弹出的对话框中设置如图14-210所示参数，选择一种【扇形】的变形方式，单击【确定】按钮后，文字自动沿弧形排列，效果如图14-211所示。

图14-208　设置字符参数

图14-209　键入商标上的文字

图14-210　【变形文字】对话框

图14-211　文字发生曲线变形的效果

06 调整文字的大小与形状，并将其移动到商标图形内部，按快捷键Ctrl+T应用"自由变换"命令按住Ctrl键的同时拖动控制框边角的手柄，这样可以任意改变文字的透视效果，使文字与包装盒顶面形成相同的透视关系，如图14-212所示。

07 用同样的方法将另一组文字添加完成，效果如图14-213所示。

图14-212　调整文字大小与透视关系

图14-213　添加其他文字内容

08 下面这一步骤非常重要，可谓本案例中立体造型的点睛之处，也就是制作包装盒边缘的反光，没有经过边缘强调的盒型整体缺乏生气，面的转折以及包装盒的光滑材质都没有得以体现。方法：新创建图层"光棱线"，置于【图层】面板顶层，如图14-214所示，然后选择工具箱中的 【画笔工具】，在工具属性栏中设置如图14-215所示参数，画笔颜色为白色。接下来，在包装盒边缘的转折处按住Shift键（画出直线）拖动鼠标，如图14-216所示，转折处被逐渐提亮，形成光滑的反光效果。

09 当然，描绘反光的工具并不仅限于画笔工具，读者可以开阔思路，采用不同的方式来完成该效果。例如也可以先用工具箱中的 【多边形套索工具】绘制出边缘厚度的轮廓（从宽到窄的图形），接着再应用 【画笔工具】在其中涂画上深浅不同的灰色，效果如图14-217所示。

图14-214　新建"光棱线"图层组

图14-215　设置【画笔】参数

10 使用同样的方法，再绘制出如图14-218所示的其他棱角上的反光线条。

11 包装盒所处的空间环境就非常重要，目前制作完成的盒子与背景没有联系，因此像是悬浮于空中的孤立的物体，需要添加水平面的倒影效果，仿佛它是放置在一个玻璃平面上一样。方法：首先新建一个图层组，命名为"包装盒"，然后将除了背景以外的所有图层都移至这个图层组中，如图14-219所示，随后创建这个图层组的副本，选中副本图层组，单击鼠标右键，在弹出的菜单中选择【合并图层组】，如图14-220所示，此时图层组被合并为一个图层了，如图14-221所示。

图14-217　绘制包装盒侧面边缘的反光

图14-216　应用画笔工具进行光棱线的描绘

图14-218　光棱线整体效果

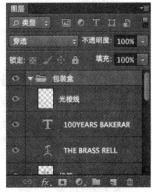

图14-219　新建"包装盒"图层组

373

12 选择工具箱中的 ▷ 【移动工具】，按住Shift键的同时往下拖动，并执行菜单栏中的【编辑】|【变换】|【垂直翻转】命令，得到如图14-222所示的翻转效果。

13 接下来，针对每个侧面进行透视更改。方法：首先圈选如图14-223所示的中间侧面倒影选区，按快捷键Ctrl+T应用"自由变换"命令，侧面倒影周围出现变形编辑框，按住Ctrl键的同时拖动控制框边角的手柄，更改倒影图像的透视，使其与原图像边缘紧紧贴合在一起，效果如图14-224所示。

图14-220 将副本图层组合并

图14-221 合并后图层面板状态

图14-222 将副本图像进行【垂直翻转】

图14-223 创建中部立面轮廓选区

14 应用同样的方法，将其余两个侧面的透视调整完成，使它们都与原图像边缘紧紧贴合在一起，效果如图14-225所示。

15 最后需要给副本图像添加渐隐效果，使其更接近真实的倒影效果。方法：首先将副本图层选中，调整其图层【透明度】为50%，【填充度】为70%，效果如图14-226所示，然后选择 ▷

图14-224 调整倒影图像透视变形

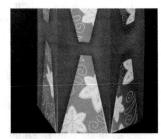

图14-225 使倒影与原图像边缘紧紧贴合在一起

【套索工具】，在套索工具属性栏中将【羽化】值预设为80像素，圈选出倒影最下部边缘区域，按键盘上的Delete键将选区内图像删除，由于羽化值的作用，删除后图像下部边缘自然淡入到背景中，如图14-227所示。

 提示

如果一次删除淡入的效果不够明显，可以按Delete键再删除一次。

374

图14-226　降低图层透明度

图14-227　加羽化值圈选倒影下部区域并删除

16 最后给盒子添加投影效果。方法：首先在"包装盒"图层组中将"右侧面底色"、"左侧面底色"和"中间面底色"三层拼合为一层，如图14-228所示，然后选择【投影】图层样式，在对话框中设置如图14-229所示的参数，单击【确定】按钮，包装盒周围出现了一层黑色投影，效果如图14-230所示。

图14-228　拼合图层

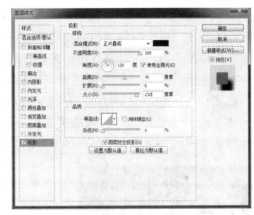

图14-229　设置【投影】图层样式

17 此时发现软件自动生成的投影过于机械化，因此还需要人为地添加一些投影。方法：在"包装盒副本"图层上方新建一个图层，命名为"投影"，如图14-231所示，然后选择工具箱中的 ✐【画笔工具】，设置画笔参数如图14-232所示，在包装盒右侧的后方添加投影效果，如图14-233所示。

图14-230　黑色投影效果

图14-231　新建"投影"图层

图14-232 设置【画笔】参数

图14-233 投影绘制完成效果　　　　　图14-234 绿色包装盒制作完成的效果

18 到此步骤为止，这个绿色的包装盒立体展示效果制作完成，最终效果如图14-234
所示。同样的思路，可以制作出形态各异的盒子的展示状态。例如图14-235～图
14-238所示为一个三角形的包装盒制作的主要步骤图，制作思路与绿色盒子相
同。而图14-239是3个不同盒型与结构的包装组合，位于中间的红色包装盒盖比
较特殊，边缘为弧形，这部分形状需要应用钢笔工具绘制出完美的弧线型。有
兴趣的读者可以自己制作另外两种盒型的立体效果。

图14-235 蓝色包装盒基本结构

图14-236 将花纹图案贴在包装盒表面

图14-237 添加文字与光影效果

图14-238 制作投影与倒影效果

图14-239　三个盒子整体展示效果

14.4　小结

通过透视法、光影变化、色彩和材质等要素可以在Photoshop中创造二维空间里的立体效果，产生令人叹为观止的真实感。本章主要讲解了如何通过立体与光影来塑造包装、广告中的空间效果，在虚拟环境中向客户展现自己的平面构想。

14.5　课后习题

1. 请参考样图，自己绘制出三个不同透视角度的果汁包装盒，将提供的水果素材进行组合，文字版式可进行重新设计，最终效果如图14-240所示。展示图文件尺寸为225mm×170mm，分辨率为72像素/英寸。

2. 请参考图14-241，自己绘制出冰激淋包装盒的结构，并在包装盒表面添加色条、水果图片、文字等元素（标志忽略）。文件尺寸为260mm×260mm，分辨率为72像素/英寸。

图14-240　果汁包装盒效果示意　　　　　　　　图14-241　冰激淋包装盒